风力、光伏发电——容错控制

游国栋　著

西安电子科技大学出版社

内 容 简 介

本书以作者的科研成果为主线，系统介绍了容错控制技术在风力发电风能转换系统的故障诊断系统和光伏发电逆变器故障诊断系统中的设计和应用。本书共5章，第1章为绪论，简要介绍了容错控制技术和故障诊断技术的起源、定义和基本思想。第2章对风力发电系统的风能转换原理和数学模型进行了介绍，并阐述了其常见的故障类型。第3章针对风能转换系统执行器故障和传感器故障，详细地对各自的故障模型进行了重构，建立了各自的状态观测器和容错控制器，并进行了稳定性性能的设计；第4章介绍了光伏发电系统、太阳能电池的原理与工作特性以及光伏发电系统的体系结构，针对部分遮蔽下的光伏发电系统，详细阐述了部分遮挡情况下多元结构光伏阵列的数学模型的构建和基于粒子群优化算法的最大功率点跟踪方法；第5章则主要阐述了单相光伏发电逆变器、三相光伏电压型逆变器、光伏发电系统LCL型并网逆变器、孤岛运行微电网多逆变器并联系统的故障诊断及其容错控制的构建，以及稳定性性能的设计。

本书可作为高等院校电气工程、电气自动化以及相关专业教师和研究生的参考书，也可作为科研机构研究人员的参考书，还可供从事相关工作的工程技术人员参考。

图书在版编目(CIP)数据

风力、光伏发电：容错控制/游国栋著. —西安：西安电子科技大学出版社，2021.1(2022.6重印)
ISBN 978 - 7 - 5606 - 5845 - 2

Ⅰ. ①风…　Ⅱ. ①游…　Ⅲ. ①风力发电 ②太阳能光伏发电　Ⅳ. ①TM614 ②TM615

中国版本图书馆CIP数据核字(2020)第147332号

策　　划　刘玉芳
责任编辑　买永莲
出版发行　西安电子科技大学出版社(西安市太白南路2号)
电　　话　(029)88202421　88201467　　邮　　编　710071
网　　址　www.xduph.com　　电子邮箱　xdupfxb001@163.com
经　　销　新华书店
印刷单位　陕西日报社
版　　次　2021年1月第1版　　2022年6月第3次印刷
开　　本　787毫米×1092毫米　1/16　印张　9.5
字　　数　219千字
印　　数　1001～2000册
定　　价　35.00元
ISBN 978 - 7 - 5606 - 5845 - 2/TM
XDUP　6147001 - 3

前言
Preface

容错控制是伴随着航天航空技术而发展起来的一项前沿技术，其最早可以追溯到20世纪70年代Niederlinkski提出的“完整性控制”的概念。1985年，Eterno等人把容错控制分为主动容错控制和被动容错控制。经过几十年的发展，容错控制理论逐渐趋于成熟，在理论研究和实际工程应用中都取得了较大进展。

容错控制的基本思想是利用系统的“冗余资源”对系统的故障进行冗余控制，其目标是当系统的执行器、传感器、元部件发生故障或出现错误时，通过对系统故障实施鲁棒设计、状态重构或控制方法调整等一系列策略，保证系统安全可靠并且按照一定的性能指标继续运行。故障检测和隔离是容错控制的重要组成部分。故障即系统中参数的实际值与原本设定的值之间有偏差。现代控制系统中的故障无处不在，也是无法预测和避免的，但可以通过故障诊断来分析故障的原因，再配合相关的容错控制技术，以减小故障的影响。

目前，风力发电和光伏发电仍然是新能源应用的主要方式。风能转换系统在随机和间歇性的风力载荷下具有随机性、不稳定性和不确定性，是典型的大型复杂非线性系统。风电设备常常安装于气候多样、环境恶劣的区域，所以传感器和执行器等内部元件故障频发。风能转换系统故障有传动系统故障、变流器故障以及电网故障，其中，传动系统因其结构特性会产生齿面磨损、疲劳剥蚀、断齿，以及轴承卡阻、行星轮开裂等问题，所以发生故障的概率最大，对系统性能的影响也最大。太阳能作为一种可循环利用的绿色能源，光伏并网系统得到了国内外许多学者的广泛研究，光伏发电系统逆变器是一类典型的开关型非线性系统，线性控制方法在该类系统中受到极大的限制，尤其在快速性、精确性方面更是不佳。在实际运行中，光伏发电逆变器的工作状态通常遭受诸多的干扰，发生故障后，对系统性能会造成很大影响。不论是为了提高风能转换系统的安全性能，保证风力发电机组安全高效运行，还是为了确保光伏系统逆变器的稳定运行，提升发电效率，对风能转换系统以及光伏系统逆变器进行容错控制无疑具有重要的理论意义和实际应用价值。

本书是对作者近年来在风力发电风能转换系统故障诊断及其容错控制和光伏发电逆变器故障诊断及其成果方面的总结。本书内容可分为三部分：

第一部分即第一章，主要对容错控制技术的起源、定义和基本思想，以及两种基本类型（主动容错和被动容错）的结构与基本功能作了简要介绍。故障诊断是容错控制的重要一环，书中对故障诊断的发展、故障类型和故障诊断方法也进行了简要介绍。

第二部分由第 2 章和第 3 章组成。第 2 章主要介绍了风能转换系统的风能转换原理及其常见的故障类型，主要对风能转换系统的数学模型进行了研究，阐述了风能转换系统的状态空间表达式的建立方法，并且对线性定常系统的执行器和传感器等故障模型进行了表达。第 3 章采用 T－S 模糊控制理论，针对具有执行器故障的参数不确定非线性系统，研究了基于系统状态估计和故障重构的鲁棒容错控制问题；设计了风力发电系统传感器故障容错控制系统，考虑到非线性系统的不确定性，构造了模糊系统 T－S模糊观测器，进而构建了鲁棒模糊控制器，并引用泰勒级数、李雅普诺夫稳定性理论验证了系统稳定性。

第三部分包括第 4 章和第 5 章。第 4 章在介绍光伏发电系统、太阳能电池的原理与工作特性以及光伏发电系统的体系结构的基础上，阐述了部分遮蔽下的光伏发电系统的建模及其 MPPT 控制的设计；具体设计了一个部分遮挡情况下多元结构光伏阵列的数学模型，构建了一种基于粒子群优化算法的最大功率点跟踪方法，建立了光伏发电系统的 MPPT 模型。第 5 章在简要介绍滑模容错控制理论的基础上，首先，将反步法和滑模控制结合，设计了一种受外界干扰和系统不确定性参数等多种因素干扰情况下的单相光伏并网逆变系统的反步滑模控制方法；其次，考虑到三相电压型逆变器受外界干扰和系统不确定性参数等多种因素干扰，构建了一种基于比例积分状态观测器的滑模控制逆变器控制策略；再次，考虑到光伏发电系统 LCL 型并网逆变系统在具有输入不确定性和执行器故障影响的情况下，阐述了一种基于高阶滑模故障观测器的连续积分滑模容错控制策略的设计方法；最后，采用 T－S 模糊控制理论，利用具有参数不确定性的非线性 WES 控制策略，对传感器故障影响下的孤岛运行微电网多逆变器并联系统进行了研究与分析，阐述了一种新的鲁棒 T－S 模糊容错控制策略的设计方法。

在撰写本书的过程中，徐涛、苏虹霖、沈延新、王军、王雪、房成信、张尚、郝世诚、李飞、严宇等研究生协助进行了大量的仿真、实验、绘图和整理工作，李继生教授、侯晓鑫老师、王德进教授和侯勇教授提出了很多宝贵的意见，我年迈的父母以及妻子和儿子也给予了很大的鼓励和支持，在此一并表示衷心的感谢！

书中涉及的研究内容得到了天津市重点研发计划科技支撑重点项目和天津市应用基础与前沿技术研究计划（自然科学基金重点项目）的资助，在此表示感谢！

由于作者水平有限，书中可能还存在着不妥之处，敬请广大读者批评指正。

游国栋

2020 年 10 月

目录

第 1 章　绪论 …… 1
1.1　容错控制技术 …… 1
1.2　故障检测与诊断 …… 1
1.3　被动容错控制 …… 3
1.4　主动容错控制 …… 4
本章小结 …… 6
第 2 章　风能转换系统基本原理 …… 7
2.1　风力发电系统概述 …… 7
2.2　风能转换系统中的容错控制 …… 9
2.3　风能转换原理 …… 10
2.3.1　风力机的空气动力学特性 …… 10
2.3.2　风力机的特性参数 …… 11
2.3.3　最大风能捕获 …… 12
2.4　风能转换系统的故障类型 …… 13
2.5　风能转换系统动态数学模型 …… 14
本章小结 …… 16
第 3 章　风能转换系统故障容错控制 …… 18
3.1　模糊控制概述 …… 18
3.1.1　模糊控制系统的组成 …… 19
3.1.2　模糊控制模型 …… 20
3.1.3　T－S 模糊控制的设计 …… 24
3.1.4　线性矩阵不等式 …… 26
3.1.5　T－S 模糊算法在风能转换系统中的应用 …… 27
3.2　风能转换系统执行器故障容错控制 …… 28
3.2.1　执行器故障模型描述 …… 28
3.2.2　T－S 模糊系统不确定参数 …… 29
3.2.3　观测器设计 …… 30
3.2.4　鲁棒调度容错控制器设计 …… 31
3.2.5　非线性闭环系统稳定性分析 …… 31
3.2.6　实例分析 …… 35
3.3　风能转换系统传感器故障容错控制策略 …… 43
3.3.1　传感器故障模型描述 …… 43

3.3.2 基于 T-S 模糊观测器的 FDI 设计 …… 44
3.3.3 状态反馈控制器设计 …… 46
3.3.4 非线性闭环系统稳定性分析 …… 46
3.3.5 实例分析 …… 48
本章小结 …… 54
第 4 章 光伏发电系统 …… 56
4.1 光伏发电系统概述 …… 56
4.1.1 光伏发电特点及其应用 …… 56
4.1.2 光伏发电的发展现状及趋势 …… 58
4.2 光伏电池的原理与工作特性 …… 60
4.2.1 光伏电池的原理 …… 60
4.2.2 光伏电池的数学模型 …… 60
4.2.3 光伏电池的输出特性 …… 62
4.3 光伏发电系统的体系结构 …… 65
4.4 部分遮蔽光伏发电系统的建模及 MPPT 控制 …… 69
4.4.1 光伏发电系统的建模 …… 69
4.4.2 部分遮挡光伏系统 MPPT 控制 …… 77
4.4.3 实例分析 …… 80
本章小结 …… 82
第 5 章 光伏发电逆变器故障容错控制 …… 84
5.1 滑模控制 …… 84
5.1.1 概述 …… 84
5.1.2 发展概况 …… 85
5.2 光伏逆变器的电路拓扑 …… 87
5.2.1 隔离型光伏逆变器 …… 87
5.2.2 非隔离型光伏逆变器 …… 88
5.2.3 三电平光伏逆变器 …… 89
5.3 单相光伏并网逆变器故障容错控制 …… 91
5.3.1 单相光伏并网发电系统 …… 92
5.3.2 单相光伏并网逆变器的数学模型 …… 93
5.3.3 反步滑模控制模型的建立 …… 94
5.3.4 实例分析 …… 96
5.4 三相光伏电压型逆变器容错控制 …… 98
5.4.1 问题描述 …… 99
5.4.2 状态估计 …… 100
5.4.3 抗扰动滑模控制器及其稳定性分析 …… 101
5.4.4 实例分析 …… 103
5.5 三相光伏 LCL 型并网逆变器容错控制 …… 107

5.5.1 问题描述 …… 108
5.5.2 观测器设计 …… 110
5.5.3 高阶积分滑模容错控制器及其性能分析 …… 111
5.5.4 算例分析 …… 115
5.6 孤岛多逆变器并联传感器容错控制 …… 119
5.6.1 孤岛 T-S 模糊模型 …… 120
5.6.2 状态观测器 …… 123
5.6.3 T-S 模糊容错控制器 …… 124
5.6.4 实例分析 …… 127
本章小结 …… 134
参考文献 …… 135

第 1 章　绪　论

1.1　容错控制技术

容错控制(Fault Tolerant Control，FTC)技术是伴随着航天航空行业而发展起来的一项前沿技术，其最早可以追溯到 20 世纪 70 年代 Niederlinkski 提出的“完整性控制”(Integral Control)的概念，与此同时，Beard 教授也开始对容错控制理论可行性进行研究，到了 1985 年，Eterno 等人把容错控制分为主动容错控制(Active Fault Tolerant Control，AFTC)和被动容错控制(Passive Fault Tolerant Control，PFTC)。经过几十年的发展，目前容错控制理论逐渐趋于成熟，在理论研究和实际工程应用中都取得了较大进展。

容错控制的基本思想是利用系统的“冗余资源”对系统的故障进行冗余控制，冗余控制又可分为硬件冗余控制和软件冗余控制两个部分。容错控制的目的是当系统的执行器、传感器、元部件发生故障或出现错误时，通过对系统故障实施鲁棒设计、状态重构(State Reconstruction)或控制方法调整等一系列措施，保证系统安全可靠并且按照一定的性能指标继续运行。硬件冗余控制应用的范围相对较小，其主要思想是利用故障器件和冗余“资源”的切换来实现。系统一般会因为增添冗余的器件而变得异常庞大，这在无形之中往往会增大系统的投资成本。软件冗余控制包含主动容错控制和被动容错控制。被动容错控制策略主要针对系统可能发生的已知故障，设置具体的参数控制器，而对于系统可能发生的未知故障，被动容错控制策略收效甚微。主动容错控制主要包括两个部分，即故障检测与隔离(Fault Detection and Isolation，FDI)、容错控制器。主动容错控制器的设计一般需要依赖故障诊断的结果，所以 FDI 在系统容错控制策略中占有重要一环。

1.2　故障检测与诊断

故障即系统中参数的实际值与原本设定的值之间有偏差，或者说系统没有按照预定的轨迹运行。现代控制系统中的故障是无处不在的，也是无法预测和避免的，但可以通过故障诊断来分析故障的原因，再配合相关的容错控制技术，以减小故障的影响。故障诊断就是故障检测、故障隔离和故障辨识的过程。故障诊断通常被称为故障检测与诊断(Fault Detection and Diagnosis，FDD)。故障检测就是利用多种检测和测试的方法对系统和设备进行故障判断的过程；之后进一步分析故障大致所在位置的过程称为故障定位；故障隔离就是把故障判定缩小到分系统范围的过程。FDD 技术的发展比容错控制的发展早得多。Mehra 和 Peschon 博士在 Automatica 上发表的论文，以及 Beard 发表的博士论文，标志着基于解析冗余的故障诊断技术发展的开始。1976 年，FDD 相关的综述论文被学者 Willsky

发表在 Automatica 上，Himmelblau 博士在 FDD 方面做了详细的研究，并于 1978 年出版了相关的学术著作。国外对于动态系统 FDD 技术的研究比我国早了将近 10 年。直到 20 世纪 80 年代中期，我国的叶银忠教授才发表了 FDD 技术方面的综述。1994 年，我国的周东华教授等人出版了关于动态系统 FDD 技术方面的著作。1997 年张育林教授出版相关学术著作，1998 年闻新教授出版相关著作，2000 年周东华教授与胡昌华教授分别出版著作，他们都详细介绍了动态系统 FDD 技术。

在实际情况中，故障发生的可能性是各种各样的。在研究 FDD 时，首先需要定义故障以及把故障进行适当的分类。关于故障的定义，前已述及，这里不再重复。而故障可以按不同的方法进行分类，根据性质，故障可以分为缓变故障和突变故障；根据发生的部位，故障可以分为执行器故障、传感器故障以及元部件故障；根据产生的后果，故障可以分为小故障(small fault)、大故障(big fault)、失灵(malfunction)以及错误(defect)；根据建模，故障可以分为偏差故障和乘性故障。

作为容错控制的重要一环，系统故障诊断的方法大体可分为基于数学模型的方法和基于数据驱动的方法两大类，详细的故障诊断方法分类如图 1-1 所示。

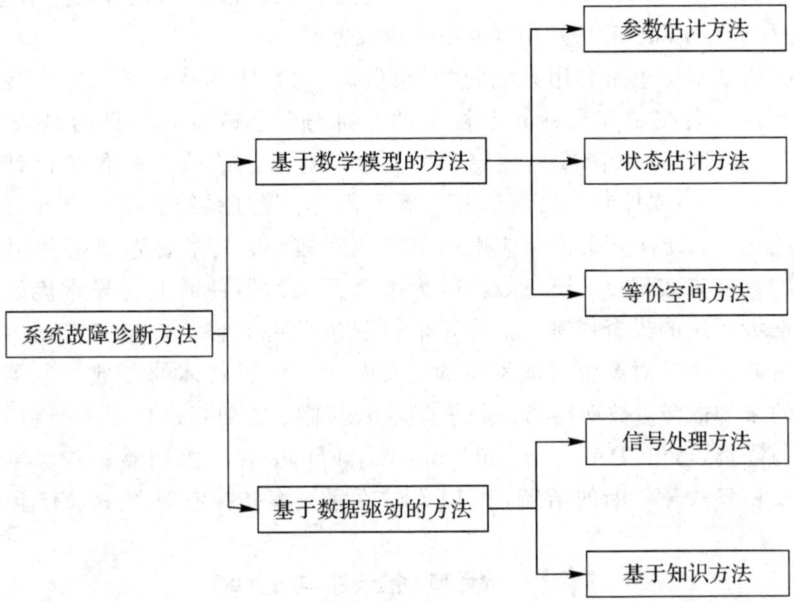

图 1-1　故障诊断方法分类

1. 基于数学模型的故障诊断方法

故障诊断最初是基于数学解析模型而发展起来的，此方法需要构建精准的系统数学模型。基于数学解析模型的故障诊断方法又可分为参数估计、状态估计和等价空间三种方法，这三种方法相互独立发展，却又彼此联系。等价空间方法的应用范围较小，仅适用于线性系统；采用状态估计方法的前提是必须保证系统可观测，通过设计观测器，将观测器的观测值与实际的测量值进行比对分析，以实现故障诊断的目的；参数估计方法是设计模型的参数同系统物理参数的对应关系，依据物理参数的变化来判定系统是否产生故障。非线性系统的状态观测器设计是一大难点，而参数估计法不需要设计系统的非线性状态观测器，理论上参数估计法相比于状态估计法更适用于非线性系统的故障诊断。Jiang Hailong 等人研究了一种基于数学模型的钻柱冲蚀故障诊断方法，该方法利用迭代无迹卡尔曼滤波器对钻柱是否产生冲蚀故障进行检测，并对冲蚀深度和冲蚀率进行估计。最后的仿真分析结果表明，其提出的利用迭代无迹卡尔曼滤波器故障诊断方法比采用普通的卡尔曼滤波器能更准确地估算出钻柱冲蚀的深度。Liu Hai 等人为了实现系统的故障检测与隔离，针对系统可能发生的一系列潜在故障，采用基于数学模型的重构贡献分析方法设计了一组自适应观测器。其所提出的方法充分利用了数据驱动和基于数学模型方法的优点，可以从观测器中直接获得故障估计值，从而便于通过构造贡献函数实现 FDI。同时他们以非线性无人机模型为例进行仿真研究，证明了该方法可以提高系统故障诊断的精度。

2. 基于信号处理的故障诊断方法

在实际工程中，复杂非线性系统的数学模型一般很难精确建立，基于信号处理的故障诊断方法克服了这一难点。该方法不需要建立系统的数学模型，而是根据系统测量信号中的大量信息，直接利用频谱、高阶统计量、相关函数和小波分析技术等信号模型，提取分析的信号特征对故障进行诊断。Zoltan German-Sallo 等人研究了一种基于能量分离的瞬时频率估计方法，他们将此方法在合成信号上进行了测试，结果表明该方法对任意时变信号的瞬时频率和瞬时幅度都有较好的估计效果，即使在有噪声的环境中也能很好地处理故障检测问题。基于声学信号，Adam Glowacz 通过分析感应电机运行的五种状态，包括正常运行、辅助绕组和主绕组短路、辅助绕组短路、转子断条和鼠笼故障、轴承故障，提出了一种针对感应电动机的轴承、定子和转子故障的诊断方法，通过实验验证了该方法有较好的故障诊断效果。

3. 基于知识的故障诊断方法

与基于信号处理的方法一样，基于知识的故障诊断方法也不需要构建系统的数学模型，具有较强的适用性和很好的工程应用前景。基于知识的故障诊断方法通过引入故障对象的许多信息，直接并充分利用了专家诊断知识如系统结构知识、经验知识和工作状态知识等。代表性的基于知识的故障诊断方法主要有基于神经网络的、基于模糊推理的、基于模式识别的以及基于专家系统的方法等。近年来，随着深度学习理论和人工智能技术的快速发展，为基于知识的故障诊断方法又增添了新的研究动力，吸引了学者的广泛关注。Xue Tao 等人采用神经网络算法对系统进行故障检测和诊断，以测试样品为例进行故障诊断的仿真验证，最终测试样品的识别率达到 95%，这说明他们建立的神经网络故障诊断模型在故障诊断方面具有较高的准确性。Han Honggui 等人则提出了一种自组织型模糊神经网络和智能识别方法的智能故障诊断方法，通过对污泥膨胀的不同类型进行检测和识别来保障污泥膨胀过程的安全性和出水水质。

1.3 被动容错控制

被动容错控制的整体结构框图如图 1－2 所示，可以看出，被动容错控制没有故障检测模块，不需要检测故障信息和控制器的重构，控制结构相对简单。被动容错控制的核心思想是鲁棒控制，该方法不需要改变控制器的结构和参数，而是采用鲁棒控制等技术对系统进行控制，使系统对已知的可能发生的故障不敏感，以确保其故障发生时仍能按照一定的性能继续稳定运行。这也就意味着被动容错控制具有一定的局限性。被动容错控制器在设计之初就已经把系统可能发生的已知故障考虑在内，保证系统在故障发生和未发生时均能正常工作，虽然能满足一定的性能指标，但却是以牺牲系统的性能为代价的。

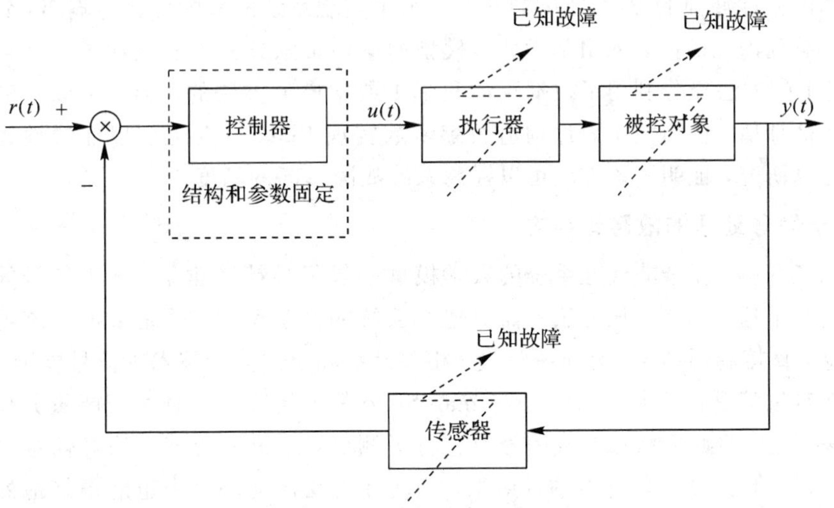

$r(t)$—系统输入；$u(t)$—控制器输出；$y(t)$—系统输出

图 1-2　被动容错控制整体结构框图

被动容错控制的容错能力相对有限，只能针对模型库中的故障，系统一旦发生未知的故障和干扰，控制器将难以保证系统的稳定和可靠。由于被动容错控制的局限性，所以它在控制效果上一般逊于主动容错控制，因此学者们针对容错控制方法的研究主要集中在主动容错控制上。谢梦雷等人利用线性自抗扰控制技术，研究了一种针对无人飞行器舵面故障的被动容错控制方法，其主要原理是把故障引起的系统特性变化作为参数的有界摄动来进行实时的估计和补偿，以此实现飞行器舵面无论发生故障与否都能保证其稳定飞行的动态特性。傅强针对航空发动机故障设计了一种基于特征结构方法的被动容错控制策略，该控制策略同时配置了系统的极点和特征向量，在故障发生以后，通过对系统重新调整，从而保证了所设计的容错系统的稳定性和可靠性。

1.4　主动容错控制

主动容错控制的整体结构框图如图 1-3 所示，除了基于自适应控制(Model Reference Adaptive Control，MRAC)理论的主动容错控制方法在设计时不需要故障检测环节以外，一般的主动容错控制方法都需要与 FDI 环节合作完成。在故障发生后，主动容错控制会根据 FDI 环节检测的精确故障信息，通过调整系统的控制参数、容错重构等主动地对故障做出反应，确保系统按照一定的性能指标继续稳定运行。相比于被动容错控制的保守，主动容错控制在设计方法上具有更多的弹性和优势，在工程中也具有更多的应用价值，因此其理论研究吸引了许多学者的关注。按照有无故障检测环节或者是否需要精确的故障信息，主动容错控制又可以分成基于 FDI 技术的和基于 MRAC 技术的两种不同的处理模式。

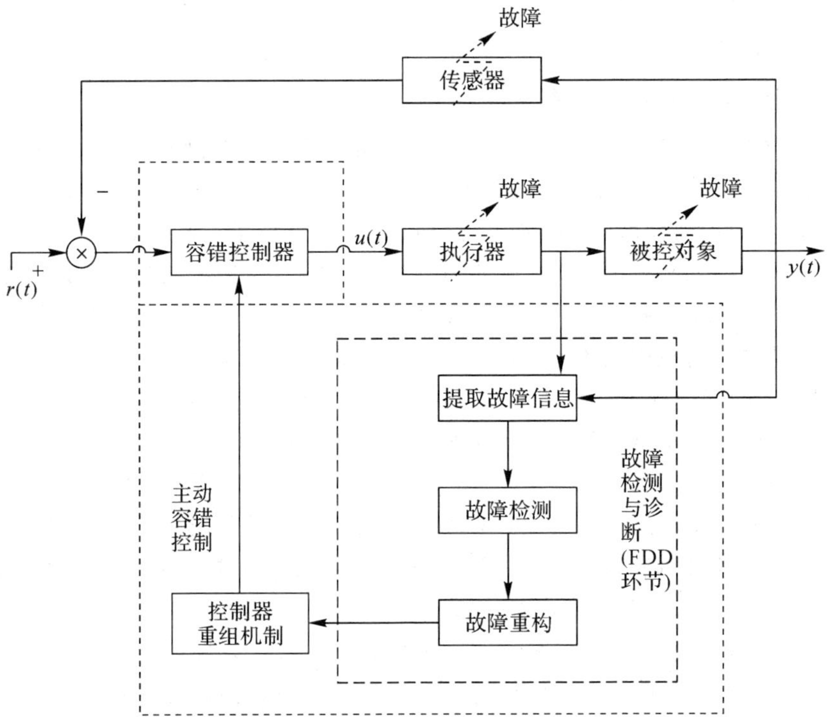

图 1-3 主动容错控制整体结构框图

1. 基于 FDI 技术的主动容错控制

基于 FDI 技术的主动容错控制包括控制律重新调度和控制律重构两种方法。控制律重新调度是最简单实用的主动容错控制方法，其基本思想是根据已有经验预先设计好各故障增益参数，然后储存在计算机或系统的模型库中，当故障发生时，根据 FDI 环节检测到的故障信息，在线切换最优的控制律。此方法需要 FDI 环节检测到精确的故障信息，所以在控制器设计之初就需要对被控系统有充分的认识。一旦 FDI 单元任何一环出现问题，都将对系统带来灾难性的影响。Duc-Tien Nguye 等人提出了一种集故障诊断和容错控制于一体的主动容错控制策略，其中容错控制器的设计基于 H_∞ 综合框架下的增益调度控制。其所提出的控制算法是把增益参数化为执行器损失的多项式函数，并由两级卡尔曼滤波器进行估计，然后通过 MATLAB 函数模块收缩调整为多项式系数，以满足系统鲁棒性要求。研究表明其所设计的控制器可以避免控制器重新配置过程中出现的暂态现象，较好地适应了不同程度的执行器故障。

控制律重构是指通过 FDI 环节检测到故障信息后，在线调整系统的结构和参数以满足期望的系统性能的一种控制方法。近年来，这种方法得到学者们的广泛关注并且取得了众多研究成果。为了提高某型涡扇发动机的鲁棒性，Cai Chao 等人采用控制律重构方法设计了容错控制器。该方法可以通过控制切换机制将故障情况下的系统切换为无故障的控制回路，研究结果表明，该控制方法可以保证系统无论是核心控制节点出现故障还是非核心控制节点出现故障，都能实现向无故障回路的快速切换。刘旭等人针对伺服系统同时出现执行器和传感器故障情况，研究了一种基于滑模观测器的主动容错控制律设计策略，该策略通过分析系统故障模型和添加滤波器，将系统同时出现的执行器和传感器故障虚拟地等效为只发生执行器故障的系统数学模型；最后通过解 LMIS(线性矩阵不等式)方法得到观测器的解和故障重构值，并基于此设计了容错控制率。

2. 基于 MRAC 技术的主动容错控制

MRAC 技术指的是被控系统在运行过程中，能够不断地检测系统自身变化的参数，并且根据变化的参数，进行自动的参数调节，或通过改变被控过程保证系统处于最优运行状态。基于 MRAC 的主动容错控制不需要额外设计的 FDI 环节，无论系统发生故障与否，通过控制被控系统的输入和输出，就可以使被控系统的输出自适应地与预先设定好的参考模型的输出相一致。在故障发生之后，系统参考的自适应模型也会随之改变，被控系统将主动追踪参考模型输出自适应的重构控制律，这也就克服了控制过程中 FDI 环节故障检测误差的影响。基于 MRAC 的主动容错控制方法同样受到众多学者的追捧。

针对航天器的参数不确定性、执行器故障和外部干扰，Hu Qinglei 等人提出了一种姿态自适应跟踪控制方案。该方案在控制器的设计过程中考虑了质心的变化，研究表明，该方案在不需要知道故障信息的情况下，依然可以实现较好的执行器故障容错控制效果。董朝阳等人研究了一种自适应容错控制方法来解决网络飞行器执行机构的故障问题。他们在构建状态观测器和自抗扰控制器分别对系统的不确定性进行估计和补偿的基础上，提出了一种误差跟踪的自适应容错控制方法。研究表明，该方法可以保证系统在发生执行机构故障时，执行机构能够根据指令自适应地逼近设计值，实现重构的控制系统能够精确跟踪参考模型。

本 章 小 结

现代控制系统中故障是无处不在的，也是无法预测和避免的，因此可以通过故障诊断来分析故障的原因，采用容错控制技术实现系统的稳定运行。本章对容错控制技术的起源、容错控制的基本思想以及两种基本类型(即主动容错和被动容错)的结构与基本功能作了简要介绍。故障诊断作为容错控制中的重要一环，本章对其发展和诊断方法也进行了简要介绍。

第 2 章　风能转换系统基本原理

2.1　风力发电系统概述

21 世纪以来，社会经济和全球人口持续高速增长，人类对能源的需求和消费不断增加。世界各国对化石能源、天然气等不可再生能源的过度消耗，导致能源供需紧张，使得能源问题成为制约国家经济发展的首要问题。面对紧张的能源供需问题，近年来，世界各国将能源开发和利用的热点转向了风能、水能、太阳能、核能、潮汐能等可再生绿色能源。

当前人们可开发利用的再生能源各有优势和劣势，水电站建设成本高，建设过程中会对当地的人文和生态产生较大破坏；太阳能取之不尽，却分散、效率低，所以发电的间歇性大；和其他绿色能源相比，核能安全性相对较高，然而一旦发生核泄漏事故，对生态和民众都会产生不可恢复的巨大伤害；潮汐能必须建设在海边，以现有的科技实力建设潮汐发电站对环境和生态的破坏无法避免，潮汐发电的可用价值也相对较低。

风电能源是绿色、清洁、价格低廉的新型可再生能源，与以煤炭等化石燃料为代表的传统能源和以太阳能为代表的新能源相比，风能具有制造工艺成本低、安装快、周期短、投资小、所需原料少，以及可持续性和技术发展快等优势。如今，风电能源已经逐渐成为开发和利用最快的可再生能源。据不完全统计，全世界风能资源储备量约为 13 万吉瓦，保守估计蕴含的能量是可利用水能资源总量的 10 倍甚至更高。自 20 世纪 90 年代以来，全球风力发电产业发展迅速，截至 2015 年年底，世界各国的风力发电累计总装机容量已经高达 432 419 兆瓦。我国海岸线广阔，西北、东北、东南沿海和青藏高原地区风能资源十分丰富，风能理论储量约为 32 亿千瓦，陆地可开发利用风能资源达到 2.3 亿千瓦，沿海可开发利用的风能资源更是达到了 7.5 亿千瓦，风能资源储量高居世界第一位，我国风电产业的发展潜力巨大。随着风电装机容量的持续增长以及风电技术的快速发展，在未来几年，我国政府将会针对风力发电领域持续且大量投资。到 2020 年，实现风力发电量占整个电力产业 15%的份额，成为继火电、水电后的第三大能源；到 2030 年，实现 5.13 亿千瓦的风电装机容量，据预计，此时风电产业及周边领域的就业人数将达到 40 万人。图 2-1 给出了 2013—2020 年上半年我国新增的风力发电装机容量。

风能作为替代传统能源最重要的绿色清洁能源，不仅具有经济意义，更具有政治和战略意义。目前世界各国都努力将风能作为其可持续能源体系的关键一环，这给整个电力行业的发展展示了巨大的前景。然而，随着风电产业迅速发展带来巨大活力和机遇的同时，巨大的挑战也随之而来。在实际的工程应用中，风电设备结构复杂、内部元器件众多，通常建设在偏远高山或远离海岸等环境气候恶劣的区域，且长期暴露在雨雪、沙尘和风速突变等高度恶劣、复杂的环境中，导致风电机组元件故障时有发生，其中执行器和传感器故障最为频繁，这不仅威胁风电机组安全、稳定运行，也影响风电系统广泛工程化的进程。因此，作为提高风电系统可靠性的重要手段和保证系统安全稳定运行的条件的容错控制便成为研究的热点。

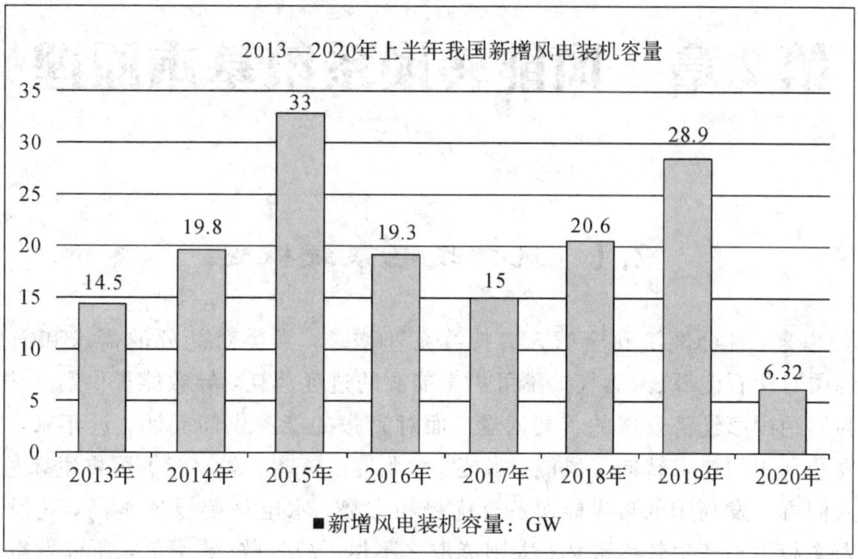

图 2－1　2013－2020 年上半年中国新增的风力发电装机容量

按照发电机运行方式的不同，风力发电系统分为恒速恒频发电系统和变速恒频发电系统。恒速恒频和变速恒频是两种不同的控制调节方式。恒速恒频技术指的是无论风速多大，要始终保证风力发电系统的转速保持在恒定范围内，以确保风能转换系统输出的电能频率与电网的频率相同。虽然采用恒速恒频运行方式的风电机组具有结构简单和控制方便等优势，但缺点也同样明显，这种运行方式必须把风力发电系统的转速限制在发电机的同步转速上，否则会发生飞车事故。现实应用中，风速具有随机性、不确定性以及不可控性，所以注定了恒速恒频运行方式无法运行在最佳转速下。采用这种运行方式不但不能进行最大功率点的追踪控制，风能的转换效率也受到限制，因此大大降低了整个风力发电系统的发电效率。变速恒频控制技术的出现克服了恒速恒频技术的缺点，采用变速恒频运行方式可以在风速改变时随时调整风力机叶片旋转的速度，即使在低风速区域运行，也能保证风力发电系统运行在最佳转速上以获得最佳的输出机械功率，所以这种风力发电运行方式被广泛应用在大型机组中。

采用变速恒频控制技术的风电系统，有直驱式风力发电系统和双馈型风力发电系统。按照采用发电机类型的不同，直驱式风力发电系统又分为永磁型和鼠笼型两种，这两种发电系统的共同点是中间都免去了齿轮箱环节，由风力发电系统直接驱动发电机，发电机的定子绕组通过变频器与电网相连，变频器承载着将风电系统输出的交流电转换成与电网频率相同的交流电的任务。这种方式虽然省去了齿轮箱环节，使得风电系统的整体结构变得简单，但是由于需要配置与发电机容量相当的变频器，导致整个系统的体积变大了，致使系统的成本增高，而且此种发电方式目前正处于研究和不断完善的阶段，所以目前双馈型风力发电系统依然是各国发展的主流。

双馈型变速恒频风力发电系统的变速恒频原理是通过控制感应发电机转子励磁绕组的电流频率，使发电机定子侧输出与电网相同频率的交流电。由于双馈型风力发电系统成本低，所以被广泛应用。整个双馈型风力发电系统主要由风力机、传动系统、感应发电机、变频器以及电网组成。风力机捕捉风能并将其转换成机械能使风力机转动，经传动系统带动双馈感应发电机的转子旋转，从而产生电能，最后经变流器输送到电网中。图 2-2 给出了带有双馈感应发电机(Double Fed Induction Generator，DFIG)的风能转换系统的总体结构框图。

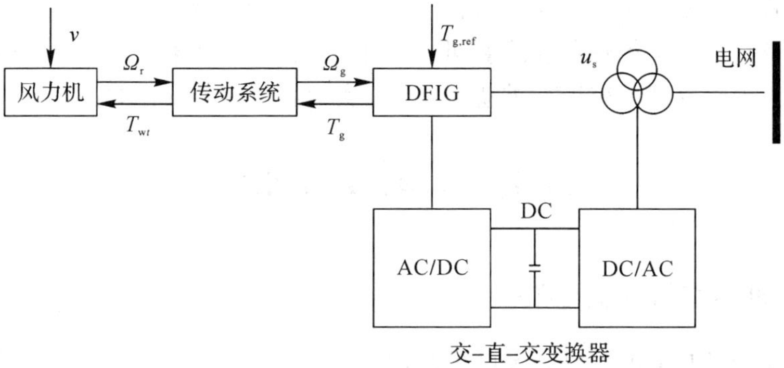

v—风速；Ω_r—风机低速轴的涡轮转速；T_{wt}—风机输出扭矩；Ω_g—发电机转子转速；
T_g—发电机电磁转矩；$T_{g,ref}$—电磁转矩参考值；u_s—电网电压

图 2-2　带有双馈感应发电机的风能转换系统的总体结构框图

2.2　风能转换系统中的容错控制

对于一些自动控制系统来说，传感器和执行器是必不可少的重要器件，其稳定运行至关重要。传感器如果发生故障，反馈控制器将无法获得正确的反馈数据信息；执行器如果发生故障，将难以执行控制器输出的正确信号，这不仅会影响系统的整体控制性能，严重时还会使整个系统完全瘫痪。由于传感器和执行器的重要性，近年来，国内外专家、学者研究和提出了许多针对传感器和执行器故障的控制方法。Ying L M 等人利用滑模观测器检测永磁同步电机驱动系统的传感器故障，针对电流和电压传感器故障，分别提出了闭环 V/f 和反电势直接计算的容错控制策略。Nasrolahi S S 等人针对卫星姿态控制系统中的传感器故障问题，引入了非线性观测器，提出了一种集成传感器故障检测与恢复的控制方法。针对传感器和执行器同时产生故障的问题，高振刚等人建立了系统的参数不确定性、传感器和执行器故障模型，引入未知输入观测器，采用极点配置的方法提高故障估计的精确值并推导了闭环系统稳定的充要条件，提出了基于电动助力转向(Electric Power Steering，EPS)系统的主动容错控制方法。

风能转换系统(Wind Energy Conversion System，WECS)在随机和间歇性的风力载荷下具有随机性、不稳定性和不确定性，是典型的大型复杂非线性系统。风电设备常常安装于气候多样、环境恶劣的区域，所以传感器和执行器等内部元件故障频发。WECS 故障有传动系统故障、变流器故障以及电网故障，其中传动系统因其结构特性会产生齿面磨损、疲劳剥蚀、断齿，以及轴承卡阻、行星轮开裂等问题，所以发生故障的概率最大，对系统性能的影响最大。为了提高风能转换系统的安全性能，保证风力发电机组安全高效运行，对风能转换系统进行容错控制成为专家和学者们新的研究方向。

目前，在对风能转换系统的容错控制中，Shi Y 等人研究了一种基于随机 PWA 模型的风能转换系统的 H_∞ 容错控制方法，解决了随机风力载荷作用下的风能转换系统的建模与

容错控制问题，研究表明，该方法对风能转换系统的传感器、执行器增益故障具有较好的容错控制性能。Cho S 等人设计了卡尔曼滤波器，估计叶片桨距系统的角度，以此检测叶片桨距系统的故障并取得了满意的检测效果。仿真结果表明，该方法可提高风力机的风能捕获效率。基于自适应故障观测器，Wu Z 等人设计了状态反馈容错控制器，保证了系统发生故障时依然能维持正常运行的良好性能。Xiahou K S 等人研究了一种基于卡尔曼滤波器的容错控制策略，在系统传感器故障期间，利用卡尔曼滤波器输出的估计值替代故障传感器的测量值，对矢量控制系统进行重新配置，以实现容错控制的目的。

2.3 风能转换原理

2.3.1 风力机的空气动力学特性

在风力发电系统中，风力机和发电机是两个重要部件，要想对整个风能转换系统有所了解，需要首先了解风能转换成机械能这一过程的能量转换机理。风力机利用风的动力作用来驱动发电机，将风能转换成电能，所以存在空气动力学特性，可以通过考虑整个风能转换过程，对风能转换系统的动力学特性进行分析。

图 2-3 为风力机气流图，输入的风速 v 和压力 ρ 为制动盘的条件参数，假设制动盘截面面积为 A，通过制动盘截面 A 的空气质量为 m，空气密度为 ρ，制动盘前面的风速和压力标注为 v_u 和 p_u，制动盘上的风速和压力标注为 v_0 和 p_0，制动盘后面的风速和压力标注为 v_b 和 p_b。

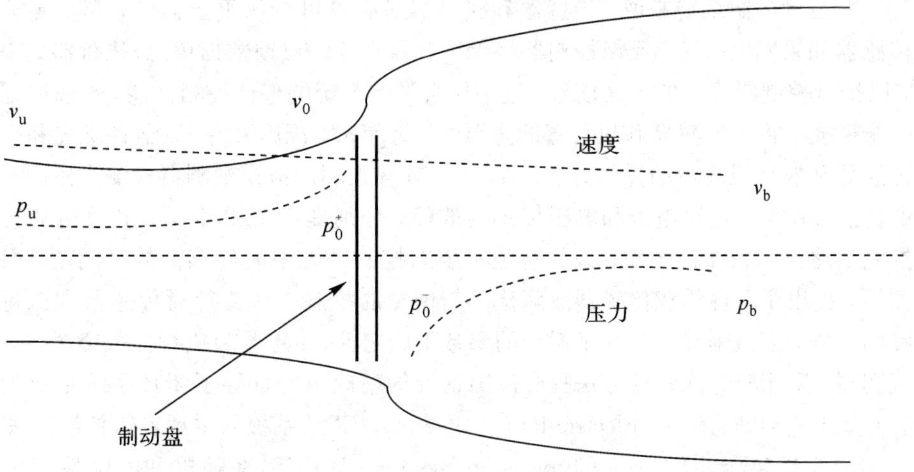

图 2-3　风力机气流图

单位时间内流过制动盘的空气质量 m 通过制动盘截面 A 产生的气流冲量用 H 表示，产生的冲力用 T 表示，由 $m=\rho A v_0$ 可得

$$H=m(v_u-v_b) \tag{2-1}$$

$$T=\frac{\Delta H}{\Delta t}=\frac{\Delta m(v_u-v_b)}{\Delta t}=\frac{\rho A v_0 \Delta t(v_u-v_b)}{\Delta t}=\rho A v_0(v_u-v_b) \tag{2-2}$$

或

$$T=A(p_0^+-p_0^-) \tag{2-3}$$

式中，ΔH 气流冲量变量，Δt 为时间变量。

根据伯努利方程，可得压力差为

$$p_0^+ - p_0^- = \frac{1}{2}\rho(v_u^2 - v_b^2) \tag{2-4}$$

由式(2-3)和式(2-4)可以得到冲力：

$$T = \frac{1}{2}\rho A(v_u^2 - v_b^2) \tag{2-5}$$

由式(2-2)和式(2-5)得到

$$v_0 = \frac{1}{2}(v_u + v_b) \Rightarrow v_u - v_b = 2(v_u - v_b) \tag{2-6}$$

空气质量 m 产生的动能为

$$E = \frac{1}{2}mv^2 \tag{2-7}$$

制动盘捕获的功率为

$$P = \frac{1}{2}\rho A v_0^2(v_u^2 - v_b^2) \tag{2-8}$$

设 $a = 1 - \frac{v_0}{v_u}$，则式(2-8)可以写成

$$P = \frac{1}{2}\rho A v^3 4a(1-a^2)^2 \tag{2-9}$$

综上，得到功率系数的定义表达式：

$$C_P = \frac{P}{P_t} = \frac{0.5\rho A v^3 4a(1-a^2)^2}{0.5\rho A v^3 4a} \tag{2-10}$$

则有

$$C_P = 4a(1-a^2)^2 \tag{2-11}$$

当 $a=\frac{1}{3}$ 时，C_P 取极限值 0.593，说明在理想情况下风力机所能利用的最大效率为 59.35。在实际应用中，风力机所能利用的最大效率要低于此值，根据能量守恒定律，在风能转换为机械能的过程中，有一部分能量被机械之间的摩擦消耗掉了，或是一部分能量转换成了尾流中的旋转动能。

2.3.2　风力机的特性参数

1. 叶尖速比

叶尖速比(Tip Speed Ratio，TSR)指的是叶片尖端线速度与风力涡轮机风速的比率，用字母 λ 表示，它在风能转换系统的控制机制中是一个非常重要的参数，代表了风力机的能量转换效率，其定义为

$$\lambda = \frac{\Omega_r R}{V} \tag{2-12}$$

式中，V 表示风速，R 表示风力涡轮机的风轮半径，Ω_r 表示低速轴的涡轮转速。

2. 功率系数

功率系数 $C_P(\lambda, \beta)$ 为无量纲，是叶尖速比 λ 和叶片的桨距角 β 的函数，它是另一个重

要参数，代表了风力机的风能利用效率，可以表示为

$$C_P(\lambda_t, \beta_t)=\varphi_1\left(\frac{\varphi_2}{\lambda_{ti}}-\varphi_3\beta_t-\varphi_4\right)e^{-\frac{\varphi_5}{\lambda_{ti}}}+\varphi_6\lambda_t \tag{2-13}$$

$$\frac{1}{\lambda_{ti}}=\frac{1}{\lambda_t+\varphi_7\beta_t}-\frac{\varphi_8}{\beta_t^3+1} \tag{2-14}$$

式中，$\varphi_i(i=1, 2, \cdots, 8)$为给定的参数。

2.3.3 最大风能捕获

图 2-4 给出了风力涡轮机功率系数 C_P与叶尖速比 λ 以及桨距角 β 三者之间的关系变化曲线。从图中可以看出，如果桨距角 β 不同，叶尖速比 λ 对应的功率系数 C_P的比值也不同。如果叶尖速比 λ 保持为定值，桨距角 β 与功率系数 C_P则成反比关系，桨距角越大，对应的功率系数越小；桨距角越小，对应的功率系数反而越大。当风速恒定时，风力涡轮机的机械功率输出仅取决于功率系数 C_P。

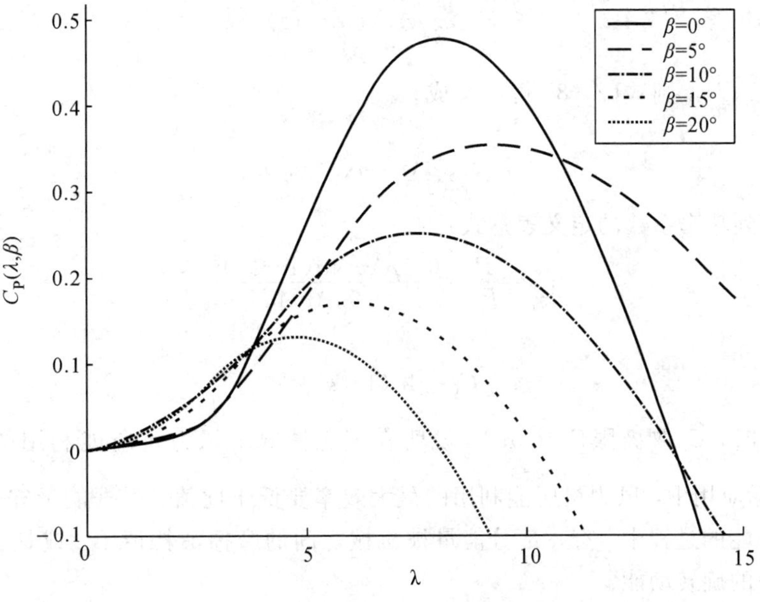

图 2-4　风力涡轮机 C_P、λ、β 关系曲线

如果桨距角 β 保持不变，则功率系数 C_P仅由叶尖速比 λ 确定。对于特定的风力涡轮机，存在单个最佳叶尖速比 λ_{opt}，此时 C_{Pmax}被定义为最大风能捕获系数。调节发电机的电磁转矩以跟随风速的变化使 C_{Pmax}达到最大值，可以捕获最大风能。

在额定风速下采用固定桨距控制，即 $\beta=0$，功率系数 $C_P(\lambda, \beta) = C_P(\lambda,0)$，参考文献[80]，此时功率系数可以表示为

$$\begin{aligned}C_P(\lambda(t))=&-4.54\times10^{-7}\lambda^7+1.3027\times10^{-5}\lambda^6-6.5416\times10^{-5}\lambda^5-\\&9.7477\times10^{-4}\lambda^4+0.0081\lambda^3-0.0013\lambda^2+0.0061\lambda\end{aligned} \tag{2-15}$$

从图 2-4 中可以看出功率系数 C_P 与叶尖速比 λ 的变化关系，当叶尖速比 $\lambda=7$ 时，功率系数 C_P 取得最大值，即 $C_{Pmax}=0.476$，此时的叶尖速比 λ 为最佳叶尖速比 λ_{opt}。

根据 Betz(贝兹)理论，在风速为 V(m/s)和空气密度为 ρ 的情况下，风力涡轮机从风能

中捕获的机械功率 P_{wt} 为

$$P_{wt}=\frac{1}{2}\rho R^2V^3C_P(\lambda,\ \beta) \tag{2-16}$$

风力机的输出扭矩 T_{wt} 表示为

$$T_{wt}=\frac{P_{wt}}{\Omega_r}=\frac{\frac{1}{2}\rho R^2V^3C_P(\lambda,\ \beta)}{\Omega_r} \tag{2-17}$$

当采用定桨距控制，即桨距角 $\beta=0°$ 时，可通过调节低速轴转速 Ω_r 实现最大风能捕获，此时风力机捕获的最大功率为

$$P_{max}=\frac{1}{2}\rho\pi R^2V^3C_P(\lambda_{opt},\ 0) \tag{2-18}$$

最大功率 P_{max} 与低速轴转速 Ω_r 的关系为

$$P_{max}=\frac{1}{2}\rho\pi R^5C_{Pmax}\left(\frac{R}{\lambda_{opt}}\right)\frac{\Omega_r^3}{\lambda_{opt}^3} \tag{2-19}$$

风力机的输出扭矩 T_{wt} 和低速轴转速 Ω_r 的关系为

$$T_{wt}=\frac{P_{wt}}{\Omega_r}=\frac{1}{2}\rho\pi C_{Pmax}\frac{(R/\lambda_{opt})}{\Omega_r^2/\lambda_{opt}^2} \tag{2-20}$$

目前，调节风力发电机输出功率的方式主要有定桨距失速调节和变桨距控制两种。采用定桨距失速调节技术的风电机组结构可靠、控制方便，但这种控制技术需要很高的启动风速，并且如果风速过大，超过风力机的额定功率，风力机的输出功率将会减小，大大影响整个风能转换的效率，降低发电效率，所以定桨距失速调节技术一般适用于小型或中型风力发电系统。变桨距控制方式就是风力机中的桨距角可以自动进行调节，以追踪风速的变化，确保风力机输出稳定的功率。此种方式可以提高风能的利用效率。由于变桨距控制方式优势显著，逐渐成为研究和应用的主流。

2.4　风能转换系统的故障类型

由于系统自身的特性和工作环境的影响，风能转换系统在运行过程中故障率较高。在对整个风力发电控制系统的运行特性进行研究后发现，双馈型风能转换系统的故障主要集中在齿轮箱、发电机和控制系统等关键部件。对风能转换系统的故障进行总结，主要有以下几种类型。

1. 电网电压不平衡故障

风能转换系统属于大型、复杂的非线性系统，风电机组并网运行时，会因为电网电压的幅值、频率和相位的波动而产生故障，从而影响控制器的控制效果。如果研究人员设计的控制器能够及时诊断出电网侧电压的波动情况，进而实时调整控制律，将会提高风电机组整体的稳定性和可靠性。

2. 齿轮箱和发电机故障

风能转换系统所处的工作环境恶劣，风电机组长时间运行在不稳定环境下，导致系统内部如叶片、齿轮箱、发电机，以及控制系统等关键部件发生故障的概率增大，其中齿轮箱中的齿轮因高速运转会产生大量的热，所以极易发生故障。发电机在风能转换系统中处于

核心位置，会发生自身的零部件损坏、电流电压异常等故障。目前针对齿轮箱和发电机故障的研究，已经取得了很多成果。

3. 传感器和执行器故障

风能转换系统中的传感器是信息获取的核心元件，执行器是系统执行控制的主要装置，且它们的内部结构最为复杂，发生故障的概率也最大。如果传感器和执行器发生故障或失效，将给系统的整体监测和控制带来严重影响，造成不可估量的损失。

2.5 风能转换系统动态数学模型

传动系统作为整个风能转换系统的执行器，承载着机械能的传输任务。双馈感应发电机(Double Fed Induction Generator，DFIG)属于增速型的风电机组，其传动系统主要包括低速轴、齿轮箱和高速轴三个部分。风能转换系统传动系统的整体结构如图 2－5 所示。

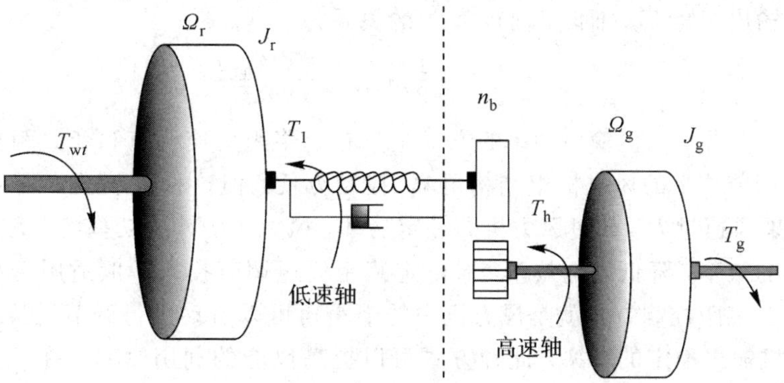

图 2－5　风能转换系统传动系统的整体结构

由于风力机捕获风能的最佳工作转速与发电机的转速不匹配，所以在风力机和发电机之间需要预先装设增速齿轮箱装置。但是增速齿轮箱因其结构特性容易发生齿面磨损、疲劳剥蚀、断齿以及轴承卡阻等故障问题，事实上这也是整个风能转换系统最脆弱的环节。后续章节将针对此环节出现的故障，以及确保风能转换系统在稳定运行的同时依然实现最大风能捕捉展开研究，在此不再赘述。

根据传动系统运动学方程，可得风力发电系统的模型为

$$\begin{cases}\dfrac{d\Omega_r}{dt}=\left(\dfrac{D_r}{J_r}+\dfrac{K_{opt}}{J_r}\Omega_r\right)\Omega_r-\dfrac{n_b}{J_r}T_h\\ \dfrac{d\Omega_g}{dt}=-\dfrac{D_g}{J_g}\Omega_g+\dfrac{1}{J_g}T_h-\dfrac{1}{J_g}T_g\\ \dfrac{dT_h}{dt}=\dfrac{1}{n_b}\left(K_{ls}-\dfrac{D_rD_{ls}}{J_r}+\dfrac{D_{ls}K_{opt}}{J_r}\Omega_r\right)\Omega_r-\\ \qquad\dfrac{1}{n_b^2}\left(K_{ls}-\dfrac{D_gD_{ls}}{J_g}\right)\Omega_g-D_{ls}\left(\dfrac{1}{J_r}+\dfrac{1}{n_b^2J_g}\right)T_h+\dfrac{D_{ls}}{n_b^2J_g}T_g\\ \dfrac{dT_g}{dt}=-\dfrac{1}{\tau_g}T_g+\dfrac{1}{\tau_g}T_{g,ref}\end{cases}\tag{2-21}$$

式中，$K_{opt}=0.5\rho\pi R^5C_{Pmax}/\lambda_{opt}^2$，$D_r$、$D_g$、$D_{ls}$分别为转子、发电机和低速轴阻尼常数，$\tau_g$为模

型的时间常数，K_{ls}为等效的低速轴扭转刚度，J_r为风力机转轴的转动惯量，J_g为发电机转子转动惯量，T_h为高速轴转矩，T_g为发电机电磁转矩，$T_{g,ref}$表示电磁转矩的参考值，n_b为齿轮传动变速比，Ω_g为发电机转子转速。

对式(2-21)进行变形，风能转换系统状态方程可以表示为

$$\dot{\boldsymbol{x}}(t) = \boldsymbol{A}\boldsymbol{x}(t)\boldsymbol{B}\boldsymbol{u}(t) \tag{2-22}$$

式中，$\boldsymbol{x}(t) = [x_1 \quad x_2 \quad x_3 \quad x_4]^T = [\Omega_r \quad \Omega_g \quad T_h \quad T_g]^T$为系统的状态向量，$\boldsymbol{u}(t) = \boldsymbol{T}_{g,ref}$为系统的输入向量，$\boldsymbol{A}$、$\boldsymbol{B}$分别为系统的系统矩阵和输入矩阵，且有

$$\boldsymbol{A} = \begin{bmatrix} \left(\frac{D_r}{J_r} + \frac{K_{opt}}{J_r}\Omega_r\right)\Omega_r & 0 & -\frac{n_b}{J_r} & 0 \\ 0 & -\frac{D_g}{J_g} & \frac{1}{J_g} & -\frac{1}{J_g} \\ a_1 + \frac{D_{ls}K_{opt}}{n_b J_r}\Omega_r & a_2 & a_3 & \frac{D_{ls}}{n_b^2 J_g} \\ 0 & 0 & 0 & -\frac{1}{\tau_g} \end{bmatrix}, \quad \boldsymbol{B} = \begin{bmatrix} 0 & 0 & 0 & 0 \\ 0 & 0 & 0 & 0 \\ 0 & 0 & 0 & 0 \\ 0 & 0 & 0 & \frac{1}{\tau_g} \end{bmatrix}$$

从风能转换系统的状态方程可以看出，系统矩阵 $\boldsymbol{A}$ 中的元素包含低速轴转速 Ω_r、高速轴转速 Ω_g、高速轴转矩 T_h 以及发电机电磁转矩 T_g，可知系统矩阵 $\boldsymbol{A}$ 会伴随着系统状态的改变而变化，所以风能转换系统具有强非线性的特性，属于强非线性系统。

本节主要针对风能转换系统中执行器和传感器故障，同时考虑系统非线性不确定参数进行容错控制方法研究，因此有必要了解风能转换系统的线性故障模型，以便为后续控制策略的研究奠定理论基础。

考虑如下无故障、无干扰线性定常控制系统：

$$\begin{cases} \dot{\boldsymbol{x}}(t) = \boldsymbol{A}\boldsymbol{x}(t) + \boldsymbol{B}\boldsymbol{u}(t) \\ \boldsymbol{y}(t) = \boldsymbol{C}\boldsymbol{x}(t) + \boldsymbol{D}\boldsymbol{u}(t) \end{cases} \tag{2-23}$$

式中，$\boldsymbol{x}(t) \in \mathbf{R}^n$ 为系统的状态向量，$\boldsymbol{u}(t) \in \mathbf{R}^p$ 为系统控制输入向量，$\boldsymbol{y}(t) \in \mathbf{R}^m$ 为系统可测输出向量，$\boldsymbol{A}$、$\boldsymbol{B}$、$\boldsymbol{C}$、$\boldsymbol{D}$ 为已知的相应维数系统矩阵。

根据故障出现在控制系统状态方程中的位置，可分为执行器、传感器和被控对象三种故障模型。

1）执行器故障模型

执行器故障一般出现在控制系统的输入部分。控制系统执行器故障的数学模型可由图 2-6进行描述，由公式(2-24)、式(2-25)进行表示。

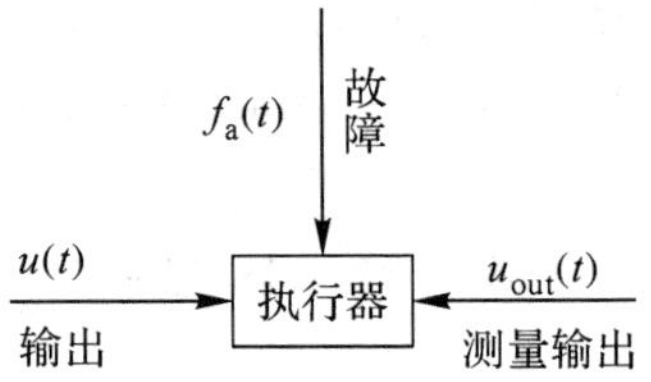

图 2-6　执行器故障的数学模型

系统执行器故障的数学模型可以表示为

$$\boldsymbol{u}_{\text{out}}(t) = \boldsymbol{u}(t) + \boldsymbol{f}_{\text{a}}(t) \tag{2-24}$$

$$\dot{\boldsymbol{x}}(t) = \boldsymbol{A}\boldsymbol{x}(t) + \boldsymbol{B}(\boldsymbol{u}(t) + \boldsymbol{f}_{\text{a}}(t)) \tag{2-25}$$

式中，$\boldsymbol{f}_{\text{a}}(t)$表示故障。

2）传感器故障模型

传感器故障一般出现在控制系统的输出部分。由于控制系统的输出值很难直接得到，一般需要通过传感器进行测量获取，所以传感器故障通常反映的是控制系统的输入部分。控制系统传感器故障的数学模型可由图 2-7 进行描述，由公式(2-27)进行表示。

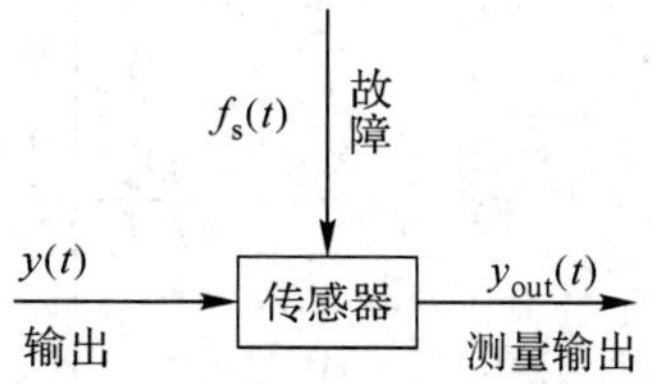

图 2-7　传感器故障的数学模型

系统传感器故障的数学模型可以表示为

$$\boldsymbol{y}_{\text{out}}(t) = \boldsymbol{y}(t) + \boldsymbol{f}_{\text{s}}(t) \tag{2-26}$$

$$\boldsymbol{y}(t) = \boldsymbol{C}\boldsymbol{x}(t) + \boldsymbol{D}\boldsymbol{u}(t) + \boldsymbol{f}_{\text{s}}(t) \tag{2-27}$$

3）被控对象故障模型

被控对象故障一般指的是控制系统中元部件发生的故障。当控制系统中的元部件发生故障时，系统参数会发生改变，所以被控对象的故障反映的是系统参数的变化。控制系统中被控对象故障的数学模型可由图 2-8 进行描述，由公式(2-28)进行表示。由于基于观测器的控制器设计只需要被控对象的输入和可测输出，所以本章着重研究控制系统中执行器和传感器故障。

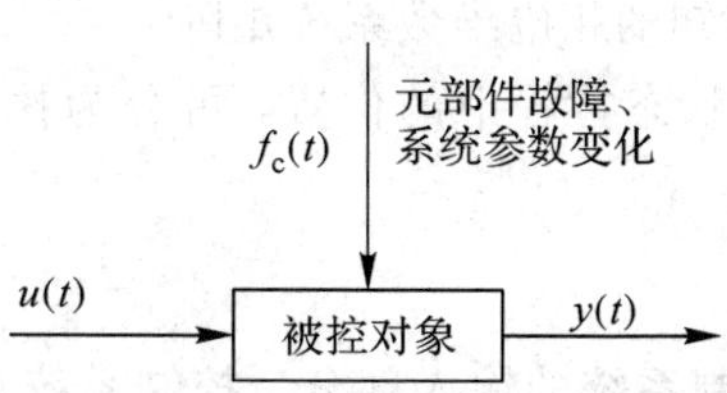

图 2-8　被控对象故障的数学模型

系统被控对象故障的数学模型可以表示为

$$\dot{\boldsymbol{x}}(t) = \boldsymbol{A}\boldsymbol{x}(t) + \boldsymbol{B}\boldsymbol{u}(t) + \boldsymbol{f}_{\text{c}}(t) \tag{2-28}$$

本章小结

本章主要对风力发电系统的风能转换原理和数学模型进行了介绍，首先针对风力发电系统的有关知识做了概述，在变速恒频的控制调节方式中，重点介绍了双馈型风力发电系统的结构和发电原理，其次介绍了风能转换系统的风能转换原理，包括风力发电系统的动力学特性、风力机的特性参数，以及最大风能捕获；然后介绍了风能转换系统常见的故障类型，如电网电压不平衡故障、齿轮箱和发电机故障以及传感器、执行器故障；最后对风能转换系统的数学模型进行研究，建立了风能转换系统的状态空间表达式，并且对线性定常系统的执行器和传感器等故障模型进行了介绍，为后面章节针对非线性不确定系统的容错控制研究做了理论铺垫。

第3章 风能转换系统故障容错控制

3.1 模糊控制概述

模糊控制系统是一种自动控制系统，是以模糊数学、模糊语言形式的知识表示和模糊逻辑的推理规则为理论基础，采用计算机控制技术构成的一种具有反馈通道的闭环结构的数字控制系统。它的组成核心是智能型的模糊控制模型，因此，模糊控制系统无疑也是一种智能控制系统。这种系统在完成预定的任务时，可以不需要人的直接参与，由测量装置代替人的感知机能来观测被控量的实时变化，由控制器对给定量与被测量进行比较、综合和信息处理，并给出控制量，最后由执行机构来对被控对象进行某种设置或调整。这个过程在人工操作系统中都是由操作人员通过“感觉器官的观测”(获取信息)→人脑的思维、判断(存储和处理信息)→手动调整(信息的实施)来完成的。

在实际的工业控制中多采用基于模型的控制。随着科技的进步、工业的发展，被控系统越来越多样，系统的不确定性增加，内部结构越来越复杂，这些复杂的被控系统变得越来越难以用精确的数学模型进行描述，于是模糊逻辑控制(Fuzzy Logic Control)应运而生。模糊逻辑控制简称模糊控制(Fuzzy Control)。模糊控制属于智能控制领域，能够转化人的思维和模糊化语言，对一些无法得到精确数学模型的被控对象，可以通过模拟人的思维实现有效控制。

随着科学技术的高度发展，被控对象也越来越复杂，一个复杂系统的突出表现是它的多输入—多输出变量间的强耦合性、系统参数的时变性、系统结构的严重非线性和不确定性，这类系统没有明确的物理规律可遵循，即使做出许多假设，要进行传统的定量分析十分困难，甚至无法实现。逻辑模型之一是“结构模型”。它需要首先确定对象问题的主要因素，然后调查主要因素间的相互性，并用坐标表示。这是一种定性模型，可以用来理解结构特征，但在模型的建立和理解过程中，都需要人的直觉和洞察力。由于结构本身是客观存在的，因此这类模型既具有客观性，又具有主观性。它存在的问题是在主要因素“相关性”上，只能取其“有”或“无”的二值逻辑。还有一种逻辑模型是“谓语逻辑模型”，它把人类的主客观知识皆用“命题”短语来表示，再用谓语逻辑进行处理。但是它仍然需要有严密的前提并采用二值逻辑进行处理。综上所述，可以发现这些建模方法对于复杂系统、模糊问题均不太适用。而以模糊集合和模糊逻辑推理为基础的“模糊模型”的建立却是一个理想的途径。因此，模糊控制系统自然是一种极为理想的控制系统。

20世纪60年代，Zadeh教授首次采用“隶属函数”的概念对事物模糊性的模糊集合进行定量描述，这被视为模糊逻辑控制理论诞生的重要标志。此后几年经历了快速发展，到了1985年，Takagi和Sugeno教授提出了一种新的模糊模型来描述复杂非线性系统，这就是著名的T-S模糊模型。T-S模糊模型的本质是，非线性系统由if-then模糊推理规则描述，每一个推理规则都表示非线性系统的局部区域的动态线性模型，利用隶属函数对各个局部线性模型进行连接，得到整体的模糊线性模型，进而达到系统建模的目的。近些年来，由于T－S模糊算法具有结构简单和强逼近性等优点，其模型输出具有良好的数学表达特性，几乎能够逼近任何复杂的非线性系统，因此T－S模糊模型在不确定非线性系统控制器设计和系统性能分析中得到了广泛应用。

3.1.1　模糊控制系统的组成

根据前述模糊控制系统的定义，可以知道模糊控制系统的组成具有常规计算机控制系统的结构形式，如图3－1所示。由图可知，模糊控制系统通常由被控对象、执行机构、模糊控制器、输入/输出接口和测量装置等五个部分组成。

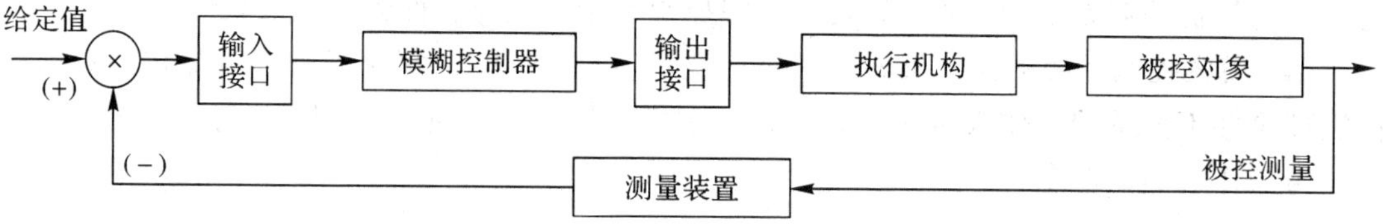

图3－1　模糊控制系统组成框图

1. 被控对象

被控对象可以是一种设备或装置以及它们的群体，也可以是一个生产的、自然的、社会的、生物的或其他各种状态转移过程。同时，它可以是确定的或模糊的、单变量或多变量的、有滞后或无滞后的，也可以是线性的或非线性的、定长的或时变的，以及具有强耦合和干扰等多种情况。对于那些难以建立精确数学模型的复杂对象，更适宜采用模糊控制。

2. 执行机构

除了电气的以外，各类交直流电动机、伺服电动机、步进电动机等，以及气动的、液压的各类调节阀和液压马达、液压阀等都属于执行机构。

3. 模糊控制器

控制器是各类自动控制系统的核心部分。由于被控对象的不同，以及对系统静态、动态特性的要求和应用的控制规则相异，因此有各种类型的控制器。在模糊控制理论中，则采用基于模糊知识表示和规则推理的语言型“模糊控制模型”，这也是模糊控制系统区别于其他自动控制系统的特点所在。

4. 输入/输出接口

在实际系统中，由于多数被控对象的控制量及其可观测状态是模拟量，因此模糊控制系统必须与其他全数字控制系统或混合控制系统一样，具有模/数(A/D)、数/模(D/A)转换单元；不同的只是在模糊控制系统中，还应该有适用于模糊逻辑处理的“模糊化”和“解模糊化”环节，这部分通常也被看作模糊控制模型的输入/输出(I/O)接口。

5. 测量装置

测量装置是将被控对象的各种非电量如流量、温度、压力、速度、浓度等转换成电信号的一种装置，通常由各类数字的或模拟的测量仪器、检测元件或传感器组成。它在模糊控制中占有十分重要的地位，其精度往往直接影响整个系统的性能指标。

在模糊控制系统中，为了提高控制精度，要及时观测被控量的变化特性及其与期望值之间的偏差，以便及时调整控制规则和控制量输出值；往往将测量装置的观测值反馈到系统输入端并与给定输入量比较，构成具有反馈通道的闭环结构形式。

与常规的控制方法相比，模糊控制系统具有如下优点：

(1) 模糊控制系统特别适宜于复杂系统(或过程)与模糊性对象等采用，因为它们的精确数学模型很难获得或者根本无法找到。

(2) 模糊控制中的知识表示、模糊规则和合成推理是基于专家知识或熟练操作者的成熟经验的，通过学习可不断更新，因此它具有智能性和自学习性。

(3) 模糊控制系统的核心是模糊控制模型，而模糊控制模型均以计算机为主体，因此它兼有计算机控制系统的特点，如具有数字控制的精确性与软件编程的柔软性。

(4) 模糊控制系统的人—机界面具有一定程度的友好性，它对于有一定操作经验而对控制理论并不熟悉的工作人员来说，很容易掌握，并且易于使用“语言”进行人机对话，更好地为操作者提供信息。

3.1.2 模糊控制模型

模糊控制系统与通常的计算机数字控制系统的主要区别是采用了模糊控制模型。模糊控制模型是模糊控制系统的核心，一个模糊控制系统性能的优劣主要取决于模糊控制模型的结构，所采用的模糊规则、合成推理法以及模糊决策的方法等因素。

1. 模糊控制模型的组成

模糊控制模型包括模糊化接口、数据库、规则库、推理机和解模糊接口五个部分，如图3-2所示。

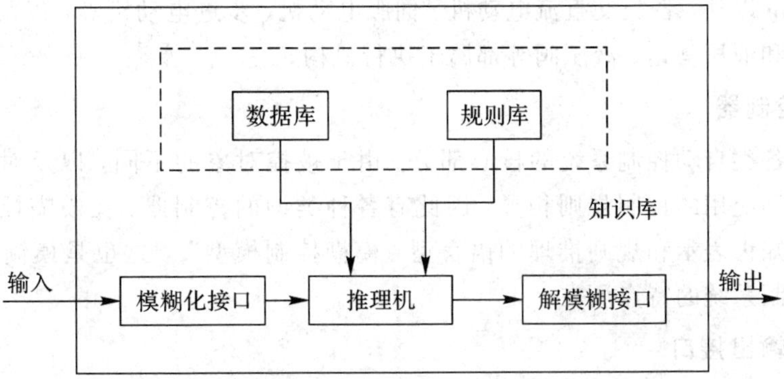

图3-2　模糊控制模型组成

1) 模糊化接口

模糊控制模型的输入必须经过模糊化才能用于模糊控制输出的求解，因此它实际上是模糊控制模型的输入接口。它的主要作用是将确定量转换成一个模糊矢量。

2) 数据库

数据库所存放的是有输入、输出变量的全部模糊子集的隶属度矢量值(即经过论域等级的离散化以后对应值的集合），若论域为连续域，则为隶属度函数。

3）规则库

模糊控制模型的规则是基于专家知识或手动操作熟练人员长期积累的经验，它是按照人的直觉推理的一种语言表示形式。模糊规则通常由一系列的关系词连接而成，如ifthen、else 等。关系词必须经过“翻译”，才能将模糊规则数值化。最常用的关系词为 ifthen。

规则库是用来存放全部模糊控制规则的，在推理时为“推理机”提供控制规则。规则条数和语言变量的模糊子集划分有关，划分越细，规则条数越多，但这并不意味着规则库的准确程度越高，规则库的准确性还与知识的准确程度有关。

4）推理机与解模糊接口

推理机是模糊控制模型中，根据输入模糊量，由模糊控制规则完成模糊推理来求解模糊关系方程，并获得模糊控制量的功能部分。它通常是在模糊控制模型设计过程中选定的推理算法软件。随着现代电子和集成技术的发展，具有该功能的硬件芯片已经产生，因此可简化编程。

如果选择的推理方法能够得到可以直接作为控制量的清晰解，则无需进行专门的解模糊处理，否则要选择恰当的解模糊因子得到控制量。

模糊推理是模糊逻辑理论中最基本的问题。目前模糊推理的方法很多，根据模糊子集具有不同形式的隶属函数，而采用不同的推理方法。

（1）具有钟形或三角形的隶属函数。对于两个输入变量 E 和 E_c、一个输出变量 U 的模糊控制模型，通常它们所取的模糊子集总数为 $s=(2n+1)=5\sim7$，控制规则取为

如果 E 是 $\underset{\sim}{A}_{11}$，E_c是 $\underset{\sim}{A}_{12}$，那么 U 是 $\underset{\sim}{B}_1$；

如果 E 是 $\underset{\sim}{A}_{21}$，E_c是 $\underset{\sim}{A}_{22}$，那么 U 是 $\underset{\sim}{B}_2$。

其中，$\underset{\sim}{A}_{11}$与 $\underset{\sim}{A}_{21}$、$\underset{\sim}{A}_{12}$与 $\underset{\sim}{A}_{21}$分别是输出语言变量 E 和 E_c的两个相邻模糊子集，而 $\underset{\sim}{B}_1$ 与 $\underset{\sim}{B}_2$ 是输出语言变量 U 的相邻两个模糊子集。如果已知 $E=\mathrm{e}_0$，$E_c=e_{c_0}$，则根据它们的隶属函数 $\mu\underset{\sim}{A}_{i1}(e_0)$和 $\mu\underset{\sim}{A}_{i1}(e_{c_0})$（$i=1$，2 时相邻两个模糊子集的序号），可以求出合成度 ω_i 为

$$\omega_i=\mu\underset{\sim}{A}_{i1}(e_0)*\mu\underset{\sim}{A}_{i2}(e_{c_0}) \tag{3-1}$$

式中，算符 $*$ 取极小或者代数积，对于序号为 i 的规则，其推理结果为

$$\mu_{\underset{\sim}{B}_i}(u)=\omega_i*\mu_{\underset{\sim}{B}i}(u) \tag{3-2}$$

那么，其两条规则的合成推理结果为

$$\mu_{\underset{\sim}{B}}*(u)=\bigvee_{i=1}^{2}\omega_i*\mu_{\underset{\sim}{B}i}(u) \tag{3-3}$$

当 $*$ 取极小时，

$$\mu_{\underset{\sim}{B}}*(u)=[\omega_1\wedge\mu_{\underset{\sim}{B}_1}(u)]\vee[\omega_2\wedge\mu_{\underset{\sim}{B}_2}(u)] \tag{3-4}$$

当 $*$ 取代数积时，

$$\mu_{\underset{\sim}{B}}*(u)=[\omega_1\mu_{\underset{\sim}{B}_1}(u)]\vee[\omega_2\mu_{\underset{\sim}{B}_2}(u)] \tag{3-5}$$

实际上，推理结果的获得，表示模糊控制的推理功能已经完成。但是，至此所获得的结果仍是一个模糊矢量，不能直接用来作为控制量，还必须进行一次转换，求得清晰的控制量输出，即解模糊。通常把推理和输出端具有转换作用的功能部分称为解模糊接口。当

$\underset{\sim}{\mu_B} *(u)$为连续函数时，解模糊算法可由下式求出 $\underset{\sim}{\mu_B}(u)$的重心：

$$u_0=\frac{\int \underset{\sim}{\mu_B} *(u)u\mathrm{d}u}{\int \underset{\sim}{\mu_B}} *(u)\mathrm{d}u \tag{3-6}$$

当 $\underset{\sim}{\mu_B} *(u)$为离散的模糊矢量时，即

$$u_0=\frac{\sum_{i=1}^{n} \underset{\sim}{\mu_B} *(u_i)u_i}{\sum_{i=1}^{n}} \underset{\sim}{\mu_B} *(u_i) \tag{3-7}$$

(2) 具有单调递增或递减的隶属函数。对于这类隶属函数的模糊变量，其拥有的模糊子集量少，通常为 $s=2$(即 P 与 N)，其控制规则为

如果 E 是 $\underset{\sim}{N}_E$，E_c是 $\underset{\sim}{P}_{E_c}$，那么 U 是 $\underset{\sim}{N}_U$；

如果 E 是 $\underset{\sim}{P}_E$，E_c是 $\underset{\sim}{N}_{E_c}$，那么 U 是 $\underset{\sim}{P}_U$。

与上同理，若 $E=e_0$，$E_c=e_{c_0}$，则这类规则合成度分别为 $\omega_1=\mu_{\underset{\sim}{N}_E}(e_0)$和 $\omega_2=\mu_{\underset{\sim}{P}_E}(e_{c_0})$。

其两条规则的合成结果也由给定 e_0和 e_{c_0}的重心来给出：

$$u_0=\frac{\omega_1 u_1+\omega_2 u_2}{\omega_1+\omega_2} \tag{3-8}$$

(3) 具有台形的隶属函数。这类隶属函数的规则，其前提部也是由模糊命题组成，结论部则是由普通的输入/输出关系组成。其控制规则为

如果 E 是 $\underset{\sim}{A}_{11}$，E_c是 $\underset{\sim}{A}_{12}$，那么 U 是 $f_1(E, E_c)$；

如果 E 是 $\underset{\sim}{A}_{21}$，E_c是 $\underset{\sim}{A}_{22}$，那么 U 是 $f_2(E, E_c)$。

若同样取 $E=e_0$，$E_c=e_{c_0}$，对于每条规则的推理结果，则可以用结论部的函数式直接计算：

$$\begin{cases} u_1=f_1(e_0, e_{c_0}) \\ u_2=f_2(e_0, e_{c_0}) \end{cases} \tag{3-9}$$

即其重心为

$$u_0=\frac{\omega_1 u_1+\omega_2 u_2}{\omega_1+\omega_2}=\frac{\omega_1 f_1(e_0, e_{c_0})+\omega_2 f_2(e_0, e_{c_0})}{\omega_1+\omega_2} \tag{3-10}$$

从上面的几种推理关系可以看出，具有钟形或三角形的隶属函数需要进行解模糊，而具有单调性和台形的隶属函数则得到清晰解，可直接作为控制量，因此无需进行解模糊处理。

综上所述，模糊控制模型实际上就是依靠微型计算机来构成的，它的绝大部分功能都是由计算机来完成的。

2. 模糊控制模型的结构

模糊控制模型的结构分类有如下几种，根据模糊控制模型输入量，可将其分为单变量系统和多变量系统；根据维数，可将模糊控制模型分为一维、二维、三维模糊控制模型；根据模糊控制模型的功能，则有 PID 模糊控制模型、自调整模糊控制模型、最优模糊控制模型、自学习模糊控制模型等。

首先，在确定性自动控制系统中，通常将具有一个输入变量和一个输出变量的系统称为单变量系统，而将多于一个输入/输出变量的系统称为多变量控制系统。在模糊控制系统

中也可以类似地分别定义“单变量模糊控制系统”和“多变量模糊控制系统”。不同的是，模糊控制系统往往把一个控制量(通常是系统输出量)的偏差、偏差变化以及偏差变化的变化率作为模糊控制模型的输入。

在单变量模糊控制系统中，通常把单变量模糊控制模型(Single Variable Fuzzy Model, SVFM)输入的两个数称为模糊控制模型的维数。由于可以将控制量的偏差、偏差变化以及偏差变化的变化率作为模糊控制模型的输入，因此可以将单变量模糊控制模型分为一维、二维和三维模糊控制模型。一维模糊控制模型的输入变量为受控变量和输入给定的偏差 E。由于仅仅采用偏差值很难反映受控过程中的动态特性品质，这种一维模糊控制模型往往被用于一阶被控对象。二维模糊控制模型的输入变量基本上都选用受控变量和输入给定的偏差 E 和偏差变化 E_c，由于它们能够较严格地反映受控过程中输出变量的动态特性，因此在控制效果上要比一维模糊控制模型好得多。三维模糊控制模型的三个输入变量分别是偏差 E、偏差变化 E_c 和偏差变化的变化率 E_{c_c}。由于这类模糊控制模型结构较复杂，推理运算时间长，因此除非对动态特性的要求特别高的场合，一般较少采用。

在多变量控制系统中采用的模糊控制模型称为“多变量模糊控制模型”(Multiple Variable Fuzzy Model, MVFM)。要直接设计一个多变量模糊控制模型是相当困难的，因此首先想到的是如何利用模糊控制模型本身的解耦性特点，通过模糊关系方程进行分解，在控制器结构上实现解耦，即将一个多输入—多输出(MIMO)分解成若干个多输入—单输出(MISO)的模糊控制模型，然后每一个 MISO 又可以分解成多个 MIMO 模糊控制模型。图 3 - 3 和图 3 - 4 分别是 MISO 和 MIMO 模糊控制模型结构。

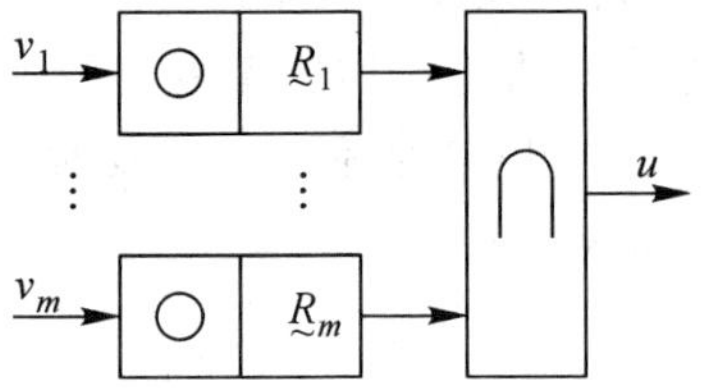

图 3 - 3　MISO 模糊控制模型结构

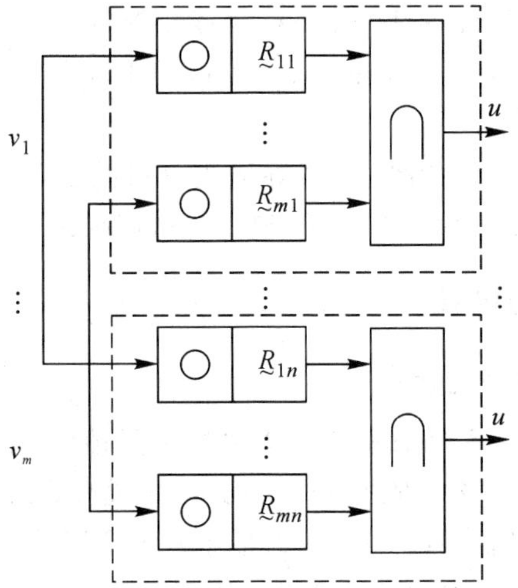

图 3 - 4　MIMO 模糊控制模型结构

图 3-5 给出了模糊控制的基本结构，从图中可以看出模糊控制系统一般包含 A/D 转换模块、模糊控制器、D/A 转换模块、执行机构、被控对象和传感器六个部分。

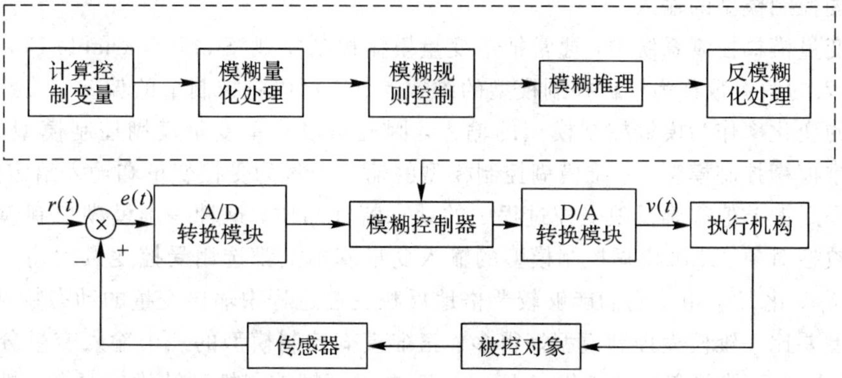

图 3-5 模糊控制的基本结构

模糊控制系统的输入量一般为数字量，中间需要经过 A/D 转换模块转换成控制器可以识别的模拟量。模糊控制器是模糊控制的核心所在，其主要功能是对系统的输入信号进行处理并发出相应的控制信息，处理信号的一般步骤包括计算控制变量、模糊量化处理、模糊规则控制、模糊推理、非模糊或反模糊化处理，之后得出相应的结论，再将该信息经D/A 转换模块传递给执行机构，然后对被控对象进行控制。模糊控制方法不但适用性强，而且可控的系统也多样，无论是线性系统还是非线性系统，系统模型已知或未知，上到航空航天、下到海底勘测，生物、医疗和机械也都可以采用此方法。最后，传感器将被控的物理量转换成电信号并经过反馈回路与系统的输入构成偏差，形成闭环回路。由于被控对象的种类并不固定，所以传感器的每一个特性(包括准确性、及时性和可靠性)都与整个被控系统息息相关，因此传感器的重要性可见一般。

模糊控制有以下优点：

(1) 模糊控制具有强操作性，可模拟现实中人的思维方式，能够通过模糊推理的方式，对一些难以构造精准数学模型的大型复杂被控对象实施有效控制。

(2) 模糊控制系统具有强鲁棒性，经非模糊或反模糊化处理之后，可使系统对外部环境的干扰和自身内部参数的变化不敏感，这尤其适用于复杂非线性系统的控制，可以解决非线性系统中时变、纯滞后问题。

(3) 模糊控制技术具有强结合性，在实际应用中可结合其他控制技术对系统进行有效控制，比如 PID 控制技术、自适应控制技术、神经网络控制技术以及滑模控制技术等。

3.1.3 T-S 模糊控制的设计

1. T-S 模糊系统的模型描述

一般获得模糊系统的 T-S 模糊模型方法主要有两种，一是被控系统的数学解析模型已知，可以通过扇区非线性法或局部近似法得到 T-S 模型；二是被控系统的数学解析模型未知，但是系统的输入和输出信号已知，可以采用系统辨识算法得到 T-S 模型。

一般地，T-S 模糊系统可由如下规则进行描述：

R^i：如果 $z_1(t)$是 F_1^i，$z_2(t)$是 F_2^i，…，$z_k(t)$是 F_k^i，那么

$$\dot{x}(t)=A_i x(t)+B_i u(t),\ i=1,2,\cdots,r \tag{3-11}$$

式中，R^i 代表第 i 条模糊推理规则，i 为模糊集合，$i=1,2,\cdots,r$ 为系统模糊规则总数，$\dot{\boldsymbol{x}}(t)\in\mathbf{R}^n$ 为系统的状态向量，$\boldsymbol{u}(t)\in\mathbf{R}^m$ 为系统的控制输入向量；$\boldsymbol{A}_i\in\mathbf{R}^{n\times m}$ 和 $\boldsymbol{B}_i\in\mathbf{R}^{n\times m}$ 分别为系统各参数矩阵。经过单点模糊、乘积推理和加权平均反模糊化后，得到整个 T－S 模糊模型为

$$\dot{x}(t)=\sum_{i=1}^{r}u_i(z(t))[A_i x(t)+B_i u(t)] \tag{3-12}$$

其中，

$$u_i(z(t))=\frac{h_i(z(t))}{\sum_{i=1}^{r}h_i(z(t))} \tag{3-13}$$

$$\sum_{i=1}^{r}u_i(z(t))=1 \tag{3-14}$$

$\boldsymbol{z}(t)=[z_1(t)z_2(t)\cdots z_k(t)]^{\mathrm{T}}$ 代表模糊规则的前提变量，$u_i(z(t))$ 为模糊权重，$h_i(z(t))=\prod_{j=1}^{k}F_j^i(z_j(t))$，$F_j^i(z_j(t))$ 表示前提变量 $z_j(t)$ 对应于模糊值 F_j^i 的隶属函数，$h_i(z(t))$ 是第 i 条规则权重。

2. T－S 模糊控制器设计

平行分布补偿(Parallel Distributed Compensation，PDC)算法是模糊控制器设计的常用方法。针对设计好的 T－S 模糊模型，每一个 T－S 模糊模型子系统都对应设计一个线性的状态反馈控制器，而这些子系统控制器的加权求和就是全局非线性系统的模糊控制器。PDC 算法的基本思想是模糊控制器可以使用与模糊系统相同的前提条件和隶属函数，具体实现过程如图 3－6 所示。

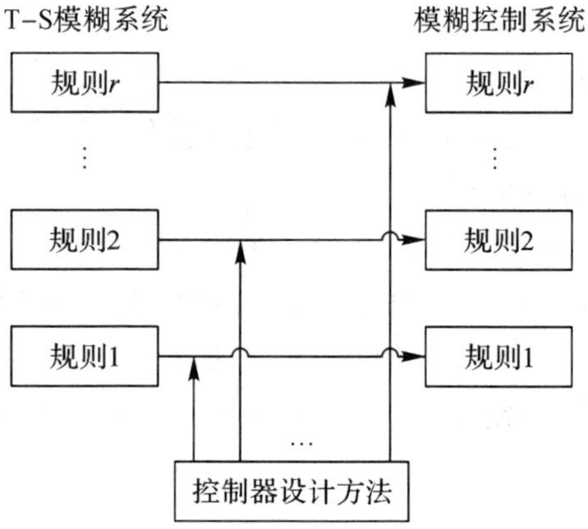

图 3－6　PDC 算法结构

根据 PDC 原理，基于 T－S 模糊模型的状态反馈控制器可以定义为

控制器规则 j：如果 $z_1(t)$ 是 F_1^j，$z_2(t)$ 是 F_2^j，…，$z_k(t)$ 是 F_k^j，则有

$$u(t)=\boldsymbol{K}_j x(t),\quad j=1,2,\cdots,p \tag{3-15}$$

式中，p 表示模糊规则总数，$\boldsymbol{K}_j\in\mathbf{R}^{m\times n}$ 是规则 j 的反馈增益矩阵，反模糊化后，系统全局状态控制器可以表示为

$$u(t)=\sum_{j=1}^{p}u_j(g(t))K_jx(t) \tag{3-16}$$

由式(3-12)和式(3-16)可得模糊系统的闭环方程为

$$\dot{x}(t)=\sum_{i=1}^{r}\sum_{j=1}^{p}u_i(z(t))u_j(g(t))[A_ix(t)+B_iK_j]x(t) \tag{3-17}$$

3.1.4 线性矩阵不等式

设计完控制器之后，模糊控制设计接下来的步骤是寻找反馈增益矩阵 $\boldsymbol{K}_j$，找到使模糊闭环系统稳定的充要条件。模糊系统的稳定性证明多是基于 Lyapunov 稳定性理论，不过此方法又具有一定的保守性，但是在约束性条件下可以利用线性矩阵不等式(Linear Matrix Inequality，LMI)的凸优化技术找到最优解，所以学者们针对 T-S 模糊系统进行控制设计时，稳定性分析多是采用基于 Lyapunov 函数和解 LMI 的方法。

在理论研究中，线性矩阵不等式常常是解决系统稳定性分析和控制器设计的主要方法，模糊控制器的设计也不例外。基于 T-S 模糊模型框架，进行闭环系统稳定性分析时，会经常遇到在约束条件下许多特征无法表示的问题，比如状态反馈增益矩阵的求解等，而 LMI 内点法的提出和 MATLAB 中 LMI 工具箱的推出很好地解决了这个难题。LMI 属于凸优化技术的范畴，因此在多数情况下可以把控制系统设计过程中受约束的性能指标转化成仅具有 LMI 约束的凸优化或可行性问题。在当代鲁棒控制理论的研究中，LMI 研究的重要性也日益凸显。

一个 LMI 可以表示为

$$\boldsymbol{F}(x)=\boldsymbol{F}_0+x_1\boldsymbol{F}_1+\cdots+x_m\boldsymbol{F}_m<0 \tag{3-18}$$

式中，$\boldsymbol{F}_i=\boldsymbol{F}_i^{\mathrm{T}}\in\mathbf{R}^{m\times m}$，$i=1, 2,\cdots, m$ 为给定的实对称矩阵，m 为实数变量的数量。$\boldsymbol{x}=[x_1, x_2, \cdots, x_m]^{\mathrm{T}}\in\mathbf{R}^m$ 为变量构成的向量，又叫作决策向量。小于号"<"表示 $\boldsymbol{F}(x)$ 为负定矩阵，即针对所有的非零向量 $\boldsymbol{v}\in\mathbf{R}^n$，有 $\boldsymbol{v}^{\mathrm{T}}\boldsymbol{F}(x)\boldsymbol{v}<0$，或者 $\boldsymbol{F}(x)$ 满足条件其最大特征值小于零。

在进行控制系统设计时，常常会遇到一些问题，比如 Lyapunov 矩阵不等式为非 LMI，但是我们需要的是线性矩阵不等式，这就需要进行转化，将非 LMI 转化成 LMI。以如下 Lyapunov 矩阵不等式为例进行分析：

$$\boldsymbol{F}(x)=\boldsymbol{A}^{\mathrm{T}}\boldsymbol{X}+\boldsymbol{X}\boldsymbol{A}+\boldsymbol{Q}<0 \tag{3-19}$$

式中 $\boldsymbol{A}\in\mathbf{R}^{m\times m}$，$\boldsymbol{Q}\in\mathbf{R}^{n\times n}$ 为已知的常数矩阵且矩阵 $\boldsymbol{Q}$ 为对阵矩阵，$\boldsymbol{X}\in\mathbf{R}^{n\times n}$ 为待求解的未知变量矩阵，也是一个对称阵，假设 $\boldsymbol{E}_1$，$\boldsymbol{E}_2$，…，$\boldsymbol{E}_m$ 为 $\boldsymbol{S}^n$ 中的一组基，$\boldsymbol{S}^n=\{\boldsymbol{M}: \boldsymbol{Q}=\boldsymbol{M}^{\mathrm{T}}\in\mathbf{R}\times\mathbf{R}\}$，如果存在 x_1，x_2，…，x_m，使得任意对称阵 $\boldsymbol{X}\in\mathbf{R}^{n\times n}$ 满足 $\boldsymbol{X}=\sum_{i=1}^{M}x_i\boldsymbol{E}_i$，则有

$$\begin{aligned}\boldsymbol{F}(\boldsymbol{X})&=\boldsymbol{F}\Big(\sum_{i=1}^{M}x_i\boldsymbol{E}_i\Big)=\boldsymbol{A}^{\mathrm{T}}\Big(\sum_{i=1}^{M}x_i\boldsymbol{E}_i\Big)+\Big(\sum_{i=1}^{M}x_i\boldsymbol{E}_i\Big)\boldsymbol{A}+\boldsymbol{Q}\\&=\boldsymbol{Q}+x_1(\boldsymbol{A}^{\mathrm{T}}\boldsymbol{E}_1+\boldsymbol{E}_1\boldsymbol{A})+\cdots+x_m(\boldsymbol{A}^{\mathrm{T}}\boldsymbol{E}_m+\boldsymbol{E}_m\boldsymbol{A})\\&<0\end{aligned} \tag{3-20}$$

即完成了 Lyapunov 矩阵不等式(3-19)向一般 LMI 式(3-18)形式的转化。

以下是一些常用的与 LMI 有关的引理。

引理 3-1-1 Schur 补引理：如果存在适当维数矩阵 $\boldsymbol{Y}$、$\boldsymbol{A}$ 和 $\boldsymbol{P}$，且矩阵 $\boldsymbol{P}$ 和 $\boldsymbol{Y}$ 满足 $\boldsymbol{P}>0$，$\boldsymbol{Y}<0$，$\boldsymbol{Y}$ 为对称阵，则

$$\boldsymbol{Y}+\boldsymbol{A}^{\mathrm{T}}\boldsymbol{P}^{-1}\boldsymbol{A}<0 \Leftrightarrow \begin{bmatrix} \boldsymbol{Y} & * \\ \boldsymbol{A} & -\boldsymbol{P} \end{bmatrix} \tag{3-21}$$

引理 3-1-2 如果存在适当维数矩阵 $\boldsymbol{T}$、$\boldsymbol{P}$、$\boldsymbol{L}$、$\boldsymbol{A}$ 和标量 β，使以下矩阵不等式

$$\begin{bmatrix} \boldsymbol{T} & * \\ \boldsymbol{LA} & -\beta\boldsymbol{L}-\beta\boldsymbol{L}^{\mathrm{T}}+\beta^2\boldsymbol{P} \end{bmatrix}<0 \tag{3-22}$$

成立，则有

$$\boldsymbol{T}+\boldsymbol{A}^{\mathrm{T}}\boldsymbol{PA}<0 \tag{3-23}$$

引理 3-1-3 如果矩阵不等式

$$\begin{bmatrix} \boldsymbol{T}+\boldsymbol{A}^{\mathrm{T}}\boldsymbol{M}^{\mathrm{T}}+\boldsymbol{MA} & * \\ -\boldsymbol{M}^{\mathrm{T}}+\boldsymbol{GA} & -\boldsymbol{G}-\boldsymbol{G}^{\mathrm{T}}+\boldsymbol{P} \end{bmatrix}<0 \tag{3-24}$$

成立，则必有

$$\boldsymbol{T}+\boldsymbol{A}^{\mathrm{T}}\boldsymbol{PA}<0 \tag{3-25}$$

引理 3-1-4 如果存在标量 $\lambda\geqslant 0$，对称矩阵 $\boldsymbol{P}>0$，使得不等式

$$\begin{bmatrix} \boldsymbol{A}^{\mathrm{T}}\boldsymbol{P}+\boldsymbol{PA}+\lambda\boldsymbol{H}^{\mathrm{T}}\boldsymbol{H} & * \\ \boldsymbol{B}^{\mathrm{T}}\boldsymbol{P} & -\lambda\boldsymbol{I} \end{bmatrix}<0 \tag{3-26}$$

成立，那么对所有使不等式 $\boldsymbol{\omega}^{\mathrm{T}}\boldsymbol{\omega}\leqslant\boldsymbol{\varepsilon}^{\mathrm{T}}\boldsymbol{H}^{\mathrm{T}}\boldsymbol{H}\boldsymbol{\varepsilon}$ 的 $\boldsymbol{\varepsilon}\neq 0$ 和 $\boldsymbol{\omega}$，则有

$$\begin{bmatrix} \boldsymbol{\varepsilon} \\ \boldsymbol{\omega} \end{bmatrix}^{\mathrm{T}} \begin{bmatrix} \boldsymbol{A}^{\mathrm{T}}\boldsymbol{P}+\boldsymbol{PA} & * \\ \boldsymbol{B}^{\mathrm{T}}\boldsymbol{P} & 0 \end{bmatrix} \begin{bmatrix} \boldsymbol{\varepsilon} \\ \boldsymbol{\omega} \end{bmatrix}<0 \tag{3-27}$$

引理 3-1-5 如果式(3-27)成立，则必有

$$\begin{bmatrix} \boldsymbol{T}+\boldsymbol{A}^{\mathrm{T}}\boldsymbol{M}^{\mathrm{T}}+\boldsymbol{MA} & * \\ \boldsymbol{P}^{\mathrm{T}}-\boldsymbol{M}^{\mathrm{T}}+\boldsymbol{GA} & -\boldsymbol{G}-\boldsymbol{G}^{\mathrm{T}} \end{bmatrix}<0 \tag{3-28}$$

$$\boldsymbol{T}+\boldsymbol{A}^{\mathrm{T}}\boldsymbol{P}^{\mathrm{T}}+\boldsymbol{PA}<0 \tag{3-29}$$

3.1.5 T-S 模糊算法在风能转换系统中的应用

现代鲁棒控制理论应用中，基于 T-S 模糊模型的控制算法优势明显，所以近年来在针对风能转换系统控制策略的研究和设计中，许多专家和学者采用了基于 T-S 模型或是 T-S模型与其他控制技术相结合的方法，但却各有优势和不足。

基于模糊逻辑控制理论，Kamal E 等人对非线性系统进行 T-S 模糊建模设计了鲁棒控制器，仿真结果表明在考虑系统参数不确定性和风扰动的情况下可以确保系统的运行稳定，但是没有考虑系统可能发生的部件故障，所以很难实现系统的容错控制目的；通过设计模糊系统 T-S 滑模观测器，Shen Y X 等人研究了风电系统高速轴转速传感器的故障诊断方法，但是对于如何补偿重构的故障却没有给出具体的控制方法；Chen G 等人建立了完整的基于模糊理论的风力机俯仰模型，在此基础上设计了模糊比例积分微分(fuzzy Proportional-Integral-Derivative，PID)控制器，实现对风力发电系统的实时控制；Bakri A E 等人和 Li S 等人分别对双馈风电系统进行 T-S 建模，针对系统的执行器或传感器故障，分别基于模糊滑模观测器和模糊观测器建立 L 容错控制器，但在系统建模时没有考虑风能

转换系统自身的不确定性部分，而且风能转换系统受到外界环境的干扰和自身不确定性的影响具有不可抗性，因此在实际工程应用中，如果同时发生风力发电机组部件失效，所设计的控制器将很难保证系统的稳定运行。

3.2 风能转换系统执行器故障容错控制

本节研究参数不确定的非线性系统执行器故障鲁棒容错控制问题，采用 T－S 模糊模型对风能转换系统进行描述，把系统中的不可测状态变量以及不确定性考虑在内；基于非线性系统执行器故障 T－S 模糊模型，建立模糊状态观测器(Fuzzy Dedicated Observer, FDO)以及模糊 PI 观测器(Fuzzy Proportional Integral Observer, FPIO)，分别对系统的状态和执行器故障进行重构；根据估计的故障信息，采用补偿控制，利用平行分布补偿(Parallel Distributed Compensation, PDC)方法设计模糊鲁棒调度容错控制器(Fuzzy Robust Scheduling Fault Tolerant Controller, FRSFTC)，实现对执行器故障主动容错，保证系统鲁棒稳定性的目的；应用泰勒级数、李雅普诺夫(Lyapunov)稳定性理论证明维持系统闭环稳定的充要条件，通过求解 LMI(线性矩阵不等式)得到各反馈增益矩阵，最后仿真结果进一步验证了该控制方法应用到风能转换系统中的可行性和有效性。

3.2.1 执行器故障模型描述

对具有不确定性的非线性系统建立一系列模糊规则，每个规则代表其中的一个子系统，因此，参数不确定模糊系统 T－S 模型描述如下：

R^i：如果 $z_1(t)$是 F_1^i，$z_2(t)$是 F_2^i，…，$z_k(t)$是 F_k^i，那么

$$\begin{cases}\dot{\boldsymbol{x}}(t)=(\boldsymbol{A}_i+\Delta\boldsymbol{A}_i)\boldsymbol{x}(t)+(\boldsymbol{B}_i+\Delta\boldsymbol{B}_i)\boldsymbol{u}(t)\\ \boldsymbol{y}(t)=\boldsymbol{C}_i\boldsymbol{x}(t)\end{cases},\quad i=1,2,\cdots,r \tag{3-30}$$

式中，R^i代表第 i 条模糊推理规则，$\boldsymbol{z}(t)=[z_1(t)\ z_2(t)\ \cdots\ z_k(t)]^{\mathrm{T}}$表示前提变量，$F_j^i$ 是模糊集合，$i=1,2,\cdots,r$ 代表系统模糊推理规则的数量，$j=1,2,\cdots,k$，$\boldsymbol{x}(t)\in\mathbf{R}^n$ 是系统的状态向量，$\boldsymbol{u}(t)\in\mathbf{R}^m$ 代表系统的控制输入向量，$\boldsymbol{y}(t)\in\mathbf{R}^p$ 为系统输出向量，$\boldsymbol{A}_i\in\mathbf{R}^{n\times n}$、$\boldsymbol{B}_i\in\mathbf{R}^{n\times m}$和$\boldsymbol{C}_i\in\mathbf{R}^{p\times n}$是系统的各参数矩阵，$\Delta\boldsymbol{A}_i$和 $\Delta\boldsymbol{B}_i$是不确定性实值矩阵。

假设系统的不确定性范数是有界的，在反模糊化之后，可以得到整个模糊 T－S 系统的状态方程：

$$\begin{cases}\dot{\boldsymbol{x}}(t)=\sum\limits_{i=1}^{r}u_i(z(t))[(\boldsymbol{A}_i+\Delta\boldsymbol{A}_i)x(t)+(\boldsymbol{B}_i+\Delta\boldsymbol{B}_i)\boldsymbol{u}(t)]\\ \boldsymbol{y}(t)=\sum\limits_{i=1}^{r}u_i(z(t))\boldsymbol{C}_i\boldsymbol{x}(t)\end{cases} \tag{3-31}$$

式中，$u_i(z(t))=\dfrac{h_i(z(t))}{\sum\limits_{i=1}^{r}h_i(z(t))}$，其中$h_i(z(t))=\prod\limits_{j=1}^{k}F_j^i(z(t))$($F_j^i(z(t))$表示前提变量$z(t)$对应于模糊值 F_j^i 的隶属度)。$h_i(z(t))$ 是第 i 条规则的权重。$h_i(z(t))$ 和 $u_i(z(t))$ 满足以下条件：

$$h_i(z(t))\geqslant 0,\ \sum_{i=1}^{N}h_i(z(t))>0,\ i=1,2,\cdots,r,\ 0<u_i(z(t))<1,\ \sum_{i=1}^{N_r}u_i(z(t))=1$$

考虑系统的执行器故障，系统模型(3-31)改写为

$$\begin{cases}\dot{\boldsymbol{x}}(t)=\sum_{i=1}^{r}u_i(z(t))[(\boldsymbol{A}_i+\Delta\boldsymbol{A}_i)\boldsymbol{x}(t)+(\boldsymbol{B}_i+\Delta\boldsymbol{B}_i)\boldsymbol{u}(t)+\boldsymbol{D}_i\boldsymbol{d}(t)]\\ \boldsymbol{y}(t)=\sum_{i=1}^{r}u_i(z(t))\boldsymbol{C}_i\boldsymbol{x}(t)\end{cases}\tag{3-32}$$

式中，$\boldsymbol{D}_i=\boldsymbol{B}_i\bar{\boldsymbol{D}}_i$，$\bar{\boldsymbol{D}}_i\in\mathbf{R}^{m\times q}$为已知的执行器故障矩阵，$\boldsymbol{d}(t)\in\mathbf{R}^{q\times 1}$是执行器故障的时变信号($q<n$)，前提变量 $z_1(t)z_2(t)\cdots z_k(t)$可测量且与故障无关。

对式(3-32)作如下变换：

$$\sum_{i=1}^{r}u_i(z(t))\Delta\boldsymbol{A}_i=\Delta\boldsymbol{A}=\begin{pmatrix}\Delta a_{11} & \cdots & \Delta a_{1n}\\ & \cdots & \\ \Delta a_{n1} & \cdots & \Delta a_{nn}\end{pmatrix}$$

$$\sum_{i=1}^{r}u_i(z(t))\Delta\boldsymbol{B}_i=\Delta\boldsymbol{B}=\begin{pmatrix}\Delta b_{11} & \cdots & \Delta b_{1m}\\ & \cdots & \\ \Delta b_{n1} & \cdots & \Delta b_{nm}\end{pmatrix}$$

则系统模型(3-32)可以表示为

$$\begin{cases}\dot{\boldsymbol{x}}(t)=\sum_{i=1}^{r}u_i(z(t))[(\boldsymbol{A}_i+\Delta\boldsymbol{A})\boldsymbol{x}(t)+(\boldsymbol{B}_i+\Delta\boldsymbol{B})\boldsymbol{u}(t)+\boldsymbol{D}_i\boldsymbol{d}(t)]\\ \boldsymbol{y}(t)=\sum_{i=1}^{r}u_i(z(t))\boldsymbol{C}_i\boldsymbol{x}(t)\end{cases}\tag{3-33}$$

3.2.2　T-S 模糊系统不确定参数

系统不确定性 if-then 模糊规则描述如下：

规则 l：如果 Δa_{11} 是 $N^l_{\Delta a_{11}}$，…，Δa_{nn} 是 $N^l_{\Delta a_{nn}}$，Δb_{11} 是 $N^l_{\Delta b_{11}}$，…，Δb_{nm} 是 $N^l_{\Delta b_{nm}}$，那么 $\Delta\boldsymbol{A}=\Delta\tilde{\boldsymbol{A}}_l$，$\Delta\boldsymbol{B}=\Delta\tilde{\boldsymbol{B}}_l$。

模糊不确定性输出可表示为

$$\Delta\boldsymbol{A}=\sum_{l=1}^{s}h_l(\Delta\boldsymbol{A},\ \Delta\boldsymbol{B})\Delta\tilde{\boldsymbol{A}}_l,\ \Delta\boldsymbol{B}=\sum_{l=1}^{s}h_l(\Delta\boldsymbol{A},\ \Delta\boldsymbol{B})\Delta\tilde{\boldsymbol{B}}_l\tag{3-34}$$

式中，$\sum_{l=1}^{s}h_l(\Delta\boldsymbol{A},\ \Delta\boldsymbol{B})=1$，其中 $h_l(\Delta\boldsymbol{A},\ \Delta\boldsymbol{B})\in[0\ 1]$，有

$$h_l(\Delta\boldsymbol{A},\ \Delta\boldsymbol{B})=\frac{\omega_l(\Delta a,\ \Delta b)}{\sum_{l=1}^{s}\omega_l(\Delta a,\ \Delta b)}$$

$$\begin{aligned}\omega_l(\Delta a,\ \Delta b)=&N^l_{\Delta a_{11}}(\Delta a_{11})\times\cdots\times N^l_{\Delta a_{nn}}(\Delta a_{nn})\times\\ &N^l_{\Delta b_{11}}(\Delta b_{11})\times\cdots\times N^l_{\Delta a_{nm}}(\Delta a_{nm})\end{aligned}\tag{3-35}$$

$S=2^c$代表模糊规则的数量，标量 c 代 $\Delta\boldsymbol{A}$ 和 $\Delta\boldsymbol{B}$ 中不确定元素的数量，$\Delta\tilde{\boldsymbol{A}}_l$和 $\Delta\tilde{\boldsymbol{B}}_l$的定义如下：

$$\Delta\tilde{\boldsymbol{A}}_l=\begin{Bmatrix}\Delta a_{11}^{\max\ \text{or}\ \min} & \cdots & \Delta a_{1n}^{\max\ \text{or}\ \min}\\ & \cdots & \\ \Delta a_{n1}^{\max\ \text{or}\ \min} & \cdots & \Delta a_{nn}^{\max\ \text{or}\ \min}\end{Bmatrix}\tag{3-36a}$$

$$\Delta\widetilde{\boldsymbol{B}}_l = \begin{Bmatrix} \Delta b_{11}^{\max\text{ or }\min} & \cdots & \Delta b_{1m}^{\max\text{ or }\min} \\ & \cdots & \\ \Delta b_{n1}^{\max\text{ or }\min} & \cdots & \Delta b_{nm}^{\max\text{ or }\min} \end{Bmatrix} \tag{3-36b}$$

定义模糊权重：

$$\sum_{i=1}^{r} u_i(z(t)) = \sum_{l=1}^{s} h_l(\Delta\boldsymbol{A},\ \Delta\boldsymbol{B}) = \sum_{i=1}^{r}\sum_{l=1}^{s} u_i(z(t))h_l(\Delta\boldsymbol{A},\ \Delta\boldsymbol{B}) = 1$$

为了方便，我们把$h_l(\Delta\boldsymbol{A},\ \Delta\boldsymbol{B})$和$u_i(z(t))$分别写为$h_l$和$u_i$，由式(3-33)和式(3-34)，系统模型(3-32)改写成为

$$\begin{cases} \dot{\boldsymbol{x}}(t) = \displaystyle\sum_{i=1}^{r}\sum_{l=1}^{s} u_i h_l[(\boldsymbol{A}_i + \Delta\widetilde{\boldsymbol{A}}_l)x(t) + (\boldsymbol{B}_i + \Delta\widetilde{\boldsymbol{B}}_l)\boldsymbol{u}(t) + \boldsymbol{D}_i\boldsymbol{d}(t)] \\ \boldsymbol{y}(t) = \displaystyle\sum_{i=1}^{r} u_i\boldsymbol{C}_i\boldsymbol{x}(t) \end{cases} \tag{3-37}$$

3.2.3 观测器设计

主动容错控制的设计目标是基于系统 T-S 模糊模型设计控制器，使得非线性闭环系统稳定，并且具有一定意义上的鲁棒性。针对系统的不确定性和执行器故障，构建模糊比例积分观测器(FPIO)，用于实现故障信号的精确重构，然后在基于观测器故障重构的条件下，采用补偿控制策略设计模糊调度容错控制器。

1. 模糊 PI 观测器设计

针对 T-S 模糊系统执行器故障，基于非线性系统 T-S 模糊模型设计模糊比例积分观测器(FPIO)。其中第 i 条模糊规则为

R^i：如果 $z_1(t)$是 F_1^i，$z_2(t)$是 F_2^i，…，$z_\psi(t)$是 F_ψ^i，那么

$$\begin{cases} \dot{\hat{\boldsymbol{x}}}_u(t) = \boldsymbol{A}_i\hat{\boldsymbol{x}}_u(t) + \boldsymbol{B}_i\boldsymbol{u}(t) + \boldsymbol{K}_i(\boldsymbol{y}(t) - \hat{\boldsymbol{y}}_u(t)) + \boldsymbol{D}_i\hat{\boldsymbol{d}}(t) \\ \hat{\boldsymbol{y}}_u(t) = \boldsymbol{C}_i\hat{\boldsymbol{x}}_u(t) \end{cases},\quad i=1,2,\cdots,p \tag{3-38}$$

执行器故障时变信号 $\boldsymbol{d}(t)$的估计值可表示为

$$\hat{\boldsymbol{d}}(t) = \boldsymbol{G}_i(\boldsymbol{y}(t) - \hat{\boldsymbol{y}}_u(t)) = \boldsymbol{G}_i\widetilde{\boldsymbol{y}}(t) \tag{3-39}$$

式中，$\dot{\hat{\boldsymbol{x}}}_u(t)$表示模糊 PI 观测器(FPIO)的状态估计值，$\boldsymbol{K}_i$表示观测器误差矩阵，$\boldsymbol{G}_i$表示要设计的积分增益，$\boldsymbol{y}(t)$表示输出向量，$\hat{\boldsymbol{y}}_u(t)$表示 FPIO 的最终输出，$\widetilde{\boldsymbol{y}}(t)$表示输出误差估计。

经过反模糊化后，模糊 PI 观测器的最终输出描述如下：

$$\begin{cases} \dot{\hat{\boldsymbol{x}}}_u(t) = \displaystyle\sum_{i=1}^{r} u_i[\boldsymbol{A}_i\hat{\boldsymbol{x}}_u(t) + \boldsymbol{B}_i\boldsymbol{u}(t) + \boldsymbol{K}_i(\boldsymbol{y}(t) - \hat{\boldsymbol{y}}_u(t)) + \boldsymbol{D}_i\hat{\boldsymbol{d}}(t)] \\ \hat{\boldsymbol{y}}_u(t) = \displaystyle\sum_{i=1}^{r} u_i\boldsymbol{C}_i\hat{\boldsymbol{x}}_u(t) \\ \hat{\boldsymbol{d}}(t) = \displaystyle\sum_{i=1}^{r} u_i\boldsymbol{G}_i(\boldsymbol{y}(t) - \hat{\boldsymbol{y}}_u(t)) = \sum_{i=1}^{r} u_i\boldsymbol{G}_i\widetilde{\boldsymbol{y}}(t) \end{cases} \tag{3-40}$$

2. 模糊观测器设计

由于无法直接测量系统的状态变量，因此有必要设计一个模糊观测器来重构系统的状态。

假设系统模型的状态是可观测的，基于 T－S 模糊模型设计如下模糊专用观测器(FDOS)：

R^i:如果 $z_1(t)$是 F_1^i，$z_2(t)$是 F_2^i，…，$z_\psi(t)$是 F_ψ^i，那么

$$\begin{cases}\dot{\hat{\boldsymbol{x}}}_o(t)=\boldsymbol{A}_i\hat{\boldsymbol{x}}_o(t)+\boldsymbol{B}_i\boldsymbol{u}(t)+\boldsymbol{N}_i(\boldsymbol{y}(t)-\hat{\boldsymbol{y}}_o(t))+\boldsymbol{D}_i\hat{\boldsymbol{d}}(t)\\ \hat{\boldsymbol{y}}_o(t)=\boldsymbol{C}_i\hat{\boldsymbol{x}}_o(t)\end{cases},\quad i=1,2,\cdots,p \tag{3-41}$$

式中，$\dot{\hat{\boldsymbol{x}}}_o(t)$是模糊专用观测器(FDOS)的估计状态，$\hat{\boldsymbol{y}}_o(t)$是 FDOS 的估计输出，$\boldsymbol{N}_i$是观测器增益矩阵。反模糊化后可得模糊观测器描述为

$$\begin{cases}\dot{\hat{\boldsymbol{x}}}_o(t)=\sum_{i=1}^{r}u_i[\boldsymbol{A}_i\hat{\boldsymbol{x}}_o(t)+\boldsymbol{B}_i\boldsymbol{u}(t)+\boldsymbol{N}_i(\boldsymbol{y}(t)-\hat{\boldsymbol{y}}_o(t))+\boldsymbol{D}_i\hat{\boldsymbol{d}}(t)]\\ \hat{\boldsymbol{y}}_o(t)=\sum_{i=1}^{r}u_i\boldsymbol{C}_i\hat{\boldsymbol{x}}_o(t)\end{cases} \tag{3-42}$$

3.2.4　鲁棒调度容错控制器设计

假设模糊系统的状态是局部可控的，基于平行分布补偿(Parallel Distributed Compensation，PDC)原理，为每个子系统设计基于 T－S 模糊模型的局部状态反馈控制器。控制器输入的第 j 条规则是：

如果 $g_1(t)$是 M_{1j}，$g_2(t)$是 M_{2j}，…，$g_k(t)$是 M_{kj}，那么

$$\boldsymbol{u}(t)=-\boldsymbol{L}_j\hat{\boldsymbol{x}}_o(t)-\overline{\boldsymbol{D}}_j\hat{\boldsymbol{d}}(t)+r(t),\quad j=1,2,\cdots,p \tag{3-43}$$

式中，$g(t)=[g_1(t),\ g_2(t),\cdots,g_k(t)]$为前提变量，$\boldsymbol{L}_j\in\mathbf{R}^{m\times n}$为规则 j 的反馈增益矩阵，$r(t)$为参考输入，反模糊化后，系统全局模糊鲁棒调度容错控制器(Global Fuzzy Robust Scheduling Fault Tolerant Controller，GFRSFTC)可表示为

$$\boldsymbol{u}(t)=\sum_{j=1}^{p}u_j(g(t))[-\boldsymbol{L}_j\hat{\boldsymbol{x}}_o(t)-\overline{\boldsymbol{D}}_j\hat{\boldsymbol{d}}(t)+r(t)],\quad j=1,2,\cdots,p \tag{3-44}$$

所设计的模糊鲁棒调度容错控制器的前提条件与系统模型不确定性的前提条件相同，规则表述如下：

如果 Δa_{11}是 $N_{\Delta a_{11}}^l$，…，Δa_{nn}是 $N_{\Delta a_{nn}}^l$，Δb_{11}是 $N_{\Delta b_{11}}^l$…，Δb_{nm}是 $N_{\Delta b_{nm}}^l$，那么

$$\boldsymbol{u}(t)=\sum_{j=1}^{p}u_j(g(t))[-\boldsymbol{L}_{jl}\hat{\boldsymbol{x}}_o(t)-\overline{\boldsymbol{D}}_j\hat{\boldsymbol{d}}(t)+r(t)] \tag{3-45}$$

把 $u_j(g(t))$简写为 u_j，则设计的 GFRSFTC 的控制输出描述变为

$$\boldsymbol{u}(t)=\sum_{j=1}^{p}\sum_{l=1}^{s}u_jh_l[-\boldsymbol{L}_{jl}\hat{\boldsymbol{x}}_o(t)-\overline{\boldsymbol{D}}_j\hat{\boldsymbol{d}}(t)+r(t)] \tag{3-46}$$

3.2.5　非线性闭环系统稳定性分析

定义系统的估计误差方程式和闭环方程式为

$$\boldsymbol{e}_1(t)=\boldsymbol{x}(t)-\hat{\boldsymbol{x}}_o(t) \tag{3-47}$$

$$\dot{\boldsymbol{x}}(t)=\sum_{i=1}^{r}\sum_{l=1}^{s}u_ih_l(\boldsymbol{A}_i+\Delta\widetilde{\boldsymbol{A}}_l)x(t)+\sum_{i=1}^{r}\sum_{l=1}^{s}u_ih_l\boldsymbol{D}_i\boldsymbol{d}(t)+\sum_{i=1}^{r}\sum_{l=1}^{s}u_ih_l(\boldsymbol{B}_i+\Delta\widetilde{\boldsymbol{B}}_l)\boldsymbol{u}(t) \tag{3-48}$$

将式(3－46)代入式(3－48)，在执行器故障的情况下系统的闭环方程式可以表示为

$$\dot{\boldsymbol{x}}(t) = \sum_{i=1}^{r}\sum_{l=1}^{s}u_i h_l(\boldsymbol{A}_i + \Delta\widetilde{\boldsymbol{A}}_l)\boldsymbol{x}(t) + \sum_{i=1}^{r}\sum_{l=1}^{s}u_i h_l \boldsymbol{D}_i\boldsymbol{d}(t) + \sum_{i=1}^{r}\sum_{l=1}^{s}u_i h_l(\boldsymbol{B}_i + \Delta\widetilde{\boldsymbol{B}}_l)\sum_{j=1}^{r}\sum_{l=1}^{s}u_j h_l[-\boldsymbol{L}_{jl}\hat{\boldsymbol{x}}_o(t) - \overline{\boldsymbol{D}}_j\hat{\boldsymbol{d}}(t) + \boldsymbol{r}(t)] \tag{3-49}$$

令

$$\widetilde{\boldsymbol{d}}(t) = \boldsymbol{d}(t) - \hat{\boldsymbol{d}}(t) \tag{3-50}$$

根据式(3-48)和式(3-50)，很容易得到

$$\dot{\boldsymbol{x}}(t) = \sum_{i=1}^{r}\sum_{j=1}^{p}\sum_{l=1}^{s}u_i u_j h_l[((\boldsymbol{A}_i + \Delta\widetilde{\boldsymbol{A}}_l) - (\boldsymbol{B}_i + \Delta\widetilde{\boldsymbol{B}}_l)\boldsymbol{L}_{jl})\boldsymbol{x}(t) + (\boldsymbol{B}_i + \Delta\widetilde{\boldsymbol{B}}_l)\boldsymbol{L}_{ji}\boldsymbol{e}_1(t) + \boldsymbol{D}_j\widetilde{\boldsymbol{d}}(t) + (\boldsymbol{B}_i + \Delta\widetilde{\boldsymbol{B}}_l)r(t)] \tag{3-51}$$

则系统状态误差估计为

$$\begin{aligned}\dot{\boldsymbol{e}}_1(t) &= \dot{\boldsymbol{x}}(t) - \dot{\hat{\boldsymbol{x}}}_o(t)\\ &= \sum_{i=1}^{r}\sum_{j=1}^{p}\sum_{l=1}^{s}u_i u_j h_l[((\boldsymbol{A}_i + \Delta\widetilde{\boldsymbol{A}}_l) - (\boldsymbol{B}_i + \Delta\widetilde{\boldsymbol{B}}_l)\boldsymbol{L}_{jl})\boldsymbol{x}(t) + (\boldsymbol{B}_i + \Delta\widetilde{\boldsymbol{B}}_l)\boldsymbol{e}_l(t) + \boldsymbol{D}_j\widetilde{\boldsymbol{d}}(t) + (\boldsymbol{B}_i + \Delta\widetilde{\boldsymbol{B}}_l)r(t)] -\\ &\quad \sum_{i=1}^{r}u_i[\boldsymbol{A}_i\hat{\boldsymbol{x}}_o(t) + \boldsymbol{B}_i\boldsymbol{u}(t) + \boldsymbol{N}_i(\boldsymbol{y}(t) - \hat{\boldsymbol{y}}_o(t)) + \boldsymbol{D}_i\hat{\boldsymbol{d}}(t)]\\ &= \sum_{i=1}^{r}\sum_{j=1}^{p}\sum_{l=1}^{s}u_i u_j h_l[(\Delta\boldsymbol{A}_l - \Delta\widetilde{\boldsymbol{B}}_l\boldsymbol{L}_{jl})\boldsymbol{x}(t) + (\boldsymbol{A}_i - \boldsymbol{N}_i\boldsymbol{C}_j + \Delta\widetilde{\boldsymbol{B}}_l\boldsymbol{L}_{jl})\boldsymbol{e}_1(t) + \Delta\widetilde{\boldsymbol{B}}_l r(t) + \boldsymbol{D}_j\widetilde{\boldsymbol{d}}(t)]\end{aligned} \tag{3-52}$$

令

$$\boldsymbol{e}_2(t) = \boldsymbol{x}(t) - \hat{\boldsymbol{x}}_u(t) \tag{3-53}$$

则

$$\begin{aligned}\dot{\boldsymbol{e}}_2(t) &= \dot{\boldsymbol{x}}(t) - \dot{\hat{\boldsymbol{x}}}_u(t)\\ &= \sum_{i=1}^{r}\sum_{j=1}^{p}\sum_{l=1}^{s}u_i u_j h_l[((\boldsymbol{A}_i + \Delta\widetilde{\boldsymbol{A}}_l) - (\boldsymbol{B}_i + \Delta\widetilde{\boldsymbol{B}}_l)\boldsymbol{L}_{jl})\boldsymbol{x}(t) + (\boldsymbol{B}_i + \Delta\widetilde{\boldsymbol{B}}_l)\boldsymbol{e}_1(t) + \boldsymbol{D}_j\widetilde{\boldsymbol{d}}(t) + (\boldsymbol{B}_i + \Delta\widetilde{\boldsymbol{B}}_l)r(t)]\\ &\quad - \sum_{i=1}^{r}u_i[\boldsymbol{A}_i\hat{\boldsymbol{x}}_u(t) + \boldsymbol{B}_i\boldsymbol{u}(t) + \boldsymbol{K}_i(\boldsymbol{y}(t) - \hat{\boldsymbol{y}}_u(t)) + \boldsymbol{D}_i\hat{\boldsymbol{d}}(t)]\\ &= \sum_{i=1}^{r}\sum_{j=1}^{p}\sum_{l=1}^{s}u_i u_j h_l[(\Delta\widetilde{\boldsymbol{A}}_l - \Delta\widetilde{\boldsymbol{B}}_l\boldsymbol{L}_{jl})\boldsymbol{x}(t) + (\boldsymbol{A}_i - \boldsymbol{K}_i\boldsymbol{C}_j + \Delta\widetilde{\boldsymbol{B}}_l\boldsymbol{L}_{jl})\boldsymbol{e}_2(t) + \Delta\widetilde{\boldsymbol{B}}_l r(t) + \boldsymbol{D}_j\widetilde{\boldsymbol{d}}(t)]\end{aligned} \tag{3-54}$$

执行器故障时变故障信号估计误差可以表示成

$$\dot{\widetilde{\boldsymbol{d}}}(t) = \dot{\boldsymbol{d}}(t) - \dot{\hat{\boldsymbol{d}}}(t) = \dot{\boldsymbol{d}}(t) - \sum_{i=1}^{r}u_i\boldsymbol{G}_i\boldsymbol{C}_i\boldsymbol{e}_2(t) \tag{3-55}$$

整理式(3-41)、式(3-42)、式(3-44)和式(3-45)，得到新的增广模糊系统：

$$\boldsymbol{X}(t) = \sum_{i=1}^{r}\sum_{j=1}^{p}\sum_{l=1}^{s}u_i u_j h_l(\boldsymbol{H}_{ijl} + \Delta\widetilde{\boldsymbol{H}}_{ijl})\boldsymbol{x}(t) + (\boldsymbol{S}_i + \Delta\widetilde{\boldsymbol{S}}_l)r(t) + \boldsymbol{Y}\phi(t) \tag{3-56}$$

式中，

$$\boldsymbol{X}(t)=[\boldsymbol{x}(t)\quad \boldsymbol{e}_1(t)\quad \boldsymbol{e}_2(t)\quad \tilde{\boldsymbol{d}}(t)]$$

$$\boldsymbol{S}_i=[\boldsymbol{B}_i\quad 0\quad 0\quad 0]$$

$$\Delta\tilde{\boldsymbol{S}}_l=[\Delta\tilde{\boldsymbol{B}}\quad \Delta\tilde{\boldsymbol{B}}\quad \Delta\tilde{\boldsymbol{B}}\quad 0]$$

$$\boldsymbol{Y}=[0\quad 0\quad 0\quad \boldsymbol{I}]$$

$$\phi(t)=[\dot{\boldsymbol{d}}(t)]$$

$$\boldsymbol{H}_{ijl}=\begin{bmatrix}\boldsymbol{A}_i-\boldsymbol{B}_i\boldsymbol{L}_{jl} & \boldsymbol{B}_i\boldsymbol{L}_{jl} & 0 & \boldsymbol{D}_j\\ 0 & \boldsymbol{A}_i-\boldsymbol{N}_i\boldsymbol{C}_j & 0 & \boldsymbol{D}_i\\ 0 & 0 & \boldsymbol{A}_i-\boldsymbol{K}_i\boldsymbol{C}_j & \boldsymbol{D}_i\\ 0 & 0 & -\boldsymbol{G}_i\boldsymbol{C}_i & 0\end{bmatrix}$$

$$\Delta\tilde{\boldsymbol{H}}_{ijl}=\begin{bmatrix}\Delta\tilde{\boldsymbol{A}}_{l-}\Delta\tilde{\boldsymbol{B}}_l\Delta\boldsymbol{L}_{jl} & \Delta\tilde{\boldsymbol{B}}_l\Delta\boldsymbol{L}_{jl} & 0 & 0\\ \Delta\tilde{\boldsymbol{A}}_{l-}\Delta\tilde{\boldsymbol{B}}_l\Delta\boldsymbol{L}_{jl} & \Delta\tilde{\boldsymbol{B}}_l\Delta\boldsymbol{L}_{jl} & 0 & 0\\ \Delta\tilde{\boldsymbol{A}}_{l-}\Delta\tilde{\boldsymbol{B}}_l\Delta\boldsymbol{L}_{jl} & \Delta\tilde{\boldsymbol{B}}_l\Delta\boldsymbol{L}_{jl} & 0 & 0\\ 0 & 0 & 0 & 0\end{bmatrix}$$

引理 3-2-1　对于不确定参数，执行器故障模糊控制系统(式(3-56))，如果不等式 $\mu[\boldsymbol{TH}_{ijl}\boldsymbol{T}^{-1}]\leqslant-\|\boldsymbol{T}\Delta\boldsymbol{H}_{ijl}\boldsymbol{T}^{-1}\|_{\max}-\tau$ 为真，则系统(式(3-56))是全局渐近稳定的，其中 τ 为正值，$\|\cdot\|_{\max}$是矩阵 $\boldsymbol{T}\Delta\boldsymbol{H}_{ijl}\boldsymbol{T}^{-1}$范数的最大值，$\boldsymbol{T}$ 是适当维数的变换对称矩阵。

证明　对于系统(式(3-56))，根据泰勒公式可以得到

$$\begin{aligned}\mathrm{d}\frac{\|\boldsymbol{TX}(t)\|}{\mathrm{d}t}\leqslant&\sum_{i=1}^{r}\sum_{j=1}^{p}\sum_{l=1}^{s}u_iu_jh_l(\mu[\boldsymbol{TH}_{ijl}\boldsymbol{T}^{-1}]+\|\boldsymbol{T}\Delta\boldsymbol{H}_{ijl}\boldsymbol{T}^{-1}\|)\|\boldsymbol{TX}(t)\|+\\&\left\|\sum_{i=1}^{r}\sum_{l=1}^{s}u_ih_l\boldsymbol{T}(\boldsymbol{S}_i+\Delta\tilde{\boldsymbol{S}}_l)r(t)\right\|+\left\|\sum_{i=1}^{r}\sum_{l=1}^{s}u_ih_l\boldsymbol{TY}\phi(t)\right\|\end{aligned}\tag{3-57}$$

$$\mu[\boldsymbol{TH}_{ijl}\boldsymbol{T}^{-1}]=\lim_{\Delta t\to0^+}\frac{\|\boldsymbol{I}+\boldsymbol{TH}_{ijl}\boldsymbol{T}^{-1}\Delta t\|-1}{\Delta t}=\lambda_{\max}\left(\frac{\boldsymbol{TH}_{ijl}\boldsymbol{T}^{-1}+(\boldsymbol{TH}_{ijl}\boldsymbol{T}^{-1})^*}{2}\right)\tag{3-58}$$

式中，$\mu[\boldsymbol{TH}_{ijl}\boldsymbol{T}^{-1}]$是$\|\boldsymbol{TH}_{ijl}\boldsymbol{T}^{-1}\|$对数导数的矩阵测度，$\lambda_{\max}(\cdot)$表示最大特征值，* 表示共轭转置。

假设系统执行器故障范数是有界的，$\|\dot{\boldsymbol{d}}(t)\|\leqslant d_{\max}$，$0\leqslant d_{\max}<+\infty$。因为 $\phi(t)=\dot{\boldsymbol{d}}(t)$，可以得到

$$\begin{cases}\|\phi(t)\|\leqslant d_{\max}\\0\leqslant d_{\max}<+\infty\end{cases}\tag{3-59}$$

如果不等式

$$\mu[\boldsymbol{TH}_{ijl}\boldsymbol{T}^{-1}]\leqslant-\|\boldsymbol{T}\Delta\boldsymbol{H}_{ijl}\boldsymbol{T}^{-1}\|_{\max}-\tau\tag{3-60}$$

成立，τ 为一常数，且 $\tau>0$，由式(3-58)和式(3-59)可以得到

$$\begin{aligned}\frac{\mathrm{d}\|\boldsymbol{TX}(t)\|}{\mathrm{d}t}\exp(\tau(t-t_0))\leqslant&\sum_{i=1}^{p}\sum_{l=1}^{s}u_ih_l(\|\boldsymbol{T}(S_i+\Delta\tilde{\boldsymbol{S}}_l)r(t)\|+\\&\|\boldsymbol{TY}\phi(t)\|)\times\exp(\tau(t-t_0))\end{aligned}\tag{3-61}$$

式中，$t_0<t$ 是任意的初始时间。如果式(3-59)成立，当 $\tau\to\infty$，$\|\boldsymbol{X}(t)\|\to0$，则闭环

系统(式(3-56))是全局渐近稳定的。假设 $r(t)=0,\phi(t)=0$ 和 $r(t)\neq 0,\phi(t)\neq 0$，根据式(3-59)和式(3-60)，可以得到

$$\|\boldsymbol{T}\hat{\boldsymbol{Y}}\phi(t)\| \geqslant \max_i \|\boldsymbol{T}\hat{\boldsymbol{Y}}\phi(t)\|_{\max} \geqslant \|\boldsymbol{T}\boldsymbol{Y}\phi(t)\| \tag{3-62}$$

$$\|\boldsymbol{T}\boldsymbol{X}(t)\| \leqslant \|\boldsymbol{T}\boldsymbol{X}(t)\| \mathrm{e}^{-\tau(t-t_0)} + \frac{\|\boldsymbol{T}(\hat{\boldsymbol{S}}_i+\Delta\hat{\tilde{\boldsymbol{S}}}_l)r(t)\|}{\tau}(1-\mathrm{e}^{-\tau(t-t_0)}) + \frac{\|\boldsymbol{T}\hat{\boldsymbol{Y}}\phi(t)\|}{\tau}(1-\mathrm{e}^{-\tau(t-t_0)}) \tag{3-63}$$

式中，$\|\boldsymbol{T}(\hat{\boldsymbol{S}}_i+\Delta\hat{\tilde{\boldsymbol{S}}}_l)r(t)\| \geqslant \max_i \|\boldsymbol{T}(\boldsymbol{S}_i+\Delta\tilde{\boldsymbol{S}}_l)r(t)\|_{\max} \geqslant \|\boldsymbol{T}(\boldsymbol{S}_i+\Delta\tilde{\boldsymbol{S}}_l)r(t)\|$。因式(3-62)不等式右侧范数有界，当 $r(t)$ 和 $\phi(t)$ 有界时，可以得到式(3-63)也是有界的，因此系统是稳定的。

定理 3-2-1 对于式(3-63)所示的模糊控制系统，假设存在矩阵 $\boldsymbol{X}_i$、$\boldsymbol{M}_{a11}$、$\boldsymbol{W}_j$ 和 $\boldsymbol{O}_i$，并且模糊系统的控制器和观测器增益被设置为 $\boldsymbol{L}_j=\boldsymbol{W}_{jl}\boldsymbol{M}_{a11}^{-1}$，$\boldsymbol{N}_i=\boldsymbol{P}_{a22}^{-1}\boldsymbol{O}_i$，$\bar{\boldsymbol{E}}_i=\boldsymbol{P}_2^{-1}\boldsymbol{X}_i$，且使得如下不等式

$$\begin{cases}\boldsymbol{M}_{a11}\boldsymbol{A}_i^{\mathrm{T}}+\boldsymbol{A}_i\boldsymbol{M}_{a11}-(\boldsymbol{B}_i\boldsymbol{W}_{jl})^{\mathrm{T}}-\boldsymbol{B}_i\boldsymbol{W}_{jl}<0\\ \boldsymbol{A}_i^{\mathrm{T}}\boldsymbol{P}_{a22}+\boldsymbol{P}_{a22}\boldsymbol{A}_i-(\boldsymbol{O}_i\boldsymbol{C}_j)^{\mathrm{T}}-\boldsymbol{O}_i\boldsymbol{C}_j<0\\ \boldsymbol{H}_{bi}^{\mathrm{T}}\boldsymbol{P}_2+\boldsymbol{P}_2\boldsymbol{H}_{bi}-(\boldsymbol{X}_i\bar{\boldsymbol{C}}_j)^{\mathrm{T}}-\boldsymbol{X}_i\bar{\boldsymbol{C}}_j<0\end{cases} \tag{3-64}$$

成立，则闭环系统是全局渐近稳定的。

证明 容错控制的设计目标是找到控制器和观测器的增益 $\boldsymbol{L}_j$、$\boldsymbol{N}_i$、$\boldsymbol{K}_i$、$\boldsymbol{G}_i$，使得 $\boldsymbol{X}(t)$ 渐近收敛趋于零，当 $r(t)=0$，$\phi(t)=0$ 时，基于式(3-64)确保系统的状态有界，如果 $r(t)\neq 0$，$\phi(t)\neq 0$，问题被等价转换为寻找矩阵 $\boldsymbol{P}$ 验证，使得函数 $\boldsymbol{V}(t)<0$。

定义如下 Lyapunov 函数：

$$\boldsymbol{V}(t)=\boldsymbol{X}(t)^{\mathrm{T}}\boldsymbol{P}\boldsymbol{X}(t) \tag{3-65}$$

$$\boldsymbol{P}\boldsymbol{H}_{ijl}+\boldsymbol{H}_{ijl}^{\mathrm{T}}\boldsymbol{P}<0,\qquad \forall i,j,l \tag{3-66}$$

则矩阵 $\boldsymbol{H}_{ijl}$、$\Delta\tilde{\boldsymbol{H}}_{ijl}$、$\boldsymbol{S}_i$、$\Delta\tilde{\boldsymbol{S}}_l$、$\boldsymbol{P}$ 和 $\boldsymbol{Y}$ 可以表示为

$$\boldsymbol{H}_{ijl}=\begin{bmatrix}\boldsymbol{H}_{aijl} & \boldsymbol{H}_{cij}\\ 0_{2\times 2} & \boldsymbol{H}_{bi}-\bar{\boldsymbol{E}}_i\bar{\boldsymbol{C}}_j\end{bmatrix},\quad \Delta\boldsymbol{H}_{ijl}=\begin{bmatrix}\Delta\bar{\boldsymbol{A}}_{ila} & \boldsymbol{0}_{2\times 2}\\ \Delta\bar{\boldsymbol{A}}_{ilb} & \boldsymbol{0}_{2\times 2}\end{bmatrix}$$

$$\boldsymbol{S}_i=\begin{bmatrix}\bar{\boldsymbol{B}}_i\\ 0\end{bmatrix},\quad \Delta\tilde{\boldsymbol{S}}_l=\begin{bmatrix}\boldsymbol{\Psi}_a\\ \boldsymbol{\Psi}_b\end{bmatrix}$$

$$\boldsymbol{\Psi}_a=\begin{bmatrix}\Delta\tilde{\boldsymbol{B}}_l\\ \Delta\tilde{\boldsymbol{B}}\end{bmatrix},\quad \boldsymbol{\Psi}_b=\begin{bmatrix}\Delta\tilde{\boldsymbol{B}}\\ 0\end{bmatrix}$$

$$\boldsymbol{H}_{aijl}=\begin{bmatrix}\boldsymbol{A}_i-\boldsymbol{B}_i\boldsymbol{L}_{jl} & \boldsymbol{B}_i\boldsymbol{L}_{jl}\\ 0 & \boldsymbol{A}_i-\boldsymbol{N}_i\boldsymbol{C}_j\end{bmatrix},\quad \boldsymbol{H}_{cij}=\begin{bmatrix}0 & \boldsymbol{D}_j\\ 0 & \boldsymbol{D}_j\end{bmatrix}$$

$$\boldsymbol{H}_{bi}=\begin{bmatrix}\boldsymbol{A}_i & \boldsymbol{D}_i\\ 0 & 0\end{bmatrix},\quad \bar{\boldsymbol{E}}_i=\begin{bmatrix}\boldsymbol{K}_i\\ \boldsymbol{G}_i\end{bmatrix}$$

$$\bar{\boldsymbol{C}}_j=[\boldsymbol{C}_j\quad 0],\quad \boldsymbol{P}=\begin{bmatrix}\boldsymbol{P}_1 & 0_{2\times 2}\\ 0_{2\times 2} & \boldsymbol{P}_2\end{bmatrix}$$

$$\boldsymbol{Y}=\begin{bmatrix}0\\ \bar{\boldsymbol{Y}}\end{bmatrix},\quad \bar{\boldsymbol{Y}}=\begin{bmatrix}0\\ \boldsymbol{I}\end{bmatrix}$$

$$\Delta\bar{\boldsymbol{A}}_{ijla}=\begin{bmatrix}\Delta\widetilde{\boldsymbol{A}}_l-\Delta\widetilde{\boldsymbol{B}}_l\boldsymbol{L}_{jl} & \Delta\widetilde{\boldsymbol{B}}_l\boldsymbol{L}_{jl}\\ \Delta\widetilde{\boldsymbol{A}}_l-\Delta\widetilde{\boldsymbol{B}}_l\boldsymbol{L}_{jl} & \Delta\widetilde{\boldsymbol{B}}_l\boldsymbol{L}_{jl}\end{bmatrix}$$

$$\Delta\bar{\boldsymbol{A}}_{ijlb}=\begin{bmatrix}\Delta\widetilde{\boldsymbol{A}}_l-\Delta\widetilde{\boldsymbol{B}}_l\boldsymbol{L}_{jl} & \Delta\widetilde{\boldsymbol{B}}_l\boldsymbol{L}_{jl}\\ 0 & 0\end{bmatrix}$$

因此，式(3-66)可以重新表示为

$$\boldsymbol{P}_1\boldsymbol{H}_{aijl}+\boldsymbol{H}_{aijl}^{\mathrm{T}}\boldsymbol{P}_1<0,\quad \forall\, i,\, j \tag{3-67}$$

$$\boldsymbol{P}_2(\boldsymbol{H}_{bi}-\bar{\boldsymbol{E}}_i\bar{\boldsymbol{C}}_j)+(\boldsymbol{H}_{bi}-\bar{\boldsymbol{E}}_i\bar{\boldsymbol{C}}_j)\boldsymbol{P}_2<0,\quad \forall\, i,\, j \tag{3-68}$$

因为式(3-67)和式(3-68)是一组非线性矩阵不等式，并不是线性矩阵不等式，假设 $\boldsymbol{P}_1=\mathrm{diag}(\boldsymbol{P}_{a11},\boldsymbol{P}_{a22})$，令变量 $\boldsymbol{W}_j=\boldsymbol{M}_{a11}\boldsymbol{L}_j$，$\boldsymbol{O}_i=\boldsymbol{P}_{a22}\boldsymbol{N}_i$，$\boldsymbol{X}_i=\boldsymbol{P}_2\bar{\boldsymbol{E}}_i$，用 $\boldsymbol{M}_{a11}=\boldsymbol{P}_{a11}^{-1}$ 分别左乘和右乘式(3-67)，可得式(3-64)，通过求解线性矩阵不等式(3-64)，可得控制器和观测器增益矩阵 $\boldsymbol{L}_j$、$\boldsymbol{N}_i$、$\boldsymbol{K}_i$、$\boldsymbol{G}_i$。

3.2.6　实例分析

1. 模型建立

根据 Betz 理论，风力涡轮机从风能中捕获的机械功率为

$$\boldsymbol{P}_{wt}=0.5\rho R^2V^3C_{\mathrm{P}}(\lambda,\beta) \tag{3-69}$$

式中，ρ 表示空气密度，R 表示风力机风轮半径，V 为风速，β 为桨距角，λ 是叶尖速比(TSR)，Ω_{r} 是低速轴的涡轮转速，功率系数 C_{P} 为叶尖速比 λ 和桨距角 β 的函数，表示的是风能转换为机械能的效率。λ 是叶片尖端线速度与风力涡轮机风速的比率，其定义为

$$\lambda=\Omega_{\mathrm{r}}\frac{R}{V}$$

其中，Ω_{r}是低速轴的涡轮转速。

风力涡轮机的输出转矩 T_{wt} 可表示为

$$T_{wt}=\frac{P_{wt}}{\Omega_{\mathrm{r}}}=\frac{0.5\rho R^2V^3C_{\mathrm{P}}(\lambda,\beta)}{\Omega_{\mathrm{r}}} \tag{3-70}$$

当风速恒定时，风力涡轮机机械功率的输出仅取决于功率系数 C_{P}。如果桨距角 β 保持不变，则功率系数 C_{P} 仅由叶尖速比 λ 确定。对于某一特定性能的风力涡轮机，存在唯一的最佳叶尖速比 λ_{opt}，此时的 C_{Pmax} 为最大风能捕获系数。通过调节发电机的电磁转矩以跟随风速的变化，使功率系数 C_{P} 达到最大值，可以实现风能的最大捕获。

在额定风速下采用定桨距控制($\beta=0$)，功率系数 $C_{\mathrm{P}}(\lambda,\beta)=C_{\mathrm{P}}(\lambda)$，$C_{\mathrm{Pmax}}\approx0.48$ 时，即为最佳叶尖速比 λ_{opt}。根据风能转换系统动力学模型(式(3-20))，可以得到风能转换系统状态方程的标准形式：

$$\begin{cases}\dot{\boldsymbol{x}}(t)=\boldsymbol{A}(x)\boldsymbol{x}(t)+\boldsymbol{B}\boldsymbol{u}(t)\\ \boldsymbol{y}(t)=\boldsymbol{C}(x)\boldsymbol{x}(t)\end{cases} \tag{3-71}$$

式中，

$$\boldsymbol{x}(t)=[x_1\quad x_2\quad x_3\quad x_4]^{\mathrm{T}}=[\Omega_{\mathrm{r}}\quad \Omega_{\mathrm{g}}\quad T_{\mathrm{h}}\quad T_{\mathrm{g}}]^{\mathrm{T}}$$

$$\boldsymbol{u}(t)=T_{\mathrm{g,ref}}$$

$$\boldsymbol{A}(x)=\begin{bmatrix}\left(\dfrac{D_{\mathrm{r}}}{J_{\mathrm{r}}}+\dfrac{K_{\mathrm{opt}}}{J_{\mathrm{r}}}\Omega_{\mathrm{r}}\right) & 0 & -\dfrac{n_{\mathrm{b}}}{J_{\mathrm{r}}} & 0\\ 0 & -\dfrac{D_{\mathrm{g}}}{J_{\mathrm{g}}} & \dfrac{1}{J_{\mathrm{g}}} & -\dfrac{1}{J_{\mathrm{g}}}\\ a_1+\dfrac{D_{\mathrm{lse}}K_{\mathrm{opt}}}{n_{\mathrm{b}}J_{\mathrm{r}}}\Omega_{\mathrm{r}} & a_2 & a_3 & \dfrac{D_{\mathrm{ls}}}{n_{\mathrm{b}}^2J_{\mathrm{g}}}\\ 0 & 0 & 0 & -\dfrac{1}{\tau_{\mathrm{g}}}\end{bmatrix}$$

$$\boldsymbol{B}=\begin{bmatrix}0&0&0&0\\0&0&0&0\\0&0&0&0\\0&0&0&\dfrac{1}{\tau_{\mathrm{g}}}\end{bmatrix}$$

$$\boldsymbol{C}(x)=\begin{bmatrix}1&0&0&0\\0&1&0&0\\0&0&0&0\\0&0&0&0\end{bmatrix}$$

$$\boldsymbol{y}(t)=\begin{bmatrix}y_1\\y_2\end{bmatrix}=\begin{bmatrix}\Omega_{\mathrm{r}}\\\Omega_{\mathrm{g}}\end{bmatrix}$$

对风能转换系统进行T－S模糊化，根据系统矩阵函数$\boldsymbol{A}(x)$，定义前提变量$z_1(t)=\Omega_{\mathrm{r}}$和$z_2(t)=\Omega_{\mathrm{g}}$。前提变量$z_1(t)$和$z_2(t)$的隶属函数选择为$\boldsymbol{A}(x)=\sum_{i=1}^{r}u_i(z(t))\boldsymbol{A}_i$、$\boldsymbol{B}(x)=\sum_{i=1}^{r}u_i(z(t))\boldsymbol{B}_i$和$\boldsymbol{C}(x)=\sum_{i=1}^{r}u_i(z(t))\boldsymbol{C}_i$。

为简化方便，两个模糊子集的隶属函数可表示为

$$\begin{cases}F_j(z_j(t))=\dfrac{-z_{j\min}}{z_{j\max}-z_{j\min}}\left(\dfrac{1}{z_{j\max}-z_{j\min}}\right)z_{jt}\\ \bar{F}_j(z_j(t))=1-F_j(z_j(t))\end{cases},\quad j=1,2 \tag{3-72}$$

式中，变量z_{jt}由其上限值$z_{j\max}$和下限值$z_{j\min}$限定。前提变量$z_1(t)$的隶属函数如图3－7所示，其中每个隶属函数也表示各子系统的模型不确定性。前提变量$z_2(t)$的隶属函数则以相同的方式实现，在此不再赘述。

风能转换系统(式(3－72))的参数不确定性和执行器故障的T－S模糊模型可以由以下四条规则表示：

规则1：如果$z_1(t)$是F_1，$z_2(t)$是F_2，那么

$$\dot{x}(t)=(A_1+\Delta A_1)x(t)+(B_1+\Delta B_1)u(t)+D_1d(t) \tag{3-73}$$

规则2：如果$z_1(t)$是F_1，$z_2(t)$是$\bar{F}_2$，那么

$$\dot{x}(t)=(A_2+\Delta A_2)x(t)+(B_2+\Delta B_2)u(t)+D_2d(t) \tag{3-74}$$

规则3：如果$z_1(t)$是$\bar{F}_1$，$z_2(t)$是F_2，那么

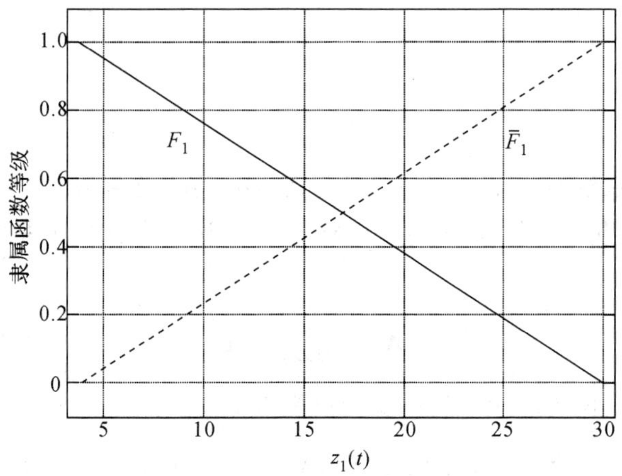

图 3-7　状态变量 $z_1(t)$的隶属函数

$$\dot{x}(t)=(A_3+\Delta A_3)x(t)+(B_3+\Delta B_3)u(t)+D_3 d(t) \tag{3-75}$$

规则 4：如果 $z_1(t)$是 $\bar{F}_1$，$z_2(t)$是 $\bar{F}_2$，那么

$$\dot{x}(t)=(A_4+\Delta A_4)x(t)(t)+(B_4+\Delta B_4)u(t)+D_4 d(t) \tag{3-76}$$

则风能转换系统的全局 T-S 模糊模型可以表示为

$$\begin{cases} \dot{\boldsymbol{x}}(t)=\sum\limits_{i=1}^{4} u_i(z(t))[(\boldsymbol{A}_i+\Delta\boldsymbol{A}_i)x(t)+(\boldsymbol{B}_i+\Delta\boldsymbol{B}_i)u(t)+\boldsymbol{D}_i\boldsymbol{d}(t)] \\ \boldsymbol{y}(t)=\sum\limits_{i=1}^{4} u_i(z(t))\boldsymbol{C}_i\boldsymbol{x}(t) \end{cases},\quad i=1,2,3,4 \tag{3-77}$$

式中，

$$\boldsymbol{A}_i+\Delta\boldsymbol{A}_i=\begin{bmatrix} \dfrac{D_r}{J_r}+\dfrac{K_{opt}}{J_r}z_{1i} & 0 & -\dfrac{n_b}{J_r} & 0 \\ 0 & -\dfrac{D_g}{J_g} & \dfrac{1}{J_g} & -\dfrac{1}{J_g} \\ a_1+\dfrac{D_{lse}K_{opt}}{n_b J_r}z_{1i} & a_2 & a_3 & \dfrac{D_{ls}}{n_b^2 J_g} \\ 0 & 0 & 0 & -\dfrac{1}{\tau_g} \end{bmatrix}$$

$$\boldsymbol{B}_i+\Delta\boldsymbol{B}_i=\begin{bmatrix} 0 & 0 & 0 & 0 \\ 0 & 0 & 0 & 0 \\ 0 & 0 & 0 & 0 \\ 0 & 0 & 0 & \dfrac{1}{\tau_g} \end{bmatrix}$$

$$\boldsymbol{C}_i=\begin{bmatrix} 1 & 0 & 0 & 0 \\ 0 & 1 & 0 & 0 \\ 0 & 0 & 0 & 0 \\ 0 & 0 & 0 & 0 \end{bmatrix}$$

$$\boldsymbol{D}_i=\begin{bmatrix}1\\1\\0\\0\end{bmatrix}$$

其中，$\Delta\boldsymbol{A}_i$、$\Delta\boldsymbol{B}_i$表示系统有界不确定性参数，且 $\Delta\boldsymbol{B}_i=0$。令系统的不确定性参数 ΔJ_g在标称值的 30%～50%范围内变化，设定 $c=6$ 和 $s=64$，所以风能转换系统的模糊不确定性可由下式给出：

$$\Delta\boldsymbol{A}_i=\sum_{l=1}^{64}h_l\Delta\tilde{\boldsymbol{A}}_l \tag{3-78}$$

整理后，新的增广模糊系统的模糊模型可以表示为

$$\dot{\boldsymbol{x}}(t)=\sum_{i=1}^{4}\sum_{l=1}^{64}u_ih_l[(\boldsymbol{A}_i+\Delta\tilde{\boldsymbol{A}}_l)\boldsymbol{x}(t)+\boldsymbol{B}_i\boldsymbol{u}(t)+\boldsymbol{D}_i\boldsymbol{d}(t)] \tag{3-79}$$

系统最终的控制输出为

$$\boldsymbol{u}(t)=\sum_{j=1}^{4}\sum_{l=1}^{64}u_jh_l[-\boldsymbol{L}_{jl}\hat{\boldsymbol{x}}_o(t)-\overline{\boldsymbol{D}}_j\hat{\boldsymbol{d}}(t)+\boldsymbol{r}(t)] \tag{3-80}$$

2. 仿真结果与分析

基于系统模型（式（3 - 79）），在 MATLAB/Simulink 环境（R2014a、MathWorks、Natick、MA、USA）中对具有低功率（6 kW）和高转速的风能转换系统进行仿真研究。模拟系统的具体参数设置如表 3 - 1 所示。

表 3 - 1　模 拟 参 数

参数	参 数 名 称	参 数 值
P_n	额定功率	6 kW
V_s	额定电压	220V
w_s	额定转速	100 πrad/s
ρ	空气密度	1.25 kg/m^3
R	桨叶长度	2.5 m
η	传输效率	0.95
p	极对数	2
T_g	额定电磁转矩	40 N · m
J_g	发电机转动惯量	0.0092 kg · n
J_r	转子转动惯量	3.6 kg · m^2

传动系统作为整个风能转换系统的执行器，常见的故障种类主要有偏差和漂移等。为了便于研究和模拟，本次仿真仅考虑系统的执行器故障，不涉及未知的外部干扰。在仿真设计中针对执行器的漂移故障、偏差故障和混合故障进行研究，具体的时变故障函数由式

(3-78)给出。

$$d(t)=\begin{cases}4\sin\pi t & 50\ \mathrm{s}\leqslant t<60\ \mathrm{s}\\ 3 & 60\ \mathrm{s}\leqslant t<70\ \mathrm{s}\\ 2.5+2\sin 0.5\pi t & 70\ \mathrm{s}\leqslant t<80\ \mathrm{s}\end{cases}\tag{3-81}$$

根据风速的随机变化对所设计的模糊鲁棒调度容错控制器(FRSFTC)进行测试。图 3-8 为风速波形的变化曲线，图 3-9 为时变故障信号 $d(t)$ 的实际值和估计值，从图中可以看出所设计的模糊 PI 观测器可以快速准确地重构系统的执行器故障信息。图 3-10 ～ 图 3-17 描述的是同时考虑风能转换系统参数不确定性和执行器故障，采用和未采用模糊鲁棒调度容错控制器时，系统状态变量的实时运行情况。图 3-18 为系统在执行器故障情况下采用所设计的控制策略时功率系数 C_P 的变化曲线。

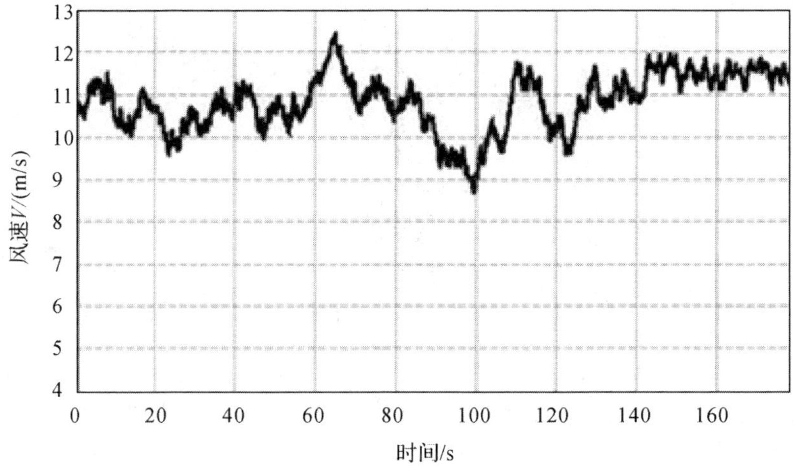

图 3-8　风速波形图

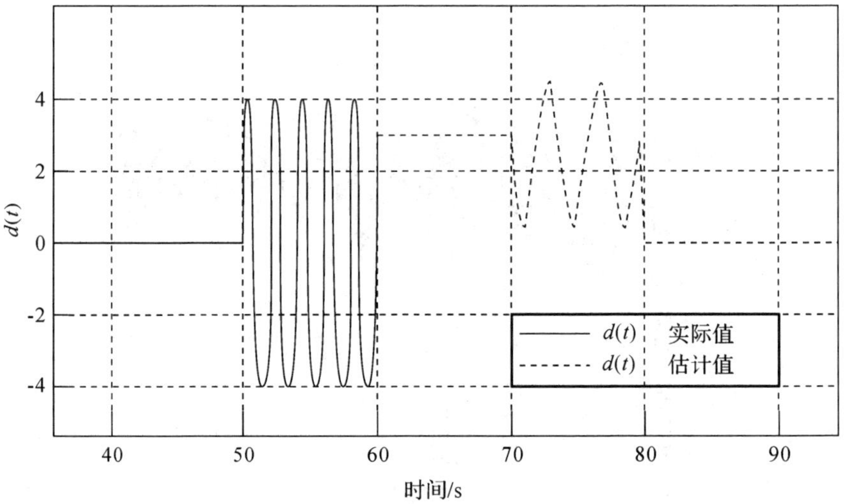

图 3-9　时变故障信号 $d(t)$ 的实际值和估计值曲线图

(1) 考虑系统不确定性参数 ΔJ_g 在标称值的 30% 范围内的变化。

由图 3-10 和图 3-11 可以看出，在 $t=50$ s 和 $t=80$ s 时，当系统的执行器发生故障时，系统的低速轴转速 Ω_r 和高速轴转速 Ω_g 两者的轨迹都发生突变，振荡幅度增大，Ω_r 和 Ω_g 的运行转速不能保持在最佳位置。由图 3-12 和图 3-13 知，在采用设计的模糊鲁棒调度容错控制策略下，低速轴转速 Ω_r 和高速轴转速 Ω_g 在系统故障时运行的波动范围大大减小，有效降低了风能转换系统中齿轮和轴承系统因执行器故障受到的冲击和振荡。

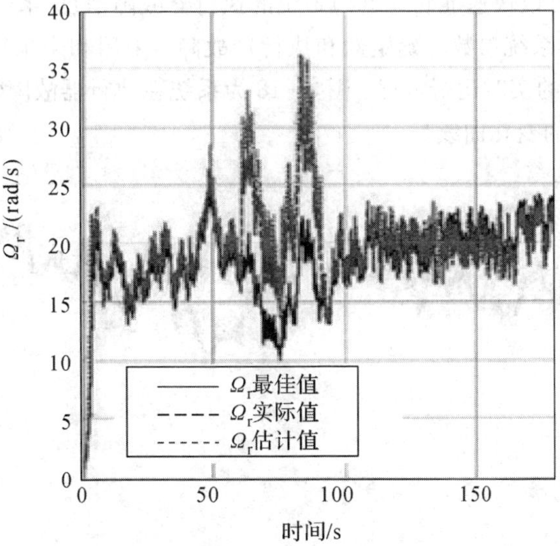

图 3-10　未采用模糊鲁棒调度容错控制策略时 Ω_r 的运行轨迹

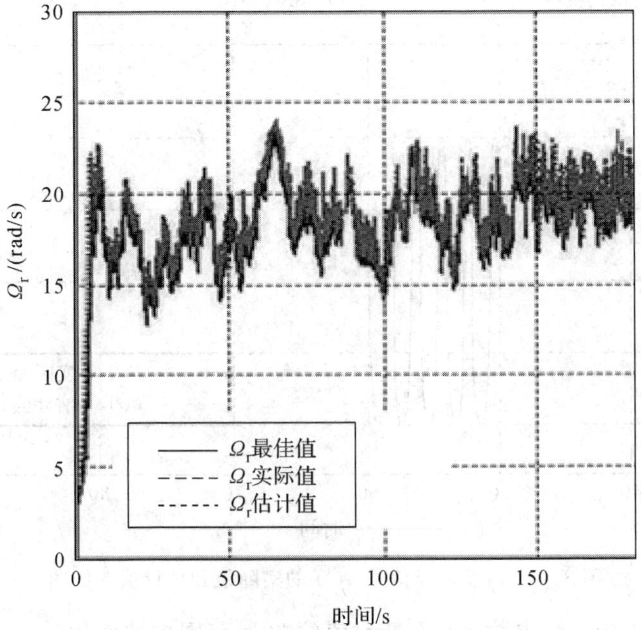

图 3-11　采用模糊鲁棒调度容错控制策略时 Ω_r 的运行轨迹

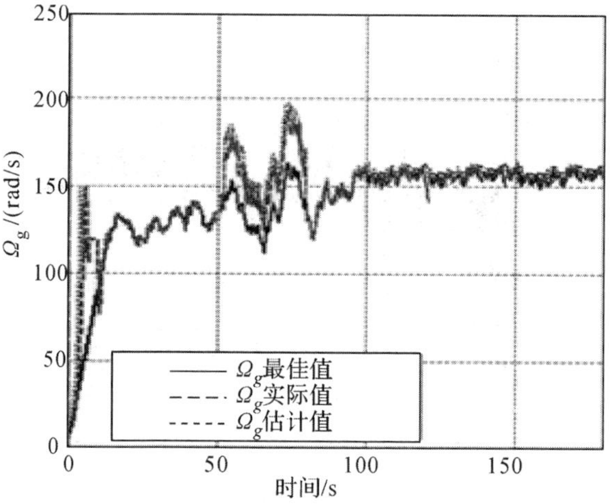

图 3-12 未采用模糊鲁棒调度容错控制策略时 Ω_g 的运行轨迹

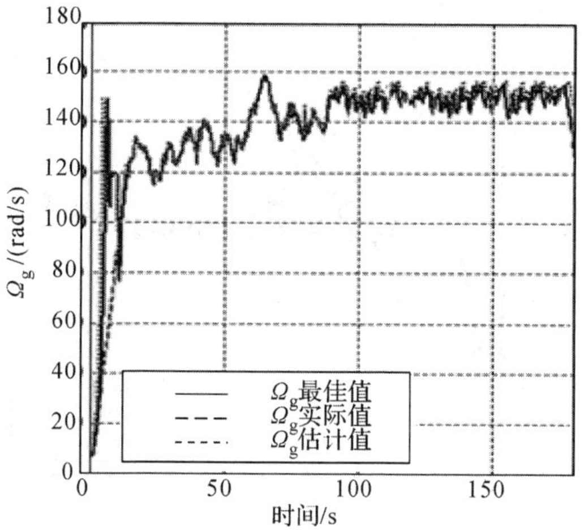

图 3-13 采用模糊鲁棒调度容错控制策略时 Ω_g 的运行轨迹

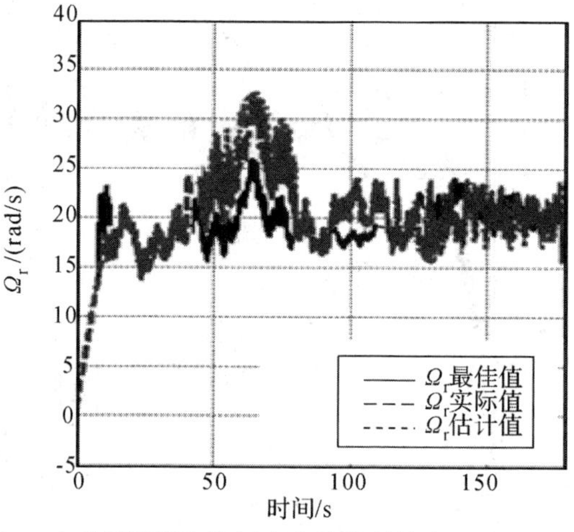

图 3-14 未采用模糊鲁棒调度容错控制策略时 Ω_r 的运行轨迹

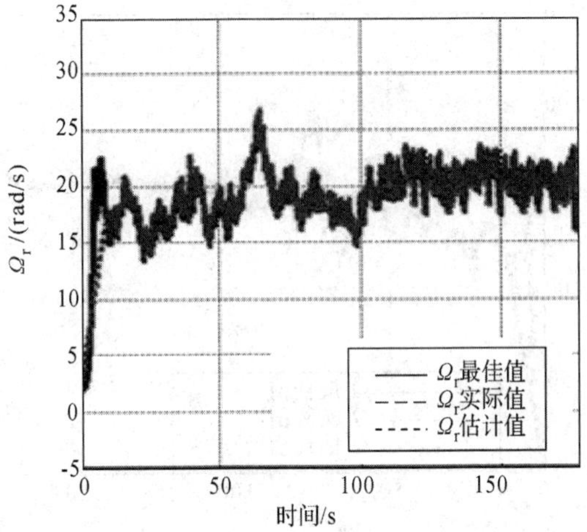

图 3-15 采用模糊鲁棒调度容错控制策略时 Ω_r 的运行轨迹

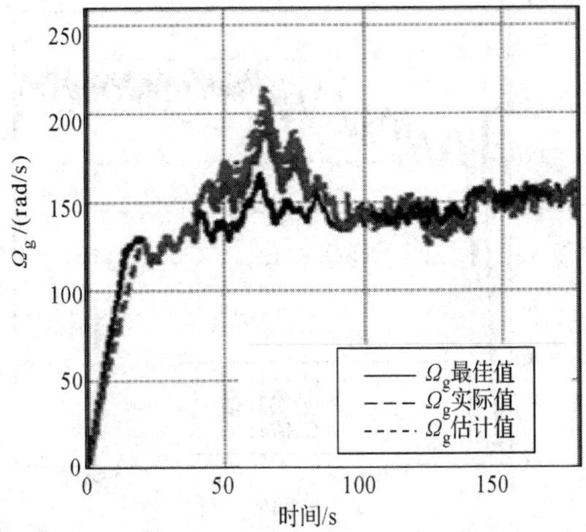

图 3-16 未采用模糊鲁棒调度容错控制策略时 Ω_g 的运行轨迹

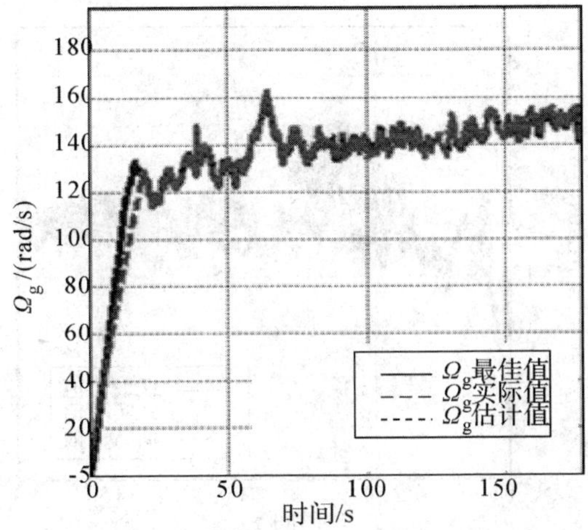

图 3-17 采用模糊鲁棒调度容错控制策略时 Ω_g 的运行轨迹

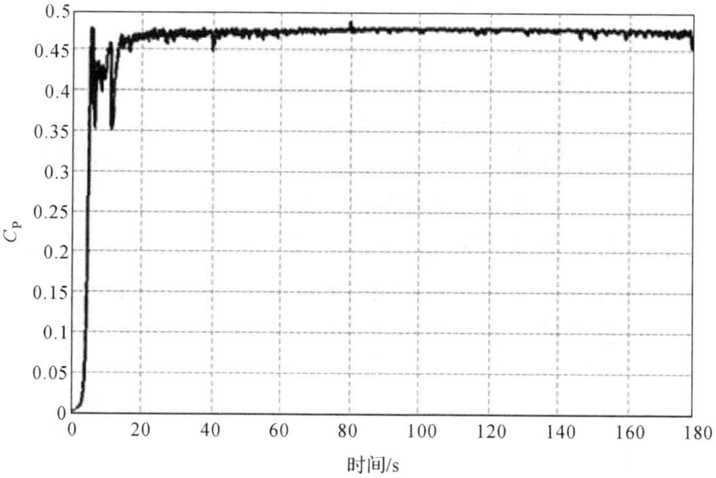

图 3-18　功率系数图

(2) 考虑不确定性参数 ΔJ_g 在标称值的 50%范围内的变化。

根据图 3-14 ～ 图 3-18 所示的仿真结果，可以看出，当风能转换系统的参数不确定性参数 ΔJ_g 在标称值的 50% 范围内变化时，设计的模糊鲁棒调度容错控制策略仍然可以有效降低系统执行器故障下低速轴转速 Ω_r 和高速轴转速 Ω_g 的波动范围，实现良好的容错控制效果。

综上所述，通过仿真结果，考虑到风能转换系统的不确定性，当执行器发生故障时，采用所设计的模糊鲁棒调度容错控制(FRSFTC)策略在保证系统各状态正常运行的同时，能够提高风力机的使用效率，实现额定风速下的最大风能捕捉，也因此验证了所提出的容错控制策略的可行性和有效性。

3.3　风能转换系统传感器故障容错控制策略

传感器是风能转换系统的重要部件，种类复杂、繁多，其准确性、及时性和可靠性对闭环系统的稳定运行至关重要。因为一些不可抗力因素，例如长期使用造成的老化磨损等导致传感器故障时有发生。一旦传感器发生故障，反馈控制器得不到正确的反馈数据信息，会影响系统的整体控制性能，严重时甚至导致系统瘫痪。本节针对风能转换系统的传感器故障，研究基于T-S模糊观测器的传感器故障容错控制策略，首先考虑到系统的不确定性，建立风能转换系统不确定 T-S 模型；其次设计基于 T-S 模糊观测器的故障检测和识别(Fault Detection and Isolation，FDI)，利用模糊观测器输出的状态估计值与真实传感器测量值的对比，分析残差，通过决策模块和切换器的选择，进而实现状态重构；然后利用平行分布补偿(Parallel Distributed Compensation，PDC)方法设计鲁棒模糊控制器，实现对不确定非线性系统传感器故障的容错控制；最后通过引用泰勒级数(Taylor Series)和李雅普诺夫(Lyapunov)稳定性理论证明所提方法的可行性，仿真结果验证所提控制策略的有效性。

3.3.1　传感器故障模型描述

对具有传感器故障和参数不确定性的风能转换系统建立一系列模糊规则，每个规则代表其中的一个子系统。模糊系统 T-S 模型的模糊规则定义如下：

R^i：如果 $z_1(t)$ 是 F_1^i，$z_2(t)$ 是 F_2^i，…，$z_k(t)$ 是 F_k^i，那么

$$\begin{cases}\dot{\boldsymbol{x}}(t)=(\boldsymbol{A}_i+\Delta\boldsymbol{A}_i)\boldsymbol{x}(t)+\boldsymbol{B}_i\boldsymbol{u}(t)\\ \boldsymbol{y}(t)=C_i\boldsymbol{x}(t)+\overline{\boldsymbol{F}}_i\boldsymbol{f}_s(t)\end{cases},\quad i=1,2,\cdots,r \tag{3-82}$$

式中，R^i代表第 i 条模糊推理规则，$\boldsymbol{z}(t)=[z_1(t)z_1(t)\cdots z_k(t)]^{\mathrm{T}}$代表模糊规则的前提变量，$F_j^i$为模糊集合，$i=1, 2, \cdots, r$ 为系统模糊规则总数，$j=1,2,\cdots,k$；$\boldsymbol{x}(t)\in\mathbf{R}^n$为系统的状态向量，$\boldsymbol{u}(t)\in\mathbf{R}^m$为系统的控制输入向量，$\boldsymbol{y}(t)\in\mathbf{R}^p$为系统的控制输出向量，$\boldsymbol{A}_i\in\mathbf{R}^{n\times n}$、$\boldsymbol{B}_i\in\boldsymbol{R}^{n\times m}$和$\boldsymbol{C}_i\in\mathbf{R}^{p\times n}$分别为系统各参数矩阵，$\overline{\boldsymbol{F}}_i\in\mathbf{R}^{p\times q}$为已知传感器故障矩阵，$f_s(t)\in\mathbf{R}^{q\times 1}$为传感器故障，$\Delta\boldsymbol{A}_i$是不确定性实值矩阵，假设 $\boldsymbol{f}_s(t)$ 和 $\Delta\boldsymbol{A}_i$是范数有界，即存在正数 α 和 β，使得 $\|\boldsymbol{f}_s(t)\|<\alpha$，$\|\Delta\boldsymbol{A}_i\|<\beta$。

定义模糊权值：

$$u_i(z(t))=\frac{h_i(z(t))}{\sum_{i=1}^{r}h_i(z(t))} \tag{3-83}$$

式中，$h_i(z(t))=\prod_{j=1}^{k}F_j^i(z_j(t))$，$F_j^i(z_j(t))$ 表示与模糊值 F_j^i 对应的前提变量 $z_j(t)$ 的隶属函数，$h_i(z(t))$ 表示第 i 条规则的权重，并满足如下条件：

$$\begin{cases}h_i(z(t))\geqslant 0,\ \sum_{i=1}^{N}h_i(z(t))>0\\ \sum_{i=1}^{N_r}u_i(z(t))=1\quad 0<u_i<1\end{cases},\quad i=1, 2,\cdots,r \tag{3-84}$$

反模糊化后，整个模糊 T－S 系统的状态方程可由下式给出：

$$\begin{cases}\dot{\boldsymbol{x}}(t)=\sum_{i=1}^{r}u_i(z(t))[(\boldsymbol{A}_i+\Delta\boldsymbol{A}_i)\boldsymbol{x}(t)+\boldsymbol{B}_i\boldsymbol{u}(t)]\\ \boldsymbol{y}(t)=\sum_{i=1}^{r}u_i(z(t))[\boldsymbol{C}_i\boldsymbol{x}(t)+\overline{\boldsymbol{F}}_i\boldsymbol{f}_s(t)]\end{cases} \tag{3-85}$$

为了设计基于 T－S 模糊观测器的输出反馈控制律，在不失一般性的情况下，将式(3－18)变换成下式：

$$\begin{cases}\dot{\boldsymbol{x}}(t)=\sum_{i=1}^{r}u_i(z(t))[(\boldsymbol{A}_i+\Delta\boldsymbol{A}_i)\boldsymbol{x}(t)+\boldsymbol{B}_i\boldsymbol{u}(t)]\\ \boldsymbol{y}(t)=\sum_{i=1}^{r}u_i(z(t))(\boldsymbol{I}+\boldsymbol{F})\boldsymbol{C}_i\boldsymbol{x}(t)\end{cases} \tag{3-86}$$

式中，$\boldsymbol{I}$为单位矩阵，$\boldsymbol{F}=\mathrm{diag}(f_1,f_2,\cdots,f_p)$，$-0.1\leqslant f_a(x(t))\leqslant 0.1$，$a=1,2,\cdots,p$ 表示传感器故障模型矩阵并设其是范数有界。

3.3.2 基于 T－S 模糊观测器的 FDI 设计

图 3－19 给出了风能转换系统传感器故障容错控制整体结构框图，其中基于 T－S 模糊观测器的故障检测和识别包括以下两个步骤：

(1) 根据设计的 T－S 模糊观测器获得系统输出残差，把传感器的输出信号作为模糊观测器的驱动信号，然后将观测器的观测值 $\hat{\boldsymbol{y}}(t)$ 与实际传感器输出 $\boldsymbol{y}(t)$ 进行比较分析并计算

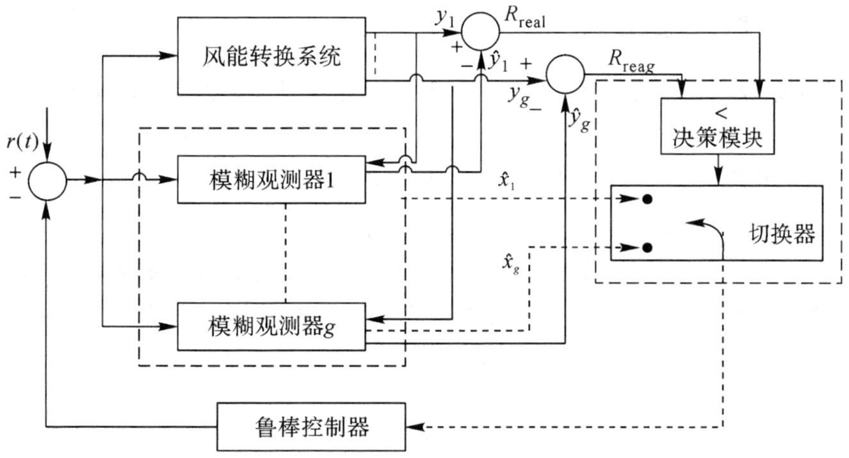

图 3－19　风能转换系统传感器故障容错控制整体结构框图

出残差。

(2) 残差 $\boldsymbol{R}_{\mathrm{res1}}(t)$ 和残差 $\boldsymbol{R}_{\mathrm{resg}}(t)$ 与设定的残差阈值 $\boldsymbol{R}_{\mathrm{th}}$ 进行比较，$\boldsymbol{R}_{\mathrm{res1}}(t)$ 和 $\boldsymbol{R}_{\mathrm{resg}}(t)$ 分别为模糊观测器 1 和模糊观测器 g 的输出残差，通过对残差 $\boldsymbol{R}_{\mathrm{res}}$ 的逻辑划分，判断系统是否发生传感器故障，最后使用决策模块和切换器选择基于正常传感器和观测器对输出的状态重构。

残差 $\boldsymbol{R}_{\mathrm{res}}(t)$ 为可测输出偏差，即

$$\boldsymbol{R}_{\mathrm{res}}(t)=\boldsymbol{e}_y(t)=\boldsymbol{y}(t)-\hat{\boldsymbol{y}}(t) \tag{3-87}$$

阈值 $\boldsymbol{R}_{\mathrm{th}}$：

$$\boldsymbol{R}_{\mathrm{th}}=\sup_{\text{fault-free}}\|\boldsymbol{R}_{\mathrm{res}}(t)\|_{\mathrm{peak}} \tag{3-88}$$

则相应的故障决策逻辑为

$$\|\boldsymbol{R}_{\mathrm{res}}(t)\|\begin{cases}\leqslant R_{\mathrm{th}} & \text{无故障}\\ > R_{\mathrm{th}} & \text{故障}\end{cases} \tag{3-89}$$

假设在任何给定的时间内最多只有一个传感器发生故障。如果 $|\boldsymbol{R}_{\mathrm{res1}}|>|\boldsymbol{R}_{\mathrm{res2}}|$，则切换到观测器 2，否则切换到观测器 1，并依次类推。由于传感器正常工作时，受其噪声影响，残差并不会收敛到零，为了避免虚警，阈值 $\boldsymbol{R}_{\mathrm{th}}$ 必须设得足够大。

假设系统模型(3－71)的状态是可观测的，采用和式(3－71)相同的规则，基于不确定性参数和传感器故障的 T－S 模糊模型(3－82)，模糊观测器规则如下：

R^i：如果 $z_1(t)$ 是 F_1^i，$z_2(t)$ 是 F_2^i，…，$z_k(t)$ 是 F_k^i，那么

$$\begin{cases}\dot{\hat{\boldsymbol{x}}}(t)=\boldsymbol{A}_i\hat{\boldsymbol{x}}(t)+\boldsymbol{B}_i\boldsymbol{u}(t)+\boldsymbol{L}_i(\boldsymbol{y}(t)-\hat{\boldsymbol{y}}(t))\\ \hat{\boldsymbol{y}}(t)=\boldsymbol{C}_i\hat{\boldsymbol{x}}(t)\end{cases},\quad i=1,2,\cdots,r \tag{3-90}$$

式中，$\hat{\boldsymbol{x}}(t)$ 为观测器的状态估计，$\hat{\boldsymbol{y}}(t)$ 为输出向量，$\boldsymbol{L}_i\in\mathbf{R}^{n\times1}$ 为观测器增益矩阵，经反模糊化后得到模糊观测器的输出描述：

$$\begin{cases}\dot{\hat{\boldsymbol{x}}}(t)=\sum\limits_{i=1}^{r}u_i(z(t))[\boldsymbol{A}_i\hat{\boldsymbol{x}}(t)+\boldsymbol{B}_i\boldsymbol{u}(t)+\boldsymbol{L}_i(\boldsymbol{y}(t)-\hat{\boldsymbol{y}}(t))]\\ \hat{\boldsymbol{y}}(t)=\sum\limits_{i=1}^{r}u_i(z(t))\boldsymbol{C}_i\hat{\boldsymbol{x}}(t)\end{cases} \tag{3-91}$$

3.3.3 状态反馈控制器设计

根据 PDC 原理，设计基于 T－S 模糊模型的局部状态反馈控制器，第 j 个控制器输入的模糊规则为

如果 $g_1(t)$ 是 M_{1j}，$g_2(t)$ 是 M_{2j}，…，$g_k(t)$ 是 M_{kj}，那么

$$\boldsymbol{u}(t) = r(t) - \boldsymbol{K}_j\hat{\boldsymbol{x}}(t),\quad j = 1, 2, \cdots, p \tag{3-92}$$

式中，$g(t) = [g_1(t), g_2(t), \cdots, g_k(t)]$表示前提变量，$p$表示模糊规则总数，$\boldsymbol{K}_j \in \mathbf{R}^{m\times n}$是规则$j$的反馈增益矩阵，$r(t) \in k^{m\times 1}$是参考输入，反模糊化后，系统全局状态控制器可以表示为

$$\boldsymbol{u}(t) = r(t) - \sum_{j=1}^{p} u_j(g(t))\boldsymbol{K}_j\hat{\boldsymbol{x}}(t) \tag{3-93}$$

3.3.4 非线性闭环系统稳定性分析

主动容错控制的设计目标是设计控制率，使得非线性不确定性系统具有一定意义上的鲁棒性，在传感器发生故障时依然保持稳定运行。

定义系统状态观测误差：

$$\boldsymbol{e}(t) = \boldsymbol{x}(t) - \hat{\boldsymbol{x}}(t) \tag{3-94}$$

由式(3－86)和式(3－92)可以得到系统闭环方程为

$$\begin{aligned}\dot{\boldsymbol{x}}(t) &= \sum_{i=1}^{r} u_i(z(t))\left[(\boldsymbol{A}_i + \Delta\boldsymbol{A}_i)\boldsymbol{x}(t) + \boldsymbol{B}_i\left(r(t) - \sum_{j=1}^{p} u_j(g(t))\boldsymbol{K}_j\hat{\boldsymbol{x}}(t)\right)\right] \\ &= \sum_{i=1}^{r}\sum_{j=1}^{p} u_i(z(t))u_j(g(t))[(\boldsymbol{E}_{ij} + \Delta\boldsymbol{A}_i)\boldsymbol{x}(t) + \boldsymbol{B}_i\boldsymbol{K}_j\boldsymbol{e}(t) + \boldsymbol{B}_i r(t)]\end{aligned} \tag{3-95}$$

式中，$\boldsymbol{E}_{ij} = \boldsymbol{A}_i + \boldsymbol{B}_i\boldsymbol{K}_j$。

把式(3－94)代入式(3－87)，可得

$$\boldsymbol{R}_{\mathrm{res}}(t) = \boldsymbol{y}(t) - \hat{\boldsymbol{y}}(t) = \begin{cases}\sum_{i=1}^{r} u_i\boldsymbol{C}_i\boldsymbol{e}(t), & \boldsymbol{F} = 0 \\ \sum_{i=1}^{r} u_i\boldsymbol{C}_i\boldsymbol{e}(t) + \boldsymbol{F}\boldsymbol{C}_i\boldsymbol{x}(t), & \boldsymbol{F} \neq 0\end{cases} \tag{3-96}$$

则状态估计误差为

$$\begin{aligned}\dot{\boldsymbol{e}}(t) &= \dot{\boldsymbol{x}}(t) - \dot{\hat{\boldsymbol{x}}}(t) \\ &= \sum_{i=1}^{r} u_i(z(t))[(\boldsymbol{A}_i + \Delta\boldsymbol{A}_i)x(t) + \boldsymbol{B}_i\boldsymbol{u}(t)] - \\ &\quad \sum_{i=1}^{r} u_i(z(t))[\boldsymbol{A}_i\hat{\boldsymbol{x}}(t) + \boldsymbol{B}_i\boldsymbol{u}(t) + \boldsymbol{L}_i(\boldsymbol{y}(t) - \hat{\boldsymbol{y}}(t))] \\ &= \sum_{i=1}^{r}\sum_{j=1}^{p} u_i(z(t))u_j(g(t))[(\Delta\boldsymbol{A}_i - \boldsymbol{L}_i\boldsymbol{F}\boldsymbol{C}_j)\boldsymbol{x}(t) + (\boldsymbol{A}_i - \boldsymbol{L}_i\boldsymbol{C}_j)\boldsymbol{e}(t)]\end{aligned} \tag{3-97}$$

联立式(3－95)和式(3－97)，可整理成如下新的模糊增广系统：

$$\begin{bmatrix}\dot{\boldsymbol{x}}(t) \\ \dot{\boldsymbol{e}}(t)\end{bmatrix} = \sum_{i=1}^{r}\sum_{j=1}^{p} u_i(z(t))u_j(g(t))[\boldsymbol{H}_{ij}\quad \Delta\boldsymbol{H}_{ij}]\begin{bmatrix}\boldsymbol{x}(t) \\ \boldsymbol{e}(t)\end{bmatrix} + \begin{bmatrix}\boldsymbol{B}_i \\ 0\end{bmatrix}r(t) \tag{3-98}$$

式中，

$$\boldsymbol{H}_{ij}=\begin{bmatrix}\boldsymbol{E}_{ij} & \boldsymbol{B}_i\boldsymbol{K}_j\\ 0 & \boldsymbol{A}_i-\boldsymbol{L}_i\boldsymbol{C}_j\end{bmatrix},\ \Delta\boldsymbol{H}_{ij}=\begin{bmatrix}\Delta\boldsymbol{A}_i & 0\\ \Delta\boldsymbol{A}_i-\boldsymbol{L}_i\boldsymbol{F}\boldsymbol{C}_j & 0\end{bmatrix}$$

引理 3-3-1　对于系统(3-98)，如果矩阵不等式

$$\mu[\boldsymbol{T}\boldsymbol{H}_{ij}\boldsymbol{T}^{-1}]\leqslant-\|\boldsymbol{T}\Delta\boldsymbol{H}_{ij}\boldsymbol{T}^{-1}\|_{\max}-\delta,\ \forall i,\ j \tag{3-99}$$

成立，则系统(3-98)是稳定的，其中标量 δ 为正值，表示系统的鲁棒指数，$\boldsymbol{T}$ 是适当维数的变换对称矩阵，$\|\boldsymbol{T}\Delta\boldsymbol{H}_{ij}\boldsymbol{T}^{-1}\|_{\max}$ 为 $\|\boldsymbol{T}\Delta\boldsymbol{H}_{ij}\boldsymbol{T}^{-1}\|$ 的最大值。

令变换对称矩阵 $\boldsymbol{T}=\boldsymbol{T}^{\mathrm{T}}$，$\boldsymbol{P}=\boldsymbol{T}\boldsymbol{T}$，根据李雅普诺夫稳定性理论，如果存在正定矩阵 $\boldsymbol{P}$ 和控制率(式(3-93))使得不等式

$$\boldsymbol{P}\boldsymbol{H}_{ij}+\boldsymbol{H}_{ij}^{\mathrm{T}}\boldsymbol{P}<0,\ \forall i,\ j \tag{3-100}$$

成立，则模糊控制系统(式(3-98))是全局渐近稳定的。

为了求解方便，获得观测器增益 $\boldsymbol{L}_i$ 和控制器增益 $\boldsymbol{K}_j$，假设

$$\boldsymbol{P}=\begin{bmatrix}\boldsymbol{P}_{11} & 0\\ 0 & \boldsymbol{P}_{22}\end{bmatrix} \tag{3-101}$$

令 $\boldsymbol{M}=\boldsymbol{P}_{11}^{-1}$，即

$$\boldsymbol{M}=\begin{bmatrix}\boldsymbol{M}_{11} & 0\\ 0 & \boldsymbol{I}\end{bmatrix}=\begin{bmatrix}\boldsymbol{P}_{11}^{-1} & 0\\ 0 & \boldsymbol{I}\end{bmatrix} \tag{3-102}$$

令 $\boldsymbol{Y}_j=\boldsymbol{K}_j\boldsymbol{M}_{11}$，$\boldsymbol{X}_j=\boldsymbol{P}_{22}\boldsymbol{L}_i$，将式(3-100)两边同乘以矩阵 $\boldsymbol{M}=\boldsymbol{P}_{11}^{-1}$，得到如下线性矩阵不等式(LMI)：

$$\boldsymbol{M}_{11}\boldsymbol{A}_i^{\mathrm{T}}+\boldsymbol{A}_i\boldsymbol{M}_{11}-(\boldsymbol{B}_i\boldsymbol{Y}_j)^{\mathrm{T}}-\boldsymbol{B}_i\boldsymbol{Y}_j<0 \tag{3-103}$$

$$\boldsymbol{A}_i^{\mathrm{T}}\boldsymbol{P}_{22}+\boldsymbol{P}_{22}\boldsymbol{A}_i-(\boldsymbol{X}_i\boldsymbol{C}_j)^{\mathrm{T}}-\boldsymbol{X}_i\boldsymbol{C}_j<0 \tag{3-104}$$

将上式中的不等式转化为等式，则上述不等式变为

$$\boldsymbol{M}_{11}\boldsymbol{A}_i^{\mathrm{T}}+\boldsymbol{A}_i\boldsymbol{M}_{11}-(\boldsymbol{B}_i\boldsymbol{Y}_j)^{\mathrm{T}}-\boldsymbol{B}_i\boldsymbol{Y}_j=-\delta\boldsymbol{I} \tag{3-105}$$

$$\boldsymbol{A}_i^{\mathrm{T}}\boldsymbol{P}_{22}+\boldsymbol{P}_{22}\boldsymbol{A}_i-(\boldsymbol{X}_i\boldsymbol{C}_j)^{\mathrm{T}}-\boldsymbol{X}_i\boldsymbol{C}_j=-\delta\boldsymbol{I} \tag{3-106}$$

通过求解式(3-105)和式(3-106)，可以获得观测器增益 $\boldsymbol{L}_i$($\boldsymbol{L}_i=\boldsymbol{P}_{22}^{-1}\boldsymbol{X}_i$)和控制器增益 $\boldsymbol{K}_j$($\boldsymbol{K}_j=\boldsymbol{Y}_j\boldsymbol{M}_{11}^{-1}$)，图 3-20 指出了系统的不确定性和鲁棒指数 δ 的关系，从图中很容易看出，尽管存在较大的不确定性，但在一定条件下控制系统依然可以保持稳定运行。

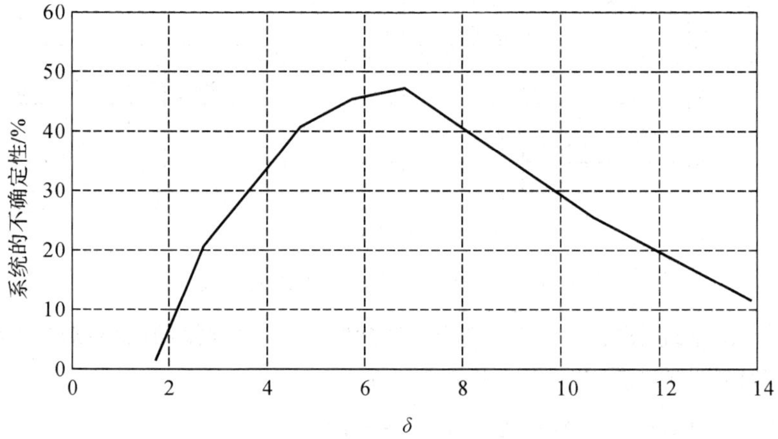

图 3-20　系统不确定性随鲁棒指数的变化

3.3.5 实例分析

1. 模型建立

根据风能转换系统动力学模型，风能转换系统状态方程标准形式可以表示为

$$\begin{cases}\dot{\boldsymbol{x}}(t)=\boldsymbol{A}(x)\boldsymbol{x}(t)+\boldsymbol{Bu}(t)\\ \boldsymbol{y}(t)=\boldsymbol{C}(x)\boldsymbol{x}(t)\end{cases}\tag{3-107}$$

对风能转换系统进行T-S模糊化，根据系统矩阵函数$\boldsymbol{A}(x)$，定义前提变量$z_1(t)=\Omega_r$和$z_2(t)=\Omega_g$。前提变量$z_1(t)$和$z_2(t)$的隶属函数选择为$\boldsymbol{A}(x)=\sum_{i=1}^{r}u_i(z(t))\boldsymbol{A}_i$，$\boldsymbol{B}(x)=\sum_{i=1}^{r}u_i(z(t))\boldsymbol{B}_i$和$\boldsymbol{C}(x)=\sum_{i=1}^{r}u_i(z(t))\boldsymbol{C}_i$。

为简化方便，两个模糊子集的隶属函数可由式(3-108)和式(3-109)表示，其中$z_{j\max}$和$z_{j\min}$分别为变量z_{jt}的上、下界，且$z_1(t)\in[z_{1\max}\ z_{1\min}]$，$z_2(t)\in[z_{2\max}\ z_{2\min}]$。

$$\begin{cases}F_1(z_1(t))=\dfrac{z_1(t)-z_{1\min}}{z_{1\max}-z_{1\min}}\\ \overline{F}_1(z_1(t))=1-F_1(z_1(t))=\dfrac{z_{1\max}-z_1(t)}{z_{1\max}-z_{1\min}}\end{cases}\tag{3-108}$$

$$\begin{cases}F_2(z_2(t))=\dfrac{z_2(t)-z_{2\min}}{z_{2\max}-z_{2\min}}\\ \overline{F}_2(z_2(t))=1-F_2(z_2(t))=\dfrac{z_{2\max}-z_2(t)}{z_{2\max}-z_{2\min}}\end{cases}\tag{3-109}$$

前提变量$z_1(t)$的隶属函数如图3-21所示，其中每个隶属函数也表示各子系统的模型不确定性，前提变量$z_2(t)$的隶属函数则以相同的方式实现。

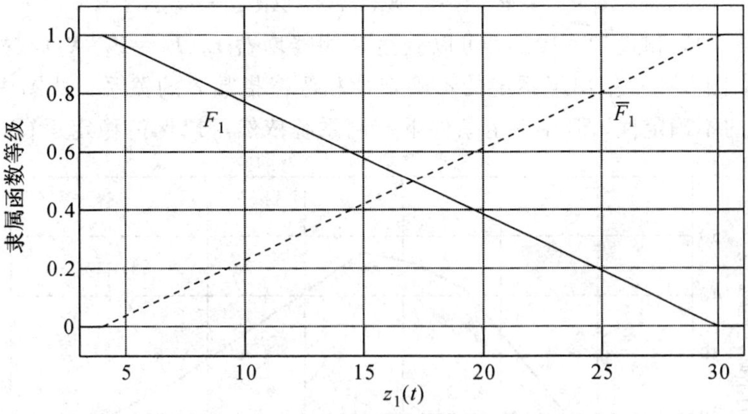

图3-21 状态变量$z_1(t)$的隶属函数

定义风能转换系统(式(3-107)参数不确定性T-S模糊模型的模糊规则为

规则R^i：如果$z_1(t)$是F_1^i，$z_2(t)$是F_2^i，那么

$$\begin{cases}\dot{\boldsymbol{x}}(t)=(\boldsymbol{A}_i+\Delta\boldsymbol{A}_i)\boldsymbol{x}(t)+\boldsymbol{B}_i\boldsymbol{u}(t)\\ \boldsymbol{y}(t)=\boldsymbol{C}_i\boldsymbol{x}(t)\end{cases},\quad i=1,2,3,4\tag{3-110}$$

反模糊化后得到整个模糊 T－S 系统的状态方程：

$$\begin{cases}\dot{\boldsymbol{x}}(t)=\sum_{i=1}^{4}\boldsymbol{u}_i(z(t))[(\boldsymbol{A}_i+\Delta\boldsymbol{A}_i)\boldsymbol{x}(t)+\boldsymbol{B}_i\boldsymbol{u}(t)] \\ \boldsymbol{y}(t)=\sum_{i=1}^{4}\boldsymbol{u}_i(z(t))\boldsymbol{C}_i\boldsymbol{x}(t)\end{cases},\quad i=1,2,3,4 \tag{3-111}$$

式中，

$$\boldsymbol{A}_i+\Delta\boldsymbol{A}_i=\begin{bmatrix}\left(\frac{D_r}{J_r}+\frac{K_{opt}}{J_r}z_{1i}\right)z_{1i} & 0 & -\frac{n_b}{J_r} & 0 \\ 0 & -\frac{D_g}{J_g} & \frac{1}{J_g} & -\frac{1}{J_g} \\ a_1+\frac{D_{lse}K_{opt}}{n_b J_r}z_{1i} & a_2 & a_3 & \frac{D_{ls}}{n_b^2 J_g} \\ 0 & 0 & 0 & -\frac{1}{\tau_g}\end{bmatrix}$$

$$\boldsymbol{B}_i=\begin{bmatrix}0 & 0 & 0 & 0 \\ 0 & 0 & 0 & 0 \\ 0 & 0 & 0 & 0 \\ 0 & 0 & 0 & \frac{1}{\tau_g}\end{bmatrix}$$

$$\boldsymbol{C}_i=\begin{bmatrix}1 & 0 & 0 & 0 \\ 0 & 1 & 0 & 0 \\ 0 & 0 & 0 & 0 \\ 0 & 0 & 0 & 0\end{bmatrix},\ \boldsymbol{D}_i=\begin{bmatrix}1 \\ 1 \\ 0 \\ 0\end{bmatrix}$$

控制器的模糊规则可表示为

规则 j：如果 $z_1(t)$ 是 M_{1j}，$z_2(t)$ 是 M_{2j}，那么

$$\boldsymbol{u}(t)=r(t)-\boldsymbol{K}_j\hat{\boldsymbol{x}}(t),\quad j=1,2,3,4 \tag{3-112}$$

则可以得到总的状态反馈控制器：

$$\boldsymbol{u}(t)=r(t)-\sum_{j=1}^{4}u_j(g(t))\boldsymbol{K}_j\hat{\boldsymbol{x}}(t) \tag{3-113}$$

2. 仿真结果与分析

本节针对双馈风力发电系统的仿真参数设置如表 3－1 所示。本节中针对风能转换系统中发电机转速传感器的突变故障采用偏差故障表示，取传感器故障为时间 t 的函数，在 $t=40$ s 和 $t=80$ s 之间给高速轴电机转速传感器输出施加一偏差信号，具体的函数描述如图 3－22 所示，电机转速传感器的突变导致传感器增益发生了改变，可得系统输出为

$$\boldsymbol{y}(t)=\begin{bmatrix}y_1 \\ y_2\end{bmatrix}=\begin{bmatrix}\Omega_{r.mes}(k) \\ \Omega_{g.mes}(k)\end{bmatrix}=(\boldsymbol{I}+\boldsymbol{F})\begin{bmatrix}\Omega_r(k) \\ \Omega_g(k)\end{bmatrix} \tag{3-114}$$

式中，$\Omega_{r.mes}(k)$ 和 $\Omega_{g.mes}(k)$ 分别为风力机和电机转速的测量值，$\boldsymbol{F}=\mathrm{diag}(f_1, f_2)$ 定义了比例偏差，f_1，$f_2\in[-0.1, 0.1]$，$\boldsymbol{I}$ 为单位矩阵，$\boldsymbol{I}+\boldsymbol{F}$ 为传感器增益。

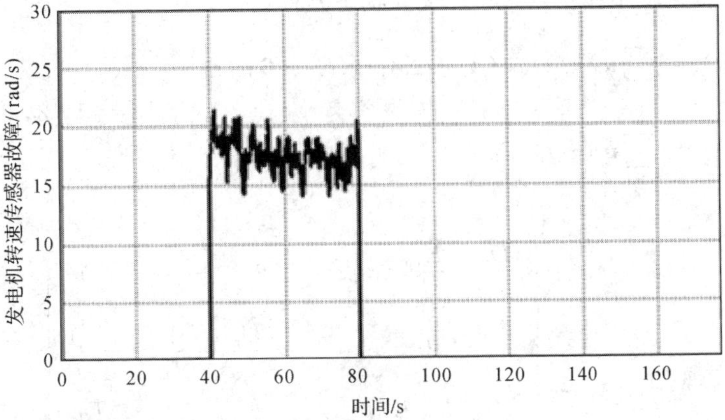

图 3-22　电机转速传感器故障信号

考虑系统的参数不确定性 $J_r + \Delta J_r$，设 ΔJ_r 在正常值的 20% 内变化，不确定性参数 $J_r + \Delta J_r$ 的变化量如图 3-23 所示。

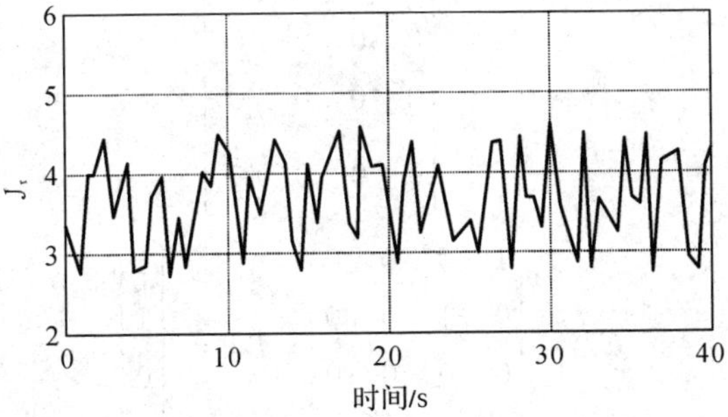

图 3-23　$J_r + \Delta J_r$的变化量

假设在任意时间内只有一个传感器发生故障，给定风速输入序列，如图 3-24 所示。

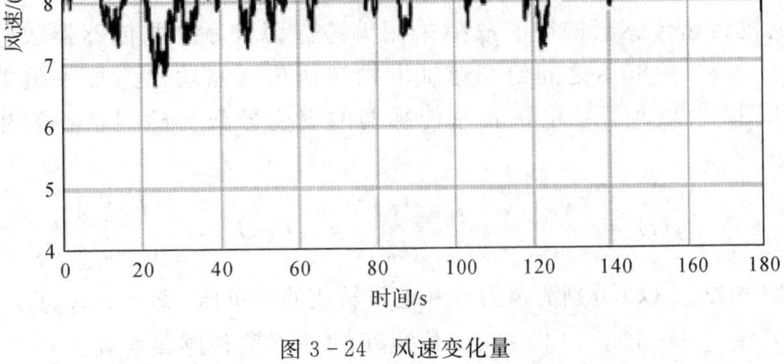

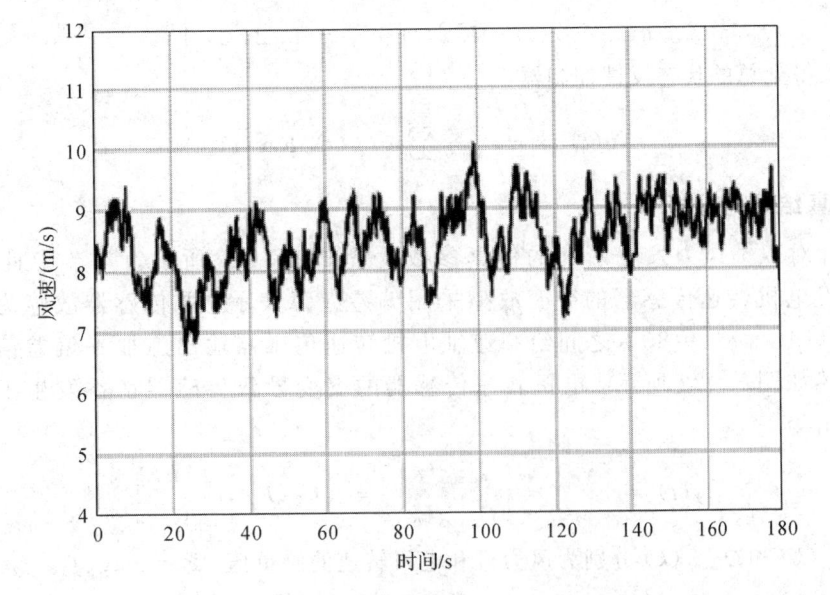

图 3-24　风速变化量

图 3－25 是风能转换系统发电机转速传感器无故障时低速轴转速 Ω_r 的状态估计值与实际值对比图；图 3－26 是发电机转速传感器无故障时系统高速轴转速 Ω_g 的状态估计值与实际值对比图。从图 3－25 和图 3－26 可以看出，在 $t=40$ s 和 $t=80$ s 之间，当高速轴电机转速传感器发生故障时，系统的低速轴转速 Ω_r 和高速轴转速 Ω_g 都发生突变，振荡幅度增大，所设计的 T－S 模糊观测器在系统发生传感器故障期间，依然能对系统的原始状态实现快速追踪，并且能够取得满意的状态估计效果。图 3－27 和图 3－28 分别为系统发生发电机转速传感器故障，采用所设计的鲁棒模糊控制策略时，系统低速轴转速 Ω_r 和高速轴转速 Ω_g 的运转情况，从图中可以看出，在传感器故障期间采用所设计的鲁棒模糊控制器能明显缩小低速轴转速 Ω_r 和高速轴转速 Ω_g 的波动范围，降低系统因传感器故障受到的冲击与振荡，系统的鲁棒性能得到提高，实现较好的容错控制效果。

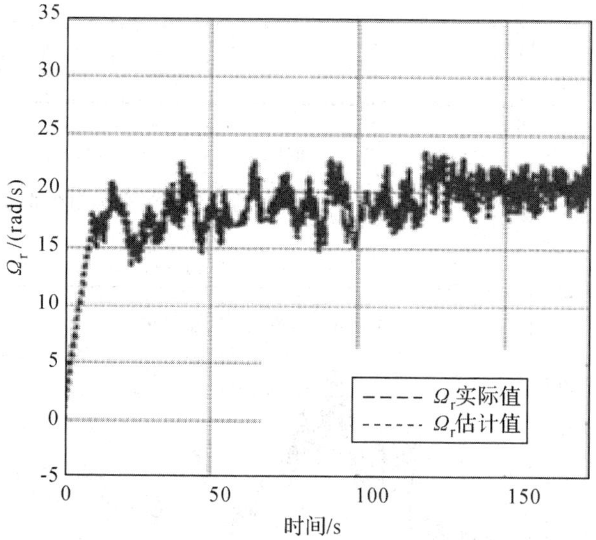

图 3－25　发电机转速传感器无故障时 Ω_r 的状态估计值及其实际值对比

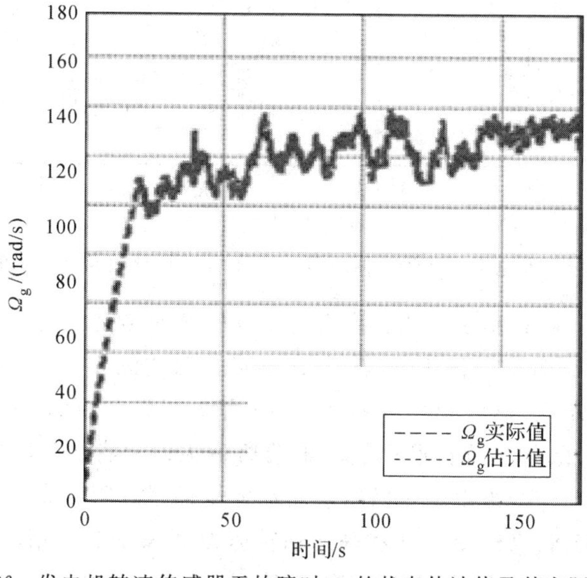

图 3－26　发电机转速传感器无故障时 Ω_g 的状态估计值及其实际值对比

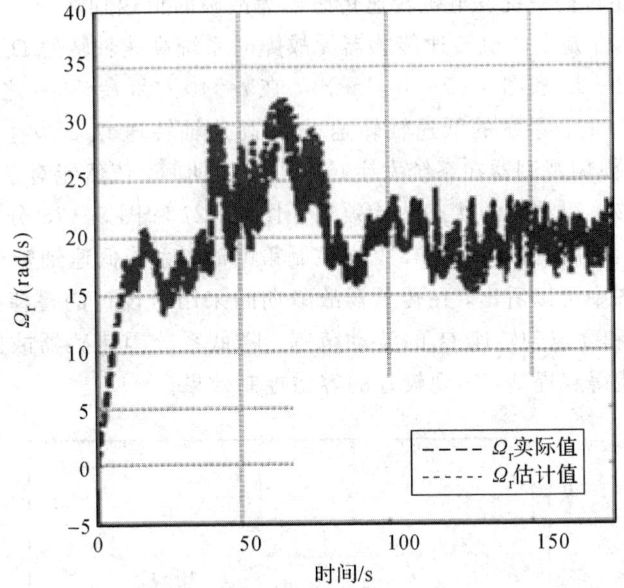

图 3-27　发电机转速传感器故障时 Ω_r的状态估计值及其实际值对比

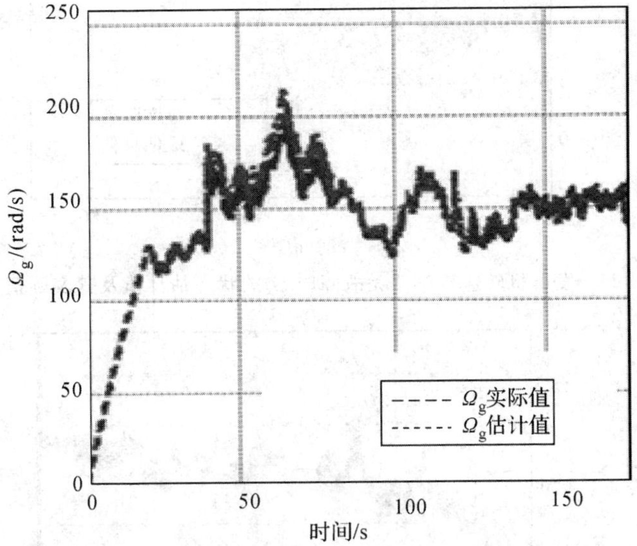

图 3-28　发电机转速传感器故障时 Ω_g的状态估计值及其实际值对比

图 3-29 与图 3-30 给出了风能转换系统发电机转速传感器发生故障，采用传统的模糊 PID 控制器进行控制时系统各状态运行情况。通过对比图 3-27 和图 3-28 所示的采用鲁棒模糊控制器的控制效果可以看出，在 $t=40$ s 和 $t=80$ s 之间发生故障时，系统低速轴转速 Ω_r和高速轴转速 Ω_g的运行轨迹仍然严重偏离最优值，难以实现容错最优补偿控制的目的。图 3-31 和图 3-32 给出了在风能系统发生传感器故障，采用设计的鲁棒模糊控制策略进行控制时，系统低速轴转速 Ω_r和高速轴转速 Ω_g的实时运行情况，以及放大坐标轴后各状态在 $t=50$ s 和 $t=52$ s 之间的波动范围。从图 3-29～图 3-32 的比较中可以看出，在

$t=40$ s 和 $t=80$ s 之间，设计的鲁棒模糊控制器可以显著减小风能转换系统因传感器故障受到的冲击和振动，缩小低速轴转速 Ω_r 和高速轴转速 Ω_g 的波动范围，提高系统的鲁棒性，实现较好的容错控制效果。

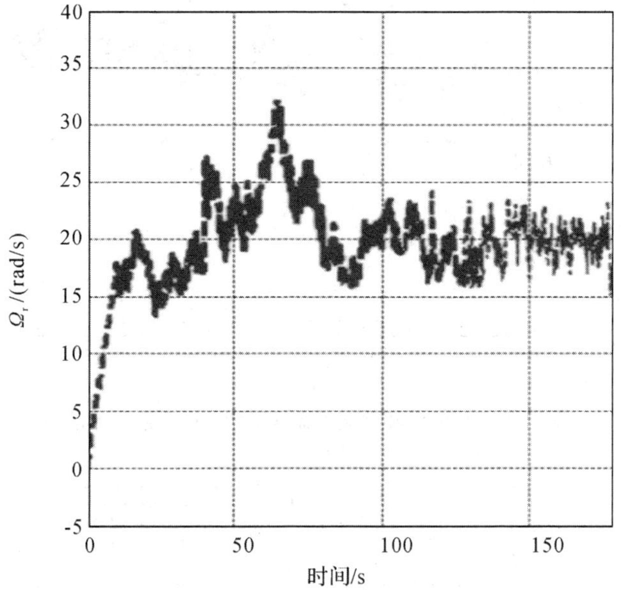

图 3-29　采用模糊 PID 控制器时 Ω_r 的运行轨迹

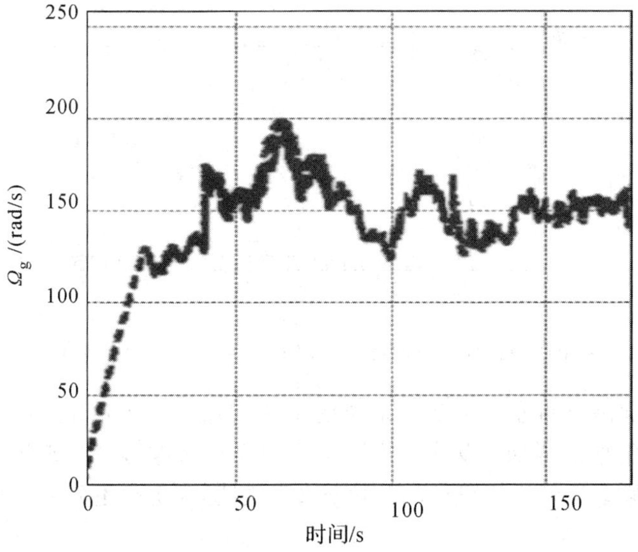

图 3-30　采用模糊 PID 控制器时 Ω_g 的运行轨迹

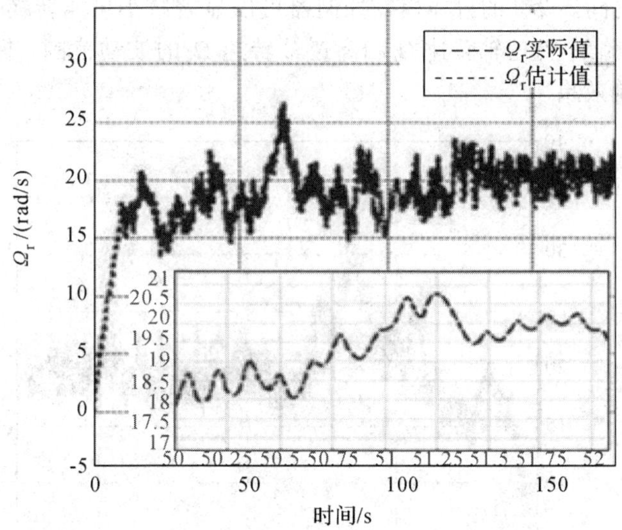

图 3-31　采用所设计的鲁棒模糊控制器时 Ω_r 的状态估计值及其实际值对比

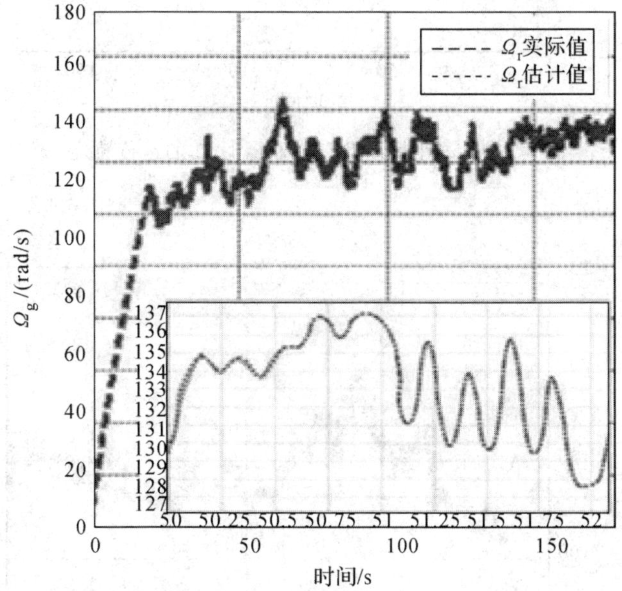

图 3-32　采用所设计的鲁棒模糊控制器时 Ω_g 的状态估计值及其实际值对比

研究发现，本章提出的控制策略在系统的不确定值低于 50％时具有较好的容错效果，随着系统参数不确定性的增加，设计鲁棒模糊控制器越来越难以补偿风能转换系统因传感器故障而造成的影响，如何优化设计的鲁棒模糊控制器以实现更好的容错控制性能将是以后研究的重点。

本章小结

本章第一节首先对模糊控制算法的有关知识进行了简要介绍，包括模糊控制算法的基本思想、控制过程的基本结构以及 T－S 模糊模型的优势；其次介绍了针对被控对象进行模糊控制设计时的一般步骤:包括模糊系统 T－S 模型的建立、模糊控制器的设计和模糊闭环系统的稳定性分析(主要采用 Lyapunov 和 LMI 结合的分析方法);然后介绍了线性矩阵不等式的有关知识以及常用的一些引理，最后介绍了 T－S 模糊模型在风能转换系统中的应用。采用 T－S 模型对非线性系统进行模糊建模和控制设计是一种简单、有效的方法，在针对风能转换系统进行主动容错控制方法的设计中也采用了此模型。

第二节针对一类具有执行器故障的参数不确定非线性系统，研究了基于系统状态估计和故障重构的鲁棒容错控制问题;利用 T－S 模糊模型对系统进行描述，考虑到系统的不确定性、不可测变量和执行器故障，在基于观测器故障重构的条件下，采用补偿控制策略设计了模糊调度容错控制器，通过解 LMI 的方法得到控制器和观测器增益;根据泰勒级数和 Lyapunov 稳定性理论，给出了执行器故障情况下闭环系统稳定的充要条件，实现了系统容错完整性;最后，以风能转换系统为仿真实例进行分析，仿真实验结果表明，考虑到系统的不确定性，当系统发生执行器故障时，本章所设计的模糊鲁棒调度容错控制器在保证系统各状态正常运行的同时，仍能够实现额定风速下的最大风能捕获，验证了所提容错控制策略的可行性和有效性。

第三节利用 T－S 模糊理论建立不确定非线性系统模型，研究了风力发电系统传感器故障容错控制问题;考虑到非线性系统的不确定性，给出了模糊系统 T－S 模糊观测器的设计方法，同时基于 T－S 模糊观测器进行 FDI 和鲁棒模糊控制器的设计，引用泰勒级数以及 Lyapunov 稳定性理论给出了系统稳定性的证明方法;最后以风能转换系统为仿真实例进行分析，可以看出，当风力发电系统出现传感器故障时，采用所设计的容错控制方法能有效降低系统因传感器故障造成的冲击与振荡，提高系统的鲁棒性，从而使系统在故障下的安全、稳定运行得到保证，实现了传感器故障的容错控制目的。

第4章 光伏发电系统

4.1 光伏发电系统概述

4.1.1 光伏发电特点及其应用

随着社会经济的发展，人们对于能源的需求越来越大，然而资源的匮乏和日趋严重的环境污染问题，成为了阻碍社会进步的首要问题。这使得大力发展新能源和开发可再生能源成为全球的共识。在风能、生物能、水力、太阳能等众多新能源中，太阳能以其独特的特点，即普遍性、无害性、长久性和巨大性成为各国研究和利用的首选。太阳能作为一种巨大的可再生能源，其每天到达地球表面的辐射能量相当于数亿万桶石油燃烧的能量。因此，太阳能既是现在能源的补充，又是未来能源结构的基础。

化石燃料在生活中大量燃烧产生的许多有害气体及发电时的余热对环境造成了严重污染。化石燃料燃烧时产生的污染物对环境的影响主要有两个方面：首先是全球气候变暖问题，燃料燃烧时产生的 CO_2 进入空气中，致使空气中的 CO_2 浓度不断变大，最终导致温室效应，打破了生态平衡；再者是热污染问题，靠燃料发电的火电站发电后将所剩“余热”排出到湖泊以及大气中，通常情况下都会导致热污染。例如，这种废热水如果进入水域，因其温度比水域中的温度平均高出 7～8℃，将明显改变原有的生态环境。解决这两个问题的方法只能是在人为管控及治理环境的前提下不断寻找代替化石燃料的绿色能源。

光伏发电具有以下优势：

(1) 清洁、无污染。光伏发电采用先进技术，利用半导体界面的光生伏特效应，将太阳光直接转换为电能。在运行过程中，由于没有机械转动部位，不会消耗任何燃料，也不会排放任何污染物，是真正无噪声、无污染的清洁能源。

(2) 可再生。太阳能资源取之不尽、用之不竭，在地球上的分布十分广泛，基本上只要有光照的地方就有太阳能。因此，光伏发电是真正清洁可再生的，且不受地域、海拔等因素的影响。

(3) 简单便利，无需费心。光伏发电系统由太阳能电池板、控制器、逆变器等构成，可就地组装，利用随处可得的太阳能实现就近供电。这一供电方式免除了长距离输送，既避免了电能的损耗，也无需搭建电缆等，是省事省力之选。

(4) 工作性能稳定。光伏发电系统拥有较长的使用寿命，一般为二三十年。在整个系统中，只要确保产品配置合理，设计、安装专业，即可以确保其稳定可靠地运行。

(5) 维护成本低。光伏发电操作简单便利，既不需要燃料，也不需要冷却水，更无机械转动部件，拥有操作、维护简单的优势，可实现无人看管，其维护成本低。

当今世界，电网已成为人们生活中最常见的电力来源。但是，众所周知，偏远地区往往是国家电网建设的一个空白点。此外，部队的边防站、邮电中继站、公路和铁路信号站、地质勘探和现场检查以及偏远地区农民和牧民所使用的电力工作站都需要低成本、高可靠性的独立电力系统。为解决长期稳定可靠的供电问题，只能依靠当地的自然资源。在各种能源中，太阳能和风能是最常见的自然资源，它们是取之不尽的可再生能源。柴油发电机只可用作短期应急电源。出于实际和经济原因，风能和太阳能是独立电力系统能源的最佳选择。然而，实践证明，风能和太阳能都受到自然资源条件的各种限制。鉴于此，太阳能和风能可以结合在一起，相互补充，成为独立电力系统的能源。这将成为最经济合理的供电系统，也将更好地解决偏远地区的供电困难，满足偏远地区的用电需求。

淡水供应短缺是 21 世纪人类面临的棘手问题之一，中国乃至世界许多地方因缺水而少有人居住。在这些地区使用太阳能光伏发电解决人畜用水是比较好的方案。光伏水泵系统是直接利用太阳能电池“光生伏打效应”发电，之后通过一系列电力电子、电机、水泵等控制及执行环节从地下水或者深井等水源中提水的系统。该系统是光、机、电、控制技术等多学科交叉、结合的体现。从适应性角度来看，光伏水泵应用非常广，只要有阳光的地方，就可以出现光伏水泵的影子。相较于传统的水泵系统，光伏水泵没有地域的限制，同时，随着国内外半导体技术数年来的飞速发展，对于太阳能利用的效率越来越高，令人瞩目。

图 4-1 为小功率太阳能潜水泵。由于光伏水泵直接由太阳能电池供电，因此具有非常明显的节能和环保效益。它不消耗传统能量，已在世界范围内受到青睐。

图 4-1　小功率太阳能潜水泵

无论是小型的手动式水泵系统，还是在大型的水力发电系统中，光伏发电的应用增长都很快。在需要高可靠性、长寿命以及高自由度的能源供应的偏远地区，光伏发电由于具有比风力发电以及柴油系统发电的能源供应方式更为突出的优势而逐渐流行。光伏发电系统具有很多优良特性，包括低维护性、清洁、便于使用和安装、高可靠性、长寿命、无需人员操作，并且可以轻易地满足各种需要。

同时，光伏水泵系统还适用于生活用水、农业灌溉、林业浇水、沙漠管理、草原畜牧业、岛屿供水、水处理工程等。近年来，随着新能源利用率的不断提高，光伏水泵系统也被广泛应用于市政工程、城市广场等。

4.1.2 光伏发电的发展现状及趋势

从 1839 年法国科学家贝克勒尔首次发现“光生伏打效应”(光伏)到美国贝尔实验室于 1954 年研制成功第一个单晶硅光伏电池，相隔一个世纪。丰富的太阳能资源是发展太阳能光热发电的首要条件。从全球范围来看，太阳能光伏产业一直呈现着高速发展的态势，世界上一些发达国家在光伏发电设施建设方面投入了大量的人力、物力和财力。由于光伏电池成本的下降和转换效率的提高，光伏发电的规模和应用范围正在扩大，它已成为世界上发展最快、最有前途的高科技产业之一。2019 年全球光伏发电系统新增装机容量达到 114.9 GW，连续第三年突破 100 GW 门槛，同比增长 12%，光伏累计装机量达到 627 GW。2019 年世界新增装机容量百分比分布如图 4－2 所示。根据 JRC(欧盟联合研究中心)预测，21 世纪的能源消费主体将会改变，太阳能光伏发电逐渐超越现有的一些常规能源而成为能源消费的重要部分。预计到 2030 年，全球总电力供应中太阳能光伏发电的占比有望突破 10%；到 2040 年，光伏发电的占比大概会在 20%以上；本世纪末有可能超过 60%。新能源未来格局的确立使得新能源光伏产业蓬勃发展。以光伏发电为代表的新能源产业正在兴起。光伏发电具有直接转换、就地应用的优势。

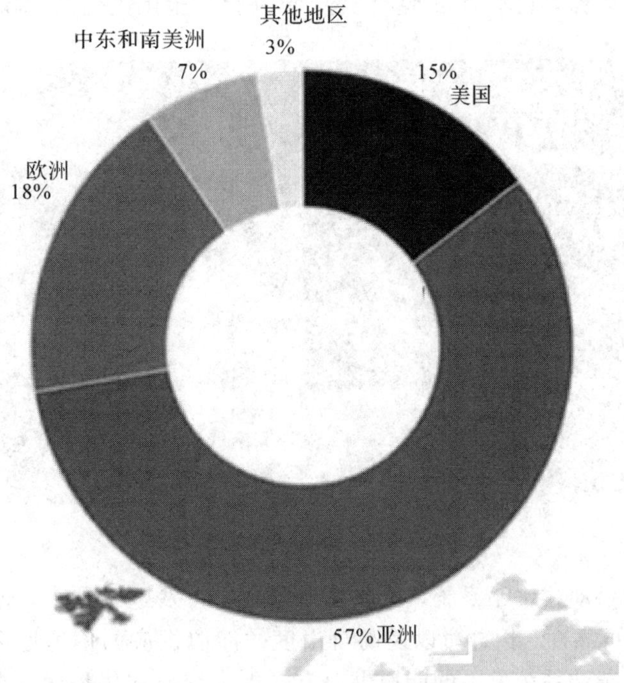

图 4－2　2019 年世界新增装机容量百分比分布

中国领土面积大，三分之二以上面积的全年日照数大于 2000 小时，年辐射量超过 5000 MJ/m^2，每年的辐射总量相当于 2.4×10^4 亿吨标准煤的储量，是全世界太阳能资源丰富的国家之一。

如表 4－1 所示，中国的太阳能资源丰富地区大部分位于一些偏远的西北地区，如内蒙古、新疆、西藏等，而这些省份的部分地区往往也是国家电网建设的空白点，利用光伏发电可以解决当地用电难的问题。

表 4－1　太阳能资源年辐射量指标

资　源	分　类	年辐射量/(MJ/m²)
Ⅰ类	资源丰富带	6700～8370
Ⅱ类	资源比较丰富带	5400～6700
Ⅲ类	资源一般带	4200～5400
Ⅳ类	资源缺乏带	4200 以下

1958 年，中国开始研究太阳能发电，1959 年就研发了第一个光伏电池。我国太阳能光伏产业起步较西方国家略晚，早期以太阳能电池制造为主，美国和欧盟是我国光伏产品的重要出口市场。自 2008 年国际金融危机爆发以来，欧美发达国家经济受到较大影响，导致就业率下降，贸易保护主义势头日益上升。在此背景下，包括光伏产业在内的中国众多出口行业遭遇了越来越严重的贸易摩擦。2012 年、2013 年美国和欧盟对中国光伏产品采取的巨额惩罚措施，在当时对中国光伏企业发展造成了巨大负面影响。因此，大量竞争力较弱的企业退出光伏产业。从 2013 年开始在我国政府和光伏企业的共同努力下，我国光伏产业迎来转机。凭借良好的产业配套优势、人力资源优势、成本优势以及国家的大力扶持政策，充分利用国内光伏市场崛起的机遇，通过自主创新与引进消化吸收再创新相结合，我国光伏产业逐步形成了具有我国自主特色的产业技术体系，逐步成为我国为数不多的具有国际竞争优势的战略性新兴产业。

进入 21 世纪，国家发改委先后颁布并实施《可再生能源中长期发展规划》《能源技术创新“十三五”规划》等多个重大产业政策，鼓励发展太阳能行业，并给予补贴、减少税收等多方面的支持。随着光伏政策体系的不断改善，我国光伏产业逐步进入高速发展道路。

根据国家能源局发布的《太阳能发展“十三五”规划》，2016 年我国光伏发电新增装机容量 34.54 GW，累计装机容量 77.42 GW，新增和累计装机容量均为全球第一。不论从累计还是新增装机容量而言，中国都已经跃居世界第一。

在我国市场区域中，光伏发电应用逐渐从以西部面积广阔的新疆、青海、宁夏等集中式大型地面电站为主，发展至东中西部共同发展、分布式光伏与集中式光伏共同发展的格局，市场区域和结构逐步转换。

随着光伏产业领域中光伏电池组件、光伏逆变器、光伏发电系统等标准的不断完善，产业检测认证体系逐步建立，我国已具备全产业链检测能力，并初步形成了光伏产业人才培养体系，光伏产业领域的技术和制造能力不断提高。

随着太阳能电池结构设计、微纳级激光精密加工等技术的进步，光伏发电的度电成本进入下降通道，未来有望实现平价上网。随着光伏发电技术进步、产业升级、市场规模迅速扩大，光伏发电成本在全球范围内持续下降，2010—2015 年光伏发电成本降低了约 60%。随着光伏发电技术的不断进步，光伏发电成本正在迅速下降，2020 年光伏发电的价格已经降低至火力发电的水平，我国有望实现平价上网。平价上网的实现具有里程碑意义，将进一步加快光伏产业的发展速度。

与发达国家相比，我国的光伏发电起步较晚，制造工艺相对不完善。我国还推出了“阳光政策”，以鼓励太阳能光伏发电，使光伏发电设备在我国实现大规模生产。从我国光伏发电的发展历程可以看出，我国的光伏发电产业在不断探索、不断学习的过程中逐渐成熟。丰富的太阳能资源，因其自身的优点，将被作为应对我国能源问题和环境危机、改善人们生活质量、提高人们身体健康指数的“良方”。相信在国家政策法规的支持鼓励下，太阳能资源会得到更加充分的利用。

4.2 光伏电池的原理与工作特性

4.2.1 光伏电池的原理

太阳能是一种必须借助能量转换成电能才能够供人类使用的辐射能。光伏电池就是可以把光能转化成电能的能量转换器。

通俗来讲，光伏电池就是一块面积较大的 PN 结，一旦有阳光照射，PN 结的空间电荷区、P 区及 N 区吸收光子能量后，产生电子一空穴对，空穴带正电，电子带负电；因二者极性相反而在半导体 PN 结的静电场作用下分离后，带正电的空穴聚集在 P 区，带负电的电子聚集在 N 区，故产生了电动势，因为是太阳照射产生的电动势，所以称它为太阳能电池，即光伏电池。光伏电池的发电原理如图 4－3 所示。

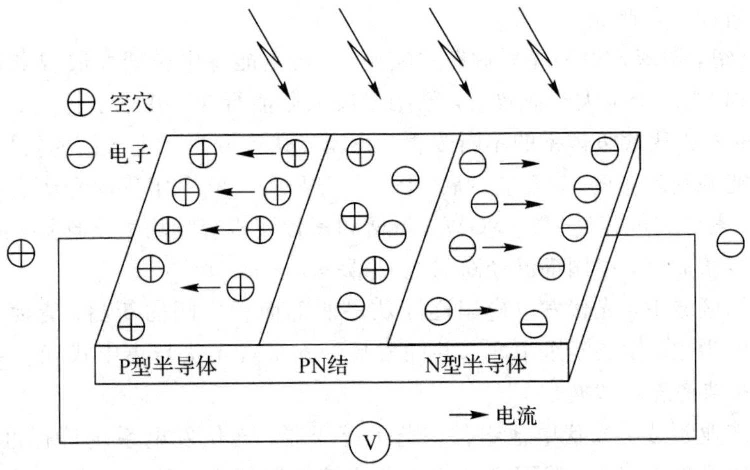

图 4－3　光伏电池的发电原理

4.2.2 光伏电池的数学模型

光伏阵列的输出特性及最大功率点与光辐照度、温度等因素有关。图 4－4 为光伏电池等效电路。图中，I_{ph}、I_o和 I_{pv}分别为光生电流、光伏电池暗饱和电流和输出电流；R_p、R_s分别为光伏电池的并联电阻和串联电阻；U_{pv}为光伏电池的输出电压。

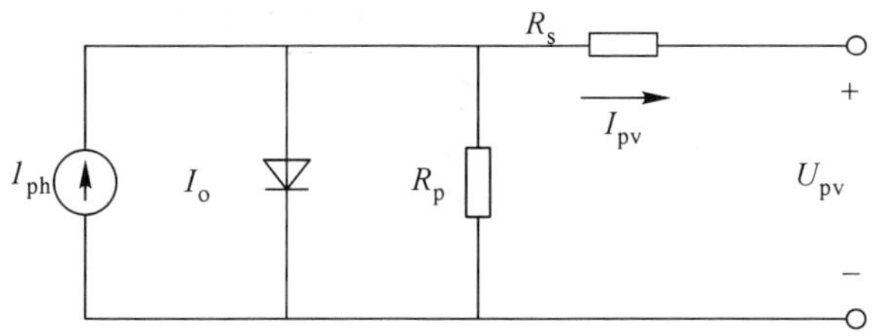

图 4－4　光伏电池等效电路

由基尔霍夫定律和文献[29]可得

$$I_{pv}=I_{ph}-I_o \tag{4-1}$$

$$I_{ph}(G)=(I_{sc}+K_iT_{dif})\frac{G}{G_r} \tag{4-2}$$

式中，I_{sc}为标准测试条件下光伏电池的短路电流；K_i为短路电流的温度系数；T_{dif}为光伏电池的温度 T_k与参考温度 T_r之差值(即 $T_{dif}=T_k-T_r$)；G 和 G_r分别为两个相互独立的光辐照度。在一定的基准温度下，二极管反向饱和电流 I_{rs}可以通过下式计算：

$$I_{rs}=\frac{I_{sc}}{\exp\left(\frac{qE_{go}}{K_bAT_k}-1\right)} \tag{4-3}$$

式中，A 为二极管理想系数；q 为电荷常量($q=1.602\times10^{-19}$ C)；K_b为波尔兹曼常量；半导体材料的禁带宽度 E_{go}变化范围通常为 1.1 eV～1.2 eV。I_o可通过 Shockley(肖克利)等式得出：

$$I_o=I_{o1}\left[\exp\left(\frac{q(U_{pv}+I_{pv}R_z)}{AK_bT_k}\right)-1\right] \tag{4-4}$$

式中，二极管饱和电流 I_{o1}的波动与部分环境变化相一致，所以 I_{o1}可以通过下式计算：

$$I_{o1}=I_{rs}\left(\frac{T_k}{T_r}\right)^3\exp\left[\frac{qE_{go}}{AK_b}\left(\frac{T_{dif}}{T_rT_k}\right)\right] \tag{4-5}$$

将式(4－4)代入式(4－1)，并忽略流过并联电阻的小电流，得到光伏电池的输出电流：

$$I_{pv}=I_{ph}-I_{o1}\left[\exp\left(\frac{q(U_{pv}+I_{pv}R_s)}{AK_bT_k}\right)-1\right]-\frac{U_{pv}+I_{pv}R_s}{R_p} \tag{4-6}$$

式中，R_p在实际的光伏组件中，其值通常很大；输出功率受 R_s的影响，其值需考虑。因此 I_{pv}不能表示为一个只与 U_{pv}相关的独立函数，光伏电池的输出特性可以通过解下面的函数得出：

$$\Phi(I_{pv},U_{pv},T_k,G)=I_{ph}-I_{pv}-I_{o1}\cdot\left[\exp\left(\frac{q(U_{pv}+I_{pv}R_s)}{AK_bT_k}\right)-1\right]-\frac{U_{pv}+I_{pv}R_s}{R_p}=0 \tag{4-7}$$

从实际应用角度出发，对于任一用电设备，一个单一太阳能电池输出功率是远远不够的，所以，光伏系统的总体性能应通过串联或并联 N_s个光伏电池来增强。采用该方法后，系统中所有的电池单元均会输出电能，系统总的输出可采用下式计算：

$$\Phi(I_{pv},U_{pv},T_k,G)=I_{ph}-I_{pv}-I_{o1}\left[\exp\left(\frac{q(U_{pv}+I_{pv}R_s)}{N_sAK_bT_k}\right)-1\right]-\frac{U_{pv}+N_sI_{pv}R_s}{N_sR_p}=0 \tag{4-8}$$

如表 4－2 所示，本节选取 60 W 的某太阳能光伏电池组件在常温(标准)条件下光伏电池的参数。

表 4-2　标准条件下光伏电池参数

参数变量	代表符号	取值
短路电流	I_{sc}	3.6 A
开路电压	U_{oc}	21.26 V
最大功率点电流	I_m	3.48 A
最大功率点电压	U_m	17.2 V
最大功率	P_m	60 W

4.2.3　光伏电池的输出特性

根据上节光伏电池的等效电路与公式推理(式(4-1)～式(4-8))以及光伏电池仿真模型，可以得出光照 $G=1000\ W/m^2$，温度 $T=25$℃条件下，光伏电池的输出 $P-U$、$I-U$ 特性曲线，如图 4-5、图 4-6 所示。

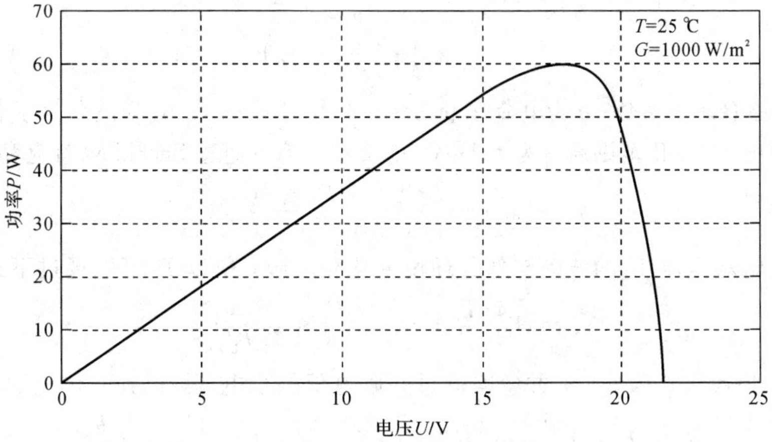

图 4-5　光伏电池 $P-U$ 曲线

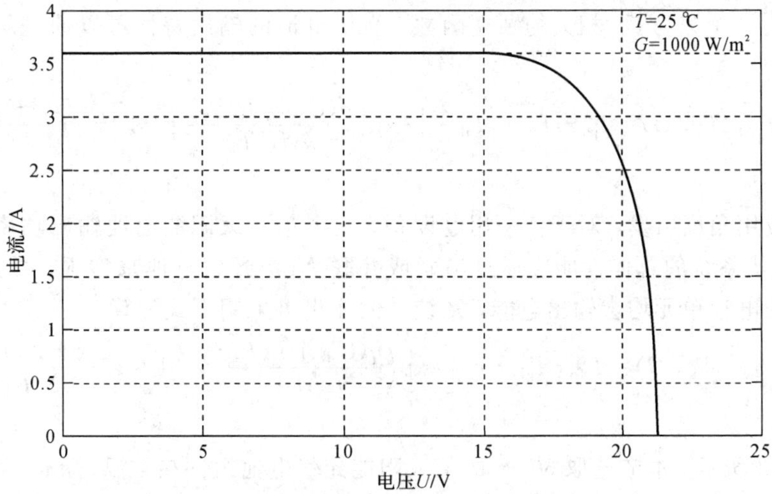

图 4-6　光伏电池 $I-U$ 曲线

图 4－5、图 4－6 显示出光伏电池的输出特性具有明显的非线性特征。不仅如此，光伏电池输出功率前半段随电压上升逐渐增大，而后半段则逐渐减小，功率在某个点达到最大值。光照和温度是影响光伏电池输出的最主要因素，故又根据公式(4－3)和公式(4－4)研究了光照和温度环境变化时光伏电池的 $I-U$、$P-U$ 特性曲线，如图 4－7 和图 4－8 所示。

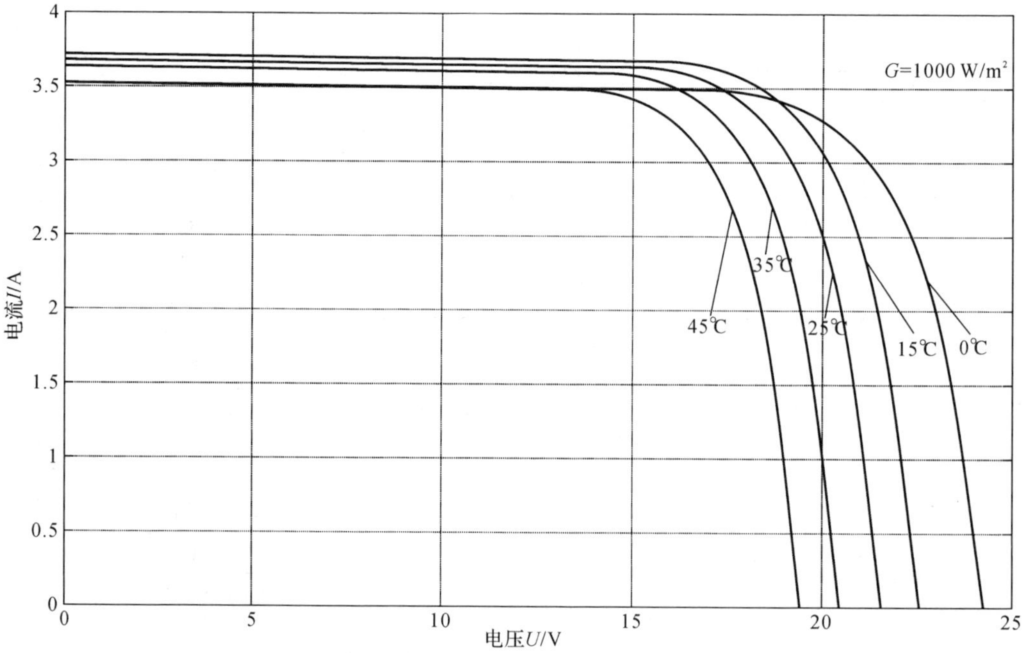

(a) $I-U$ 特性曲线

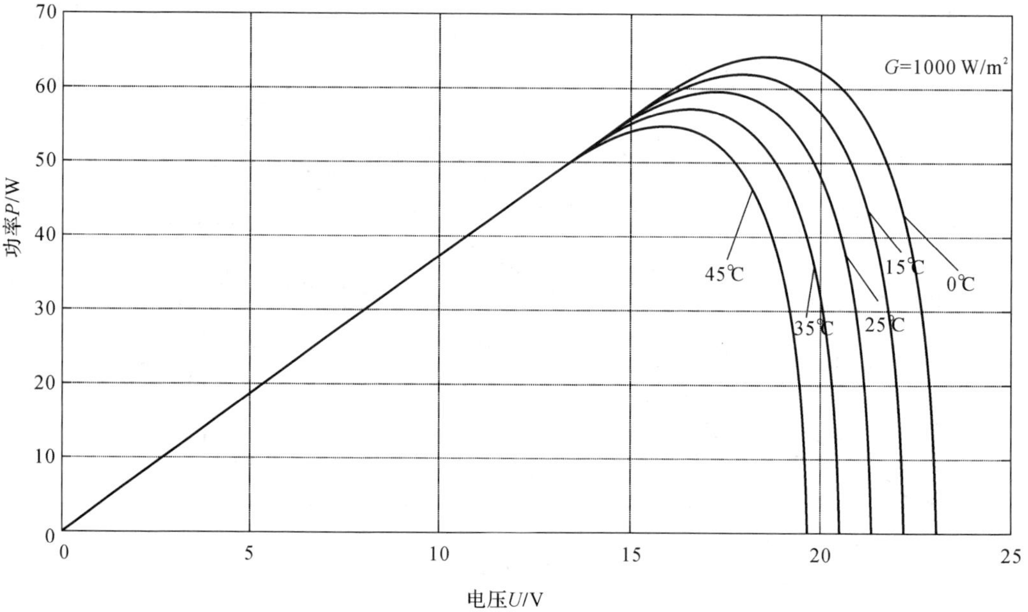

(b) $P-U$ 特性曲线

图 4－7　相同光照强度(1000 W/m²)、不同温度下的 $I-U$ 和 $P-U$ 特性曲线

图 4-7 是光伏电池在相同光照强度、不同温度下的 $I-U$、$P-U$ 特性曲线。分析曲线，发现在恒定的光照强度下，由于温度的升高，电池的短路电流不会发生太大变化，但开路电压将向左移动。根据上述数据，可以得出，光伏电池的输出功率随着相同光辐射强度下温度的变化而变化，呈反比关系。

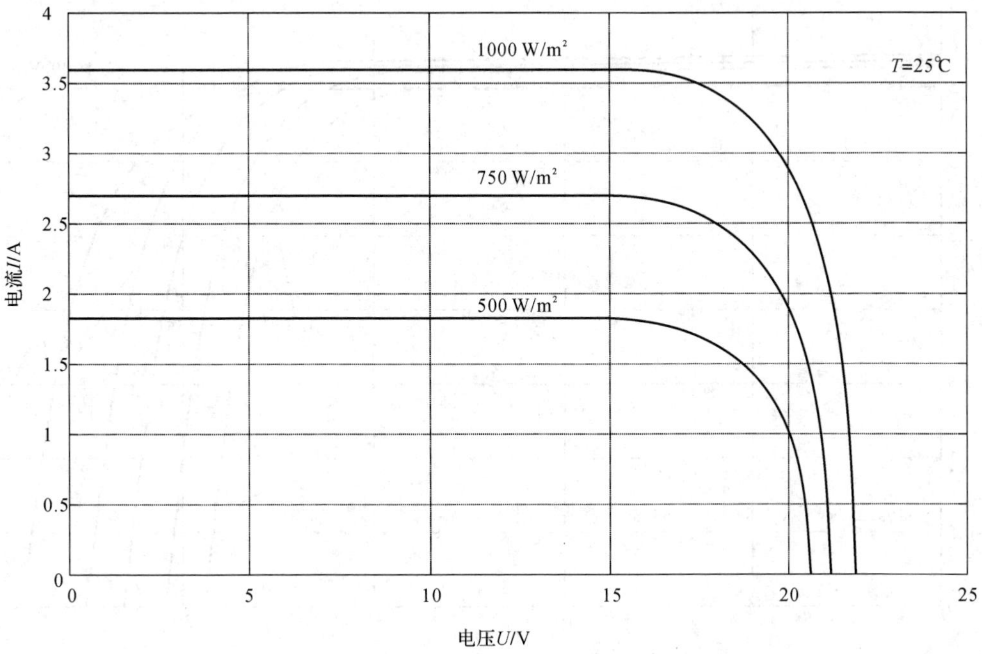

(a) $I-U$ 特性曲线

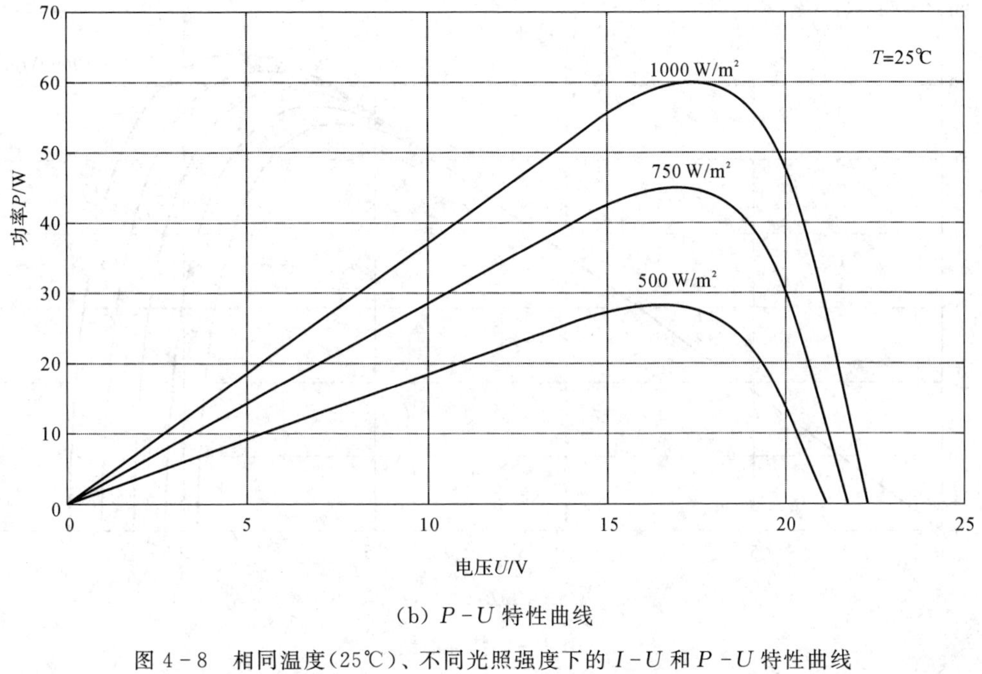

(b) $P-U$ 特性曲线

图 4-8　相同温度(25℃)、不同光照强度下的 $I-U$ 和 $P-U$ 特性曲线

图 4-8 为光伏电池在相同温度、不同光照强度下的 $I-U$、$P-U$ 特性曲线。分析曲线，

发现在温度没有变化的前提下，光伏电池的短路电流 I_{sc} 和开路电压 U_{oc} 随光照强度的增大而增大，但开路电压与短路电流的增大程度相比，变化相对较小。根据上述数据，可以得出，光伏电池的输出功率随着相同温度下光强度的变化而变化，呈正比关系。

分析图 4－8 中的曲线，观察到光伏电池的输出功率特性是凸函数且是单峰值曲线。由数学知识可知曲线在只有一个最大值时，这个值对应点的斜率应该等于零，应用在光伏系统中，得出在光伏电池输出功率为最大值时有

$$\frac{dP_m}{dU_m}=0 \tag{4-9}$$

其中 U_m、P_m 分别为最大功率点对应的电压与功率。

4.3　光伏发电系统的体系结构

光伏发电系统的结构直接影响其发电功率。根据光伏阵列的分布位置和功率等级，光伏发电系统的体系结构可分为 6 种，即集中式结构、交流模块式结构、串式结构、多串式结构、主从模块式结构和直流模块式结构，如图 4－9 所示。下面分别介绍这 6 种结构。

集中式光伏发电系统的结构图如图 4－9(a)所示。其中，光伏组件通过串联、并联构成光伏阵列，产生直流电压，通过一台大功率逆变器(多采用三电平逆变器)将直流电转换成交流电，并输送至电网。该结构一般应用于 30 kW 以上较大功率的光伏发电系统中，具有系统集成度高、控制系统简单、技术成熟、运维成本低等优势。但该结构也存在一些缺点，如光伏阵列运行范围窄，容易受到光伏组件参数不一致、局部阴影等因素的影响，系统冗余能力差、可靠性低。

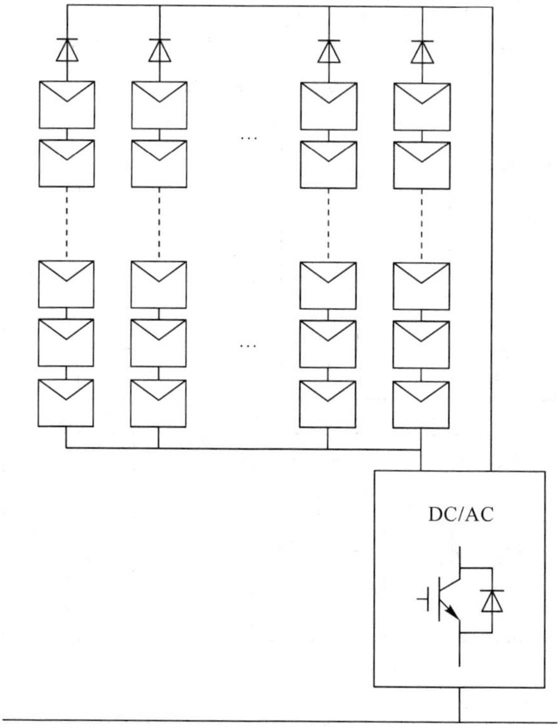

(a) 集中式结构

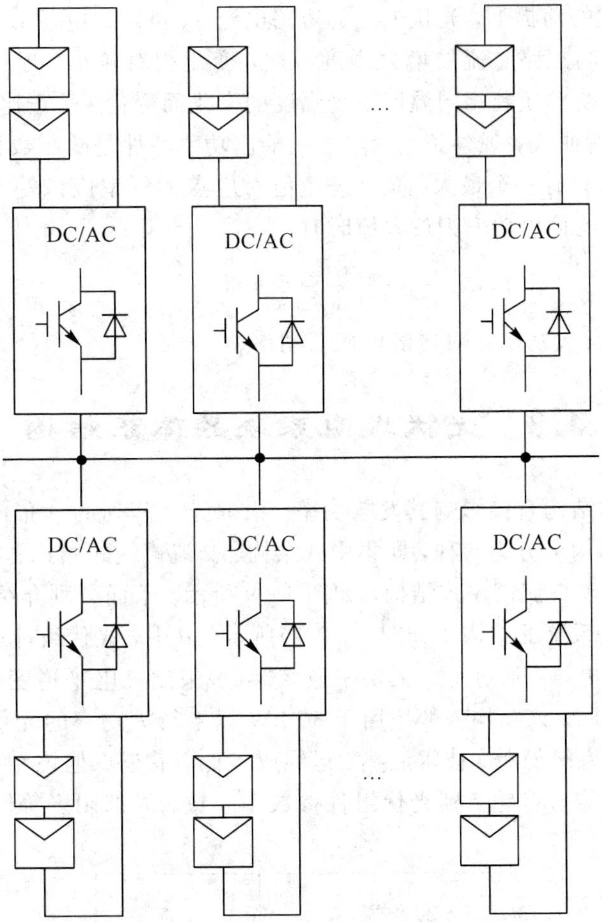

(b) 交流模块式结构

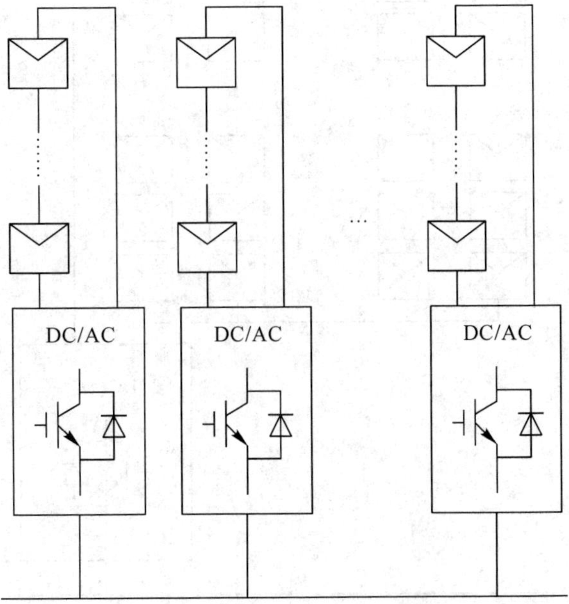

(c) 串式结构

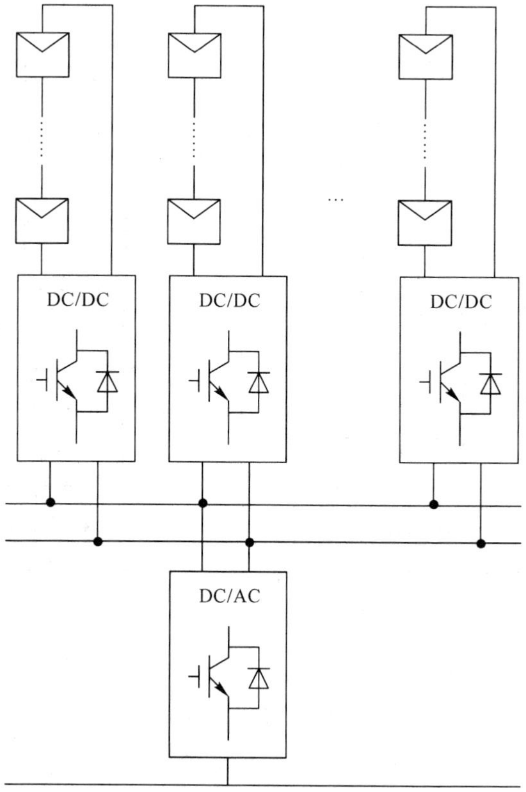

(d) 多串式结构

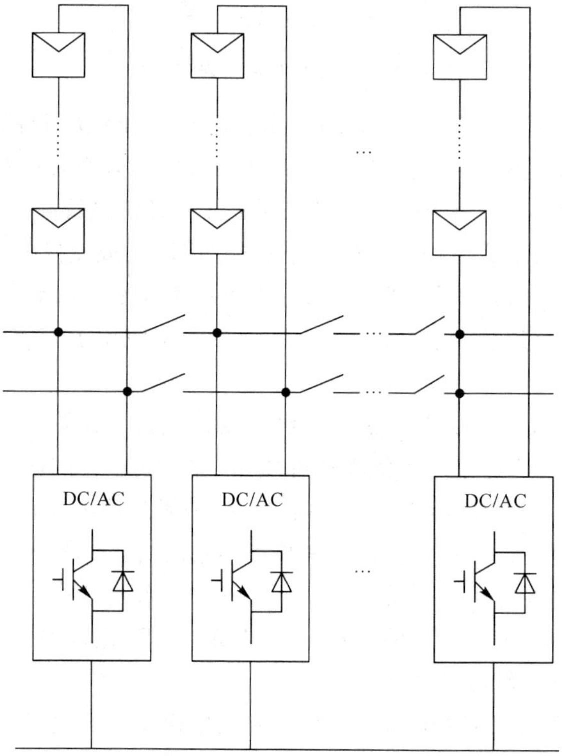

(e) 主从模块式结构

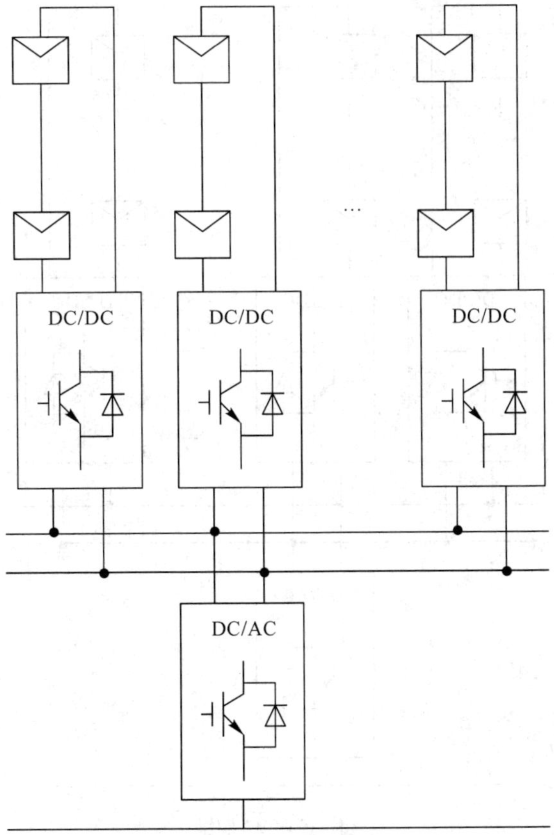

(f) 直流模块式结构

图 4－9　光伏发电系统的体系结构

在图 4－9(b)所示的交流模块式结构中，光伏逆变器和光伏组件集成在一起，构成光伏发电系统模块。由于每个模块可独立运行，所以该结构具有良好的扩展性和即插即用性。但因采用小功率逆变器，其功率等级和效率相对较低，且价格较高。

在图 4－9(c)所示的串式结构中，光伏组件通过串联构成光伏阵列，然后连接至一台逆变器。与集中式结构相比，串式结构具有以下优势：多路最大功率点跟踪结构提高了系统运行效率，抗阴影、抗热斑能力和扩展性增强。当该结构应用于大功率光伏发电系统时，需增加逆变器数量，系统成本有所增加。

多串式结构由多台 DC/DC 变换器和一台逆变器组成，如图 4－9(d)所示。在该结构中，与每台 DC/DC 变换器连接的光伏阵列可独立工作于最大功率点，从而有效提升系统效率。同时，当某台 DC/DC 变换器出现故障时，系统仍能维持运行，可靠性大大增强。

主从模块式结构是光伏发电系统的一种新型体系结构，如图 4－9(e)所示。其根据逆变器运行条件差异，控制协同开关的通断，从而动态调整系统结构，以获得最高能量转换效率。当光照强度较低时，通过闭合协同开关，所有光伏阵列连接到一台逆变器，可避免因多台逆变器同时运行造成的轻载低效问题。

直流模块式光伏发电系统由光伏直流模块和集中逆变模块组成，如图 4－9(f)所示。其中，光伏直流模块由光伏组件和高增益 DC/DC 变换器集成为一体。每个光伏直流模块具有独立 MPPT(最大功率点跟踪)电路，从而保证每个光伏组件运行于最大功率点，能量转换效率高。

综上所述，各种结构的应用场合和发展趋势不同。交流模块式结构和直流模块式结构一般用于功率小于 500 W 的小型光伏发电系统，串式结构适合 10 kW 的小功率光伏发电系统。在大功率(30 kW 以上)光伏发电系统中，集中式结构仍占主导地位，而新型主从模块式结构可有效解决逆变器轻载低效的难题，已成为发展趋势。

4.4　部分遮蔽光伏发电系统的建模及 MPPT 控制

为实现大型光伏阵列组件的优化利用，国内外许多学者对光伏电池的建模及最大功率点跟踪方法进行了广泛研究。但一些无法避免的破坏性因素在很大程度上降低了光伏阵列的效率。部分阴影遮挡就是其中之一，它不但会使输出功率曲线出现多极点现象，而且会给传统最大功率点跟踪(Maximum Power Point Tracking，MPPT)算法的效率带来影响。

针对上述问题，Villalva M G 等人对不同光辐照度下的光伏阵列进行了建模，设计了一种简单实用的光伏阵列模型，但只局限于均匀光辐照度。Yuncong J 等人和 Kajihara A 等人都给出了部分阴影遮挡的光伏阵列模型，但对于其如何应用并没有进行讨论。在部分阴影遮挡的情况下，除了光伏发电系统的大小和遮挡情况的影响，其连接和配置方法在很大程度上也影响系统的输出性能。对此，Petrone G 等人进行了更加精确和深入的研究，设计了一个基于最优化算法快速计算光伏发电系统的模型，但在系统不协调的情况下，需要对系统参数进行长期评估并收集大量数据。在最大功率点跟踪方面，当光伏阵列被部分遮挡时，其内部性能将发生变化，$P-U$ 曲线将呈现为多峰状态，难以利用传统的跟踪方法从多个峰值中找到实际的最大功率点。为了克服上述缺点，许多文献提出利用模糊逻辑控制器(Fuzzy Logic Controller，FLC)和神经网络(Neural Network，NN)实现 MPPT 控制。这些方法对 $P-U$ 曲线的非线性特性处理非常有效，但计算量大。

光伏阵列的多元结构可降低硬件成本，将渐近算法如粒子群优化(Particle Swarm Optimization，PSO)算法应用于最大功率点跟踪(MPPT)。这种多元结构更有优势针对上述问题，本节对部分遮挡情况下的光伏模块和阵列的输出特性建立一种改进的多元结构数学模型。模型中采用一个中央 MPPT 控制器。仿真结果表明，该多元结构的光伏系统数学模型优化了系统结构，节约了设备，降低了成本。同时，为提高中央控制器对最大功率点(Maximum Power Point，MPP)跟踪的准确度和速度，提出了一种改进的粒子群优化算法，并进行了仿真和实验。结果表明：将扰动观察(Perturbation and Observation，PO)法的性能指标和相应的输出波形进行对比，改进的 PSO 算法对 MPP 具有更快的跟踪速度，可避免其在 MPP 附近振荡，对于环境的变化，包括部分阴影和太阳光照射度大的波动，均能找到最佳的 MPP，这是一种比传统方法更优的 MPPT 方法。

4.4.1　光伏发电系统的建模

1. 部分遮挡光伏系统输出特性

1）旁路二极管对光伏阵列特性的影响

光伏系统在部分遮挡下，接受均匀光照部分仍可以得到最佳效率。在串联结构下，通过每一个光伏电池的电流是稳定的，而被遮挡的光伏电池需要控制一个反向电压差来提供相同的电流，以确保被遮挡部分能像正常光照部分一样工作。但是，功率极点反向会消耗能量，并使部分光伏电池的最大输出功率下降。若把阴影遮挡部分置于过度的反向偏差电压下，可能引起“热点效应”，并在整个光伏系统中造成开路。在串联回路中，对于特定数目的光伏电池，通常通过并联一个旁路二极管来解决这一问题。当其中某个光伏电池被遮挡或出现故障而停止发电时，在该二极管两端形成正向偏压，这样不至于影响其他正常光伏电池发电，同时也可保护光伏电池免受较高的正向偏压或发热而损坏。

在一个光伏阵列内，每个旁路二极管连接 n 个光伏模块等效电路，如图 4－10(a) 所示，图中 VD_{by1}、VD_{byi} 和 VD_{byn} 分别为第 1、i 和 n 个光伏模块的旁路二极管，各模块有旁路二极管时分别接受光照幅度 G_1、G_i 和 G_n 的光生电流为 $I_{ph}(G_1)$、$I_{ph}(G_i)$ 和 $I_{ph}(G_n)$，$I_{pvm(1)}$、$I_{pvm(i)}$ 和 $I_{pvm(n)}$ 分别为各模块有旁路二极管时的输出电流，$U_{pvm(1)}$、$U_{pvm(i)}$ 和 $U_{pvm(n)}$ 分别为有旁路二极管时各模块的输出电压，I_{pva} 和 U_{pva} 分别为光伏阵列总的输出电流和电压，I_o 和 I_{pv} 分别为光伏电池暗饱和电流和输出电流；R_p、R_s 分别为光伏电池的并联电阻和串联电阻；U_{pv} 为光伏电池的输出电压，P_{pv} 为光伏电池的输出功率。当旁路二极管提供一个交替电流，出现部分遮挡时，模块不再出现相同的电流，则 $P-U$ 曲线中出现多个极值，如图4－10(b)所示。

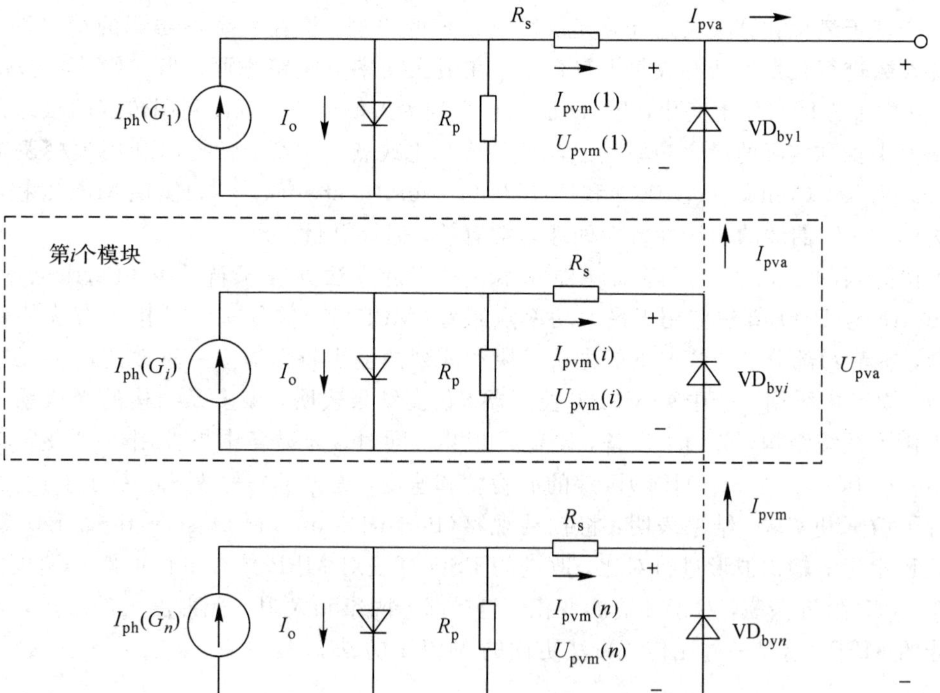

(a) n 个串联光伏模块等效电路

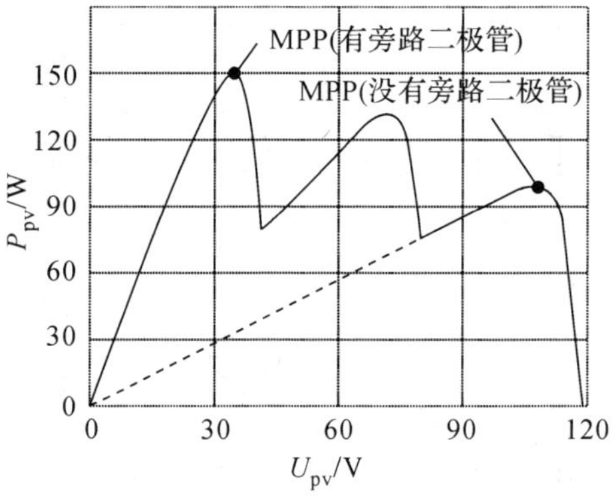

(b) 光伏阵列 $P-U$ 曲线

图 4-10 n 个串联光伏模块等效电路和部分遮挡光伏阵列 $P-U$ 曲线

由图 4-10(b)可以看出有旁路二极管和没有旁路二极管对最大功率的影响。如果第 i 个模块中的 I_{ph} 减小到小于整个阵列中的电流，旁路二极管就会限制反向电压，使其小于光伏模块的击穿电压。换句话说，图 4-10(a)中，当第 i 个旁路二极管开始导通时，则有

$$I_{pva} > I_{ph(i)} = I_{ph(G_i)} \tag{4-10}$$

如式(4-10)所示，当系统有反向偏差时，旁路二极管可以看作一个 10^{10} Ω 的高阻抗电阻；当有正向偏差时，则可以看作一个 10^{-2} Ω 的低阻抗电阻，即

$$R_{by} = \begin{cases} 10^{-2}, & \text{二极管导通} \\ 10^{10}, & \text{二极管关断} \end{cases} \tag{4-11}$$

2) 部分遮挡阵列的输出特性

一个部分遮挡的光伏发电模块可以通过两组光伏电池串联在一起实现建模。每组接受不同程度的光辐照度照射。假定光伏发电模块内的光伏电池没有旁路二极管，图 4-11(a)为一个光伏发电模块部分遮挡的等效电路模型。

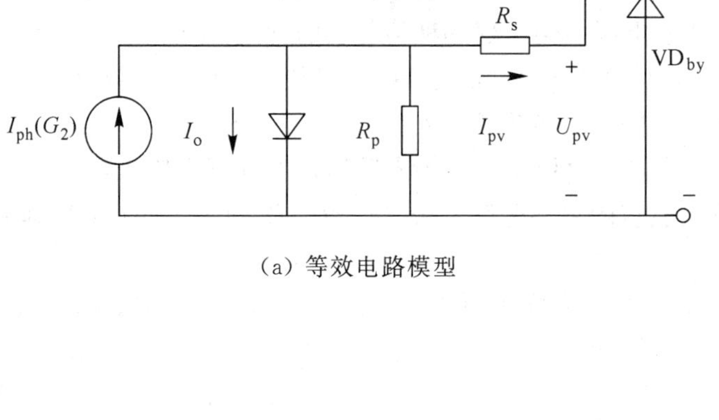

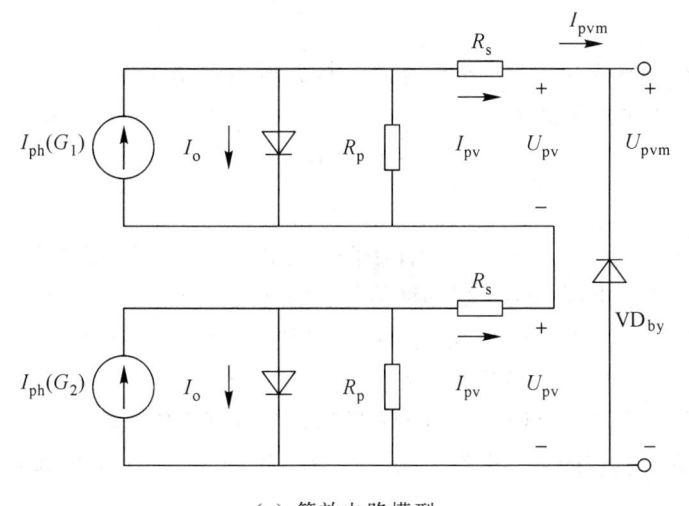

(a) 等效电路模型

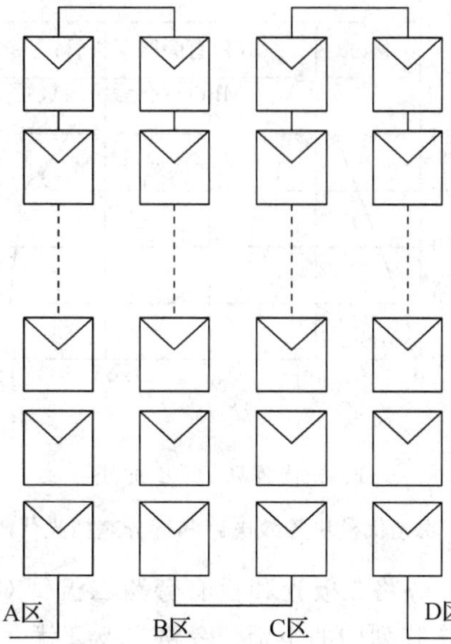

(b) K 个串联光伏发电模块阵列

图 4-11　部分遮挡模块的等效电路及 K 个串联光伏发电模块阵列

该模型由 r 个光伏电池连接而成，其中 s 个遮挡电池接受光辐射度 G_1，光生电流为 $I_{ph}(G_1)$，且有 $r-s$ 个遮挡电池接受光辐照度 G_2，光生电流为 $I_{ph}(G_2)$，则光伏发电模块的参量可以表示为

$$\begin{cases} I_{ph1}=I_{ph}(G_1) \\ I_{ph2}=I_{ph}(G_2) \\ N_{s1}=sN_{s1} \\ N_{s1}=(r-s)N_{s2} \end{cases} \tag{4-12}$$

式中，下标 1、2 分别代表独立接受光照 G_1、G_2 的光伏电池，N_s 为串联或并联的光伏电池数。

对于整个光伏发电模块而言，根据旁路二极管所表现出来的性质，其模块总的输出电流 I_{pvm} 和电压 U_{pvm} 可采用下式表示：

$$\begin{cases} I_{pvm} = \min(I_{pv1}, I_{pv2}) \\ U_{pvm} = \sum U_{pv(i)} \end{cases} \tag{4-13}$$

由若干个光伏发电模块组成的太阳能板阵列可以产生一个更高品质的输出功率。对于部分遮挡的阵列，其输出可能会出现一种很复杂的状况。图 4-11(b)为 K 个串联光伏发电模块阵列(分为 A、B、C 和 D 区)。假设给每个光伏发电模块均装设一个旁路二极管，系统可以采用以下方法研究阵列的输出特性：

(1) 根据每个光伏发电模块所接受的光照辐射度计算太阳光辐射照度，并确定其矩阵。为与光伏发电模块中假定的单向旁路二极管一致，必须考虑如果出现部分阴影遮挡情况时的最低辐射光照。

(2) 用式(4-12)计算每个模块的个数 N_s 和 I_{ph}，并分别列出 I_{ph}、N_s 与太阳光辐射照度的矩阵。

(3) 按照从大到小的顺序重新排列 I_{ph} 的矩阵。

(4) 分别用下式计算阵列的输出电流 I_{pva} 和输出电压 U_{pva}，即

$$\begin{cases} I_{pva} = I_{pvm(i)} \\ I_{pva} \geqslant I_{ph(i+1)} \\ U_{pva} = \sum U_{pvm(i)} \end{cases} \tag{4-14}$$

2. 部分遮挡多元光伏发电系统

1) 部分遮挡模型

在 G_1 和 G_2 两个独立光照下，两个光伏发电模块串联模型如图 4-12(a)所示，图 4-12(b)为等效电路，图中各物理量如前所述。假设在不均匀光照下，G_1 和 G_2 分别为 0.8 kW/m² 和 0.4 kW/m²。

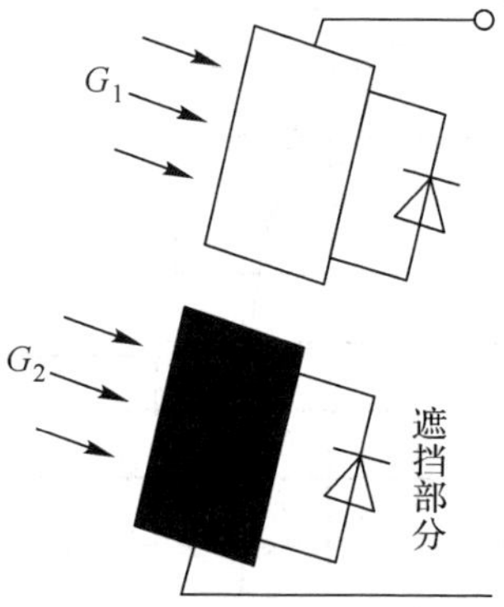

(a) 串联模型

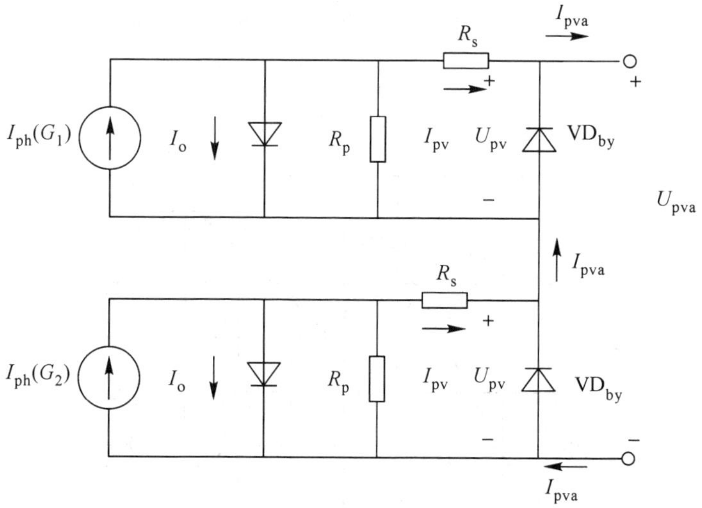

(b) 等效电路

图 4-12　两个光伏发电模块串联模型及其等效电路

考虑到旁路二极管，系统输出电流和电压可以分别采用下式得到：

$$I_{pv}=\begin{cases}I_{ph}(G_1-I_{o1}\left[\exp\left(\dfrac{q(U_{pvm1}+I_{pv}R_s}{N_sAK_bT_k}\right)-1\right]-\dfrac{U_{pvm1}+I_{pv}R_sN_s}{R_pN_s}, & I_{pv}>I_{ph1}\\ I_{ph}(G_2-I_{o1})\left[\exp\left(\dfrac{q(U_{pvm2}+I_{pv}R_s}{N_sAK_bT_k}\right)-1\right]-\dfrac{U_{pvm2}+I_{pv}R_sN_s}{R_pN_s}, & I_{pv}<I_{ph2}\end{cases} \tag{4-15}$$

$$U_{pv}=\begin{cases}U_{pv1}, & I_{pv}>I_{ph1}\\ U_{pv2}+U_{pv1}, & I_{pv}<I_{ph2}\end{cases} \tag{4-16}$$

式中，A 为二极管的理想系数；q 为电荷常量($q=1.602\times10^{-19}$C)；K_b为波尔兹曼常量；T_k为光伏电池的温度。

分别计算遮挡和非遮挡模块的输出，并采用式(4－15)和式(4－16)计算整个光伏阵列的电流和电压，则系统的输出曲线如图 4－13 所示。由图 4－13 可以看出，由于光辐射照度和旁路二极管不同，$P-U$ 输出特性图中出现了多个极点。

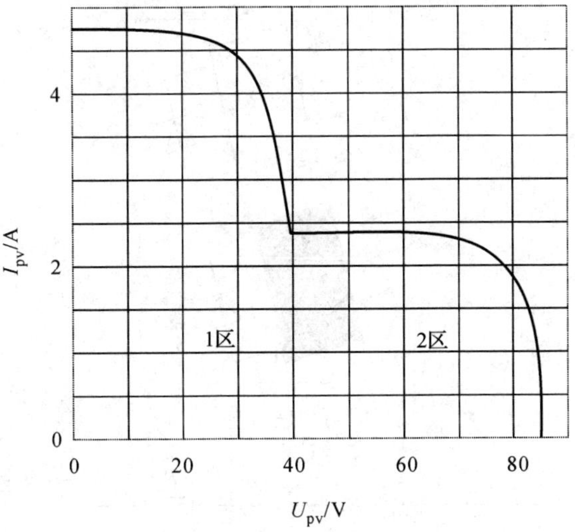

(a) $I-U$

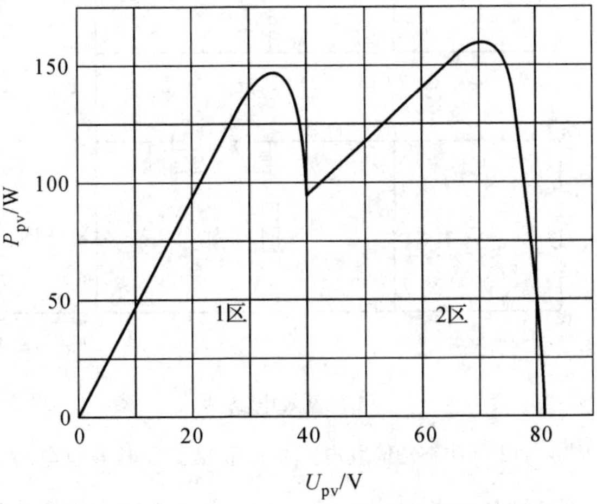

(b) $P-U$

图 4－13　部分遮挡光伏阵列输出特性

2）改进的多元光伏发电系统

图 4－14(a)为一个传统的多元光伏发电系统，其中每个光伏阵列均由其各自的 DC/DC 变换器和 MPPT 控制器控制，图中 A、B、C、D 区与图 4－14(b)中对应，G_1、G_2 为两个独立的光照。这种结构需要大量的传感器和控制器。为了使部分遮挡对系统造成的影响最小，同时还能满足负载需求，解决的方案是整个系统集中采用一个控制器。该控制器可以提供 DC/DC 变换器之间互不影响的交互模式，如图 4－14(b)所示。

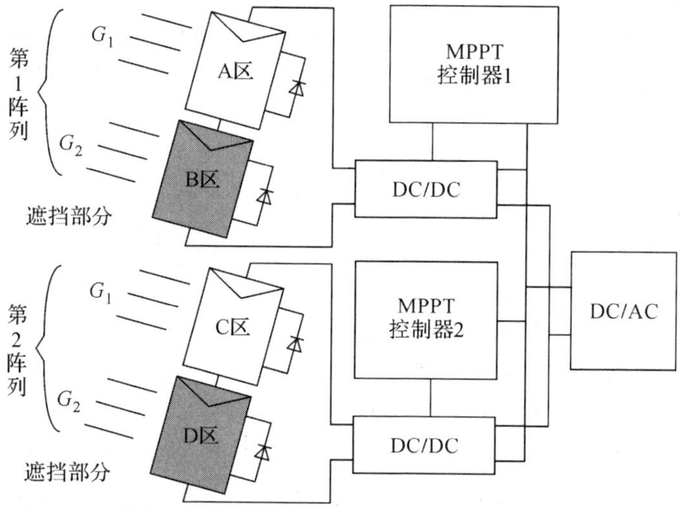

(a) 传统的多控制器控制方式

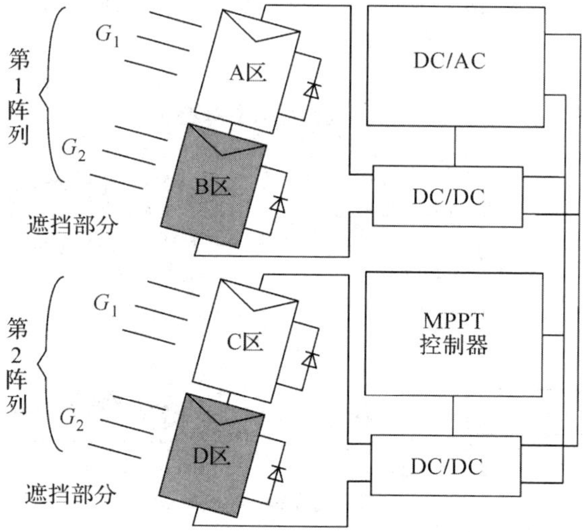

(b) 改进的集中控制方式

图 4－14　多控制器和集中控制的多元光伏发电系统

图 4－14 中系统结构做了改进，只设计了一个中央控制器。该方式可以增加光伏发电系统的输出功率，同时减少传感器和控制器数量。其优势可概括如下：减少传感器和控制

器的数量，降低系统成本；采用集中控制器，控制单元的体积大大减小，尤其对于大规模光伏系统，该优势更为明显；结构的高度灵活性有助于设计者在不增加控制单元的情况下扩展系统，只需对系统软件进行必要的修改即可。在该结构中，每个光伏阵列由 2 个光伏模块串联组成，这 2 个模块包括 2 个 DC/DC 变换器和 1 个 MPPT 控制器。

在图 4-14(a)的传统设计中，对于每个独立的 DC/DC 变换器，每个 MPPT 控制器需对应产生一个单一的开关频率。而在图 4-14(b)所示的改进的多元光伏发电系统中，一个中央控制器能为 2 个独立的 DC/DC 变换器分别提供 2 个工作周期，通过 1 个简单的软件程序(即具有 MPPT 泛函数计算功能)就可以找到 1 个精确的光伏发电系统输出特性。先把系统划分成与独立的 DC/DC 变换器相连的独立光伏阵列，然后对这些独立的光伏阵列考虑部分遮挡的影响，最后所有光伏阵列的输出结果即是整个光伏发电系统的输出。

例如，光伏发电系统的部分遮挡情况如图 4-14(b)所示，系统必须划分为 2 个独立的光伏阵列，每个阵列必须包含 2 个光伏发电串联模块。系统做如下假设：第一个光伏阵列(即图 4-14(b)中 A、B 区)分别接受光辐射照度 $G_1=1.0\ kW/m^2$ 和 $G_2=0.4\ kW/m^2$；同时，第二个光伏阵列(即图 4-14(b)中 C、D 区)分别接受光辐射照度 $G_1=1.0\ kW/m^2$ 和 $G_2=0.4\ kW/m^2$。每个光伏阵列的输出电流可以通过式(4-15)、式(4-16)计算，结果如图 4-13(b)所示，且每个光伏阵列均具有相同的输出特性。该配置方式采用了一个中央 MPPT 控制器，可同时追踪 2 个光伏阵列的 MPP。

图 4-15 为多元光伏发电系统的三维输出特性曲线。图中 X、Y 轴分别表示图 4-14(b)中第一个和第二个光伏阵列的输出电压 U_{1pv}、U_{2pv}，Z 轴表示各自的输出电流(见图 4-15(a))和整个光伏发电系统的输出功率(见图 4-15(b))，其中标号 1A1 区、2B2 区、1C2 区和 2D1 区中第一个符号 1、2 分别表示独立光照 G_1、G_2，A、B、C 和 D 分别对应图 4-14(b)中 A 区、B 区、C 区和 D 区，第二个符号 1、2 分别对应图 4-13 中 1 区和 2 区。

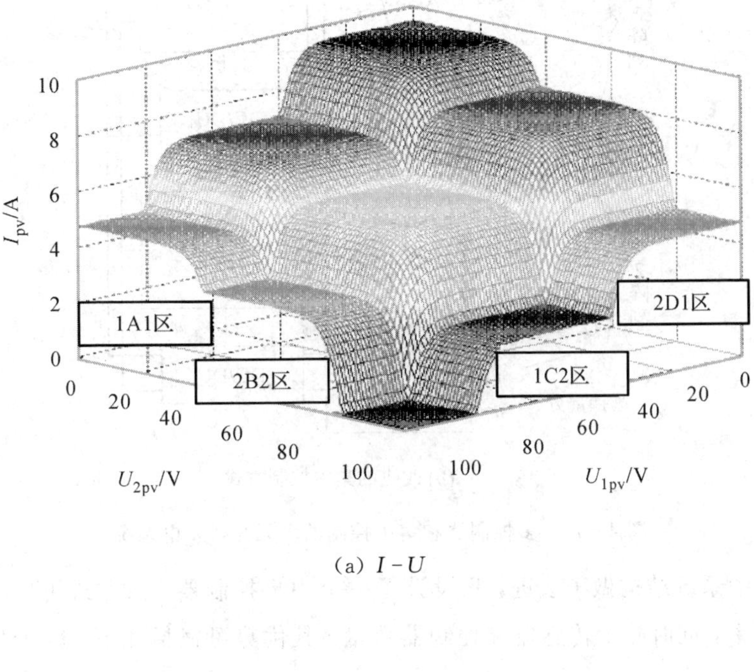

(a) $I-U$

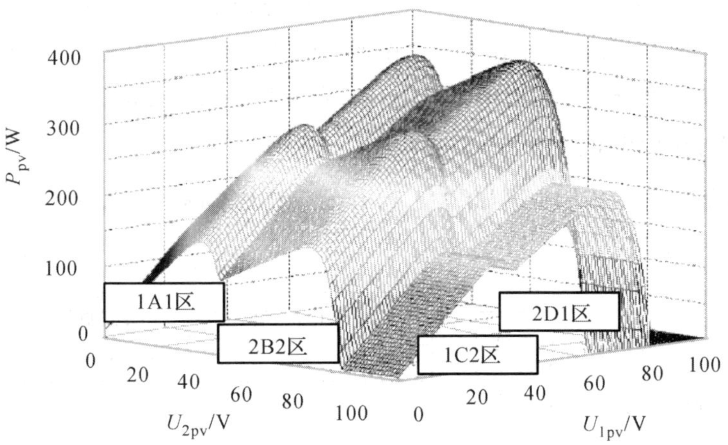

(b) $P-U$

图 4-15　部分遮挡的集中控制的多元光伏发电系统输出特性曲线

由图 4-15 可以看出整个光伏发电系统的输出特性中 2 个光伏阵列各自的输出曲线特性。图中每个区域正好分别和图 4-13 中每个光伏阵列的输出特性曲线的每个区域对应，这 4 个区域又正好分别对应图 4-14(b)中光伏发电系统输出特性的 4 个区域(A、B、C、D 区)。图 4-14(b)中每个区域可以定义为：A 区中光伏阵列的输出等于图 4-15 中 2D1 区与 1A1 区光伏阵列的输出之和；B 区中光伏阵列的输出等于图 4-15 中 2D1 区与 2B2 区光伏阵列的输出之和；C 区中光伏阵列的输出等于图 4-15 中 1C2 区与 1A1 区光伏阵列的输出之和；D 区中光伏阵列的输出等于图 4-15 中 2D1 区与 2B2 区光伏阵列的输出之和。

4.4.2　部分遮挡光伏系统 MPPT 控制

1. 粒子群优化算法

粒子群优化(PSO)算法是一种多极值函数全局优化的有效方法，通过群体中粒子间的合作与竞争产生的群体智能指导优化搜索。每一次迭代中，粒子通过 2 个极值点来更新自己的位置和速度，一个是粒子本身至当前时刻为止找到的最优解，简称 P_{best}；另一个是整个群体至当前时刻找到的最优解，简称 G_{best}。假设第 i 个粒子的位置为 x_i，则其位置可以由下式调整：

$$x_i(k+1)=x_i(k)+v_i(k+1) \tag{4-17}$$

式中，速度分量 v_i 可由下式计算：

$$v_i(k+1)=wv_i(k)+c_1r_1[P_{best,\,i}\ x_i(k)]+c_2r_2[G_{best}\ x_i(k)] \tag{4-18}$$

其中，w 为惯性权重；c_1 和 c_2 为加速度系数；r_1、r_2 服从[0，1]上的均匀随机数；$P_{best,i}$ 为第 i 个粒子的最佳位置；G_{best} 为整个粒子群的最佳位置。

如果粒子的位置 x_i 定义为实际的占空比 d_i，同时速度分量 v_i 在该占空比中发生波动，则公式(4-18)可以改写为

$$d_i^{k+1}=d_i^k+v_i^{k+1} \tag{4-19}$$

可知，PSO 算法在当前的占空比中产生的速度分量 v_i 的波动取决于 $P_{best,i}$ 和 G_{best}。如果当前的占空比远离这两个量，则在占空比中产生的速度分量 v_i 的波动大，反之亦然。因此，对于 PSO 算法，速度分量 v_i 的波动是依据粒子群的位置而变化的。

2. 改进的 PSO 跟踪 MPP

基于 PSO 的 MPPT 控制框图如图 4－16 所示，图中的 DC/DC 变换器设置为 $C_1=470\ \mu F$，$C_2=220\ \mu F$，$L=1$ mH，$f=50$ kHz。

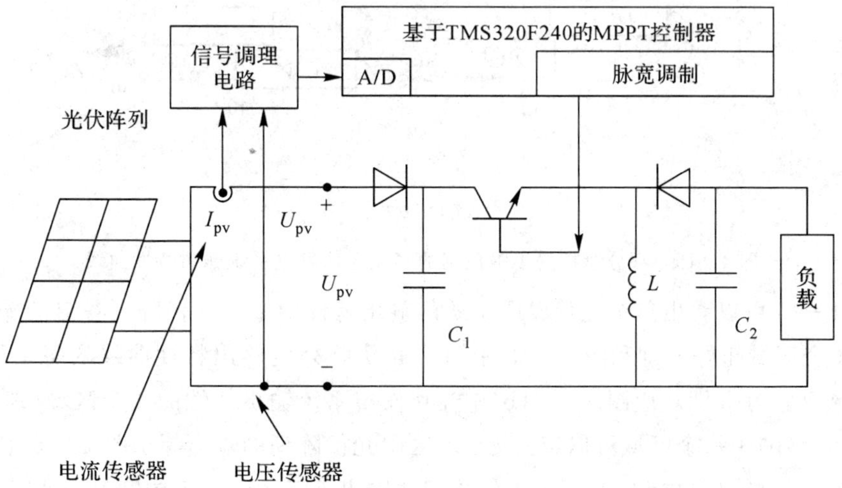

图 4－16　基于 PSO 的 MPPT 控制框图

由图 4－16 可知，占空比直接由 MPPT 算法计算得到。该方法具有以下优点：简化了跟踪结构；降低了系统计算时间。总之，直接 MPPT 控制系统采用一个更加简单的结构代替了一个复杂的 MPPT 控制结构，同时可以保持最优的结果。

为了 PSO 优化，拥有 N_p 个粒子占空比的解向量定义 $\boldsymbol{d}_g$：

$$\boldsymbol{x}_i^k=\boldsymbol{d}_g=[d_1, d_2, d_3, \cdots, d_j],\quad j=1, 2, 3, \cdots, N_p \tag{4-20}$$

假设粒子的最优解为 $P_{best,i}$ 且符合式(4－21)，则 $P_{best,i}$ 可以表示为式(4－22)：

$$f(x_i^k)>f(P_{best,i}) \tag{4-21}$$

$$P_{best,i}=x_i^k \tag{4-22}$$

式中，f 为目标函数，即光伏阵列的负载功率。

另外，由式(4－22)可知，$P_{best,i}$ 为迄今找到的第 i 个粒子最好的占空比（该占空比产生最大功率），G_{best} 为整个群体至当前时刻找到的最好的占空比。

当光伏阵列部分遮挡时，$I-U$ 特性表现为阶梯式曲线，而 $P-U$ 曲线表现为多峰状态。假设 PSO 起初已经成功地获得了最大功率（A 点），如图 4－17(a)所示，则一旦部分遮挡发生，工作点将从 A 点移动到 B 点，图中 U_{GP} 为最优输出电压。

此时，即使占空比没有改变，也将引起跟踪功率的减小。为了跟踪新的最大功率，改进的 PSO 算法将切换到全局模式。在这种模式下，系统发送给功率转换器 3 个占空比 d_i($i=1, 2, 3$)。为了确定光伏阵列是否处于部分遮挡，电流和电压需满足：

$$\begin{cases}\dfrac{I_{d3}-I_{d1}}{I_{d3}}\geqslant 0.1 \\ \dfrac{U_{d2}-U_{d1}}{U_{d2}}\geqslant 0.2\end{cases} \tag{4-23}$$

若满足式(4-23)，则认为光伏阵列工作在部分遮挡下。此时，PSO 算法被激活，并通过前 3 个占空比的信息，开始采用式(4-21)、式(4-22)进行搜索。当粒子的速度变量(Δv)达到预定义的足够小时，搜索终止，且假定已获得最大功率跟踪，则算法切换到局部模式。该模式下有一个小的扰动步长，其值为 0.005。从全局切换到局部模式的原因是，当光照度或温度变化小时，后者具有更好的效率。

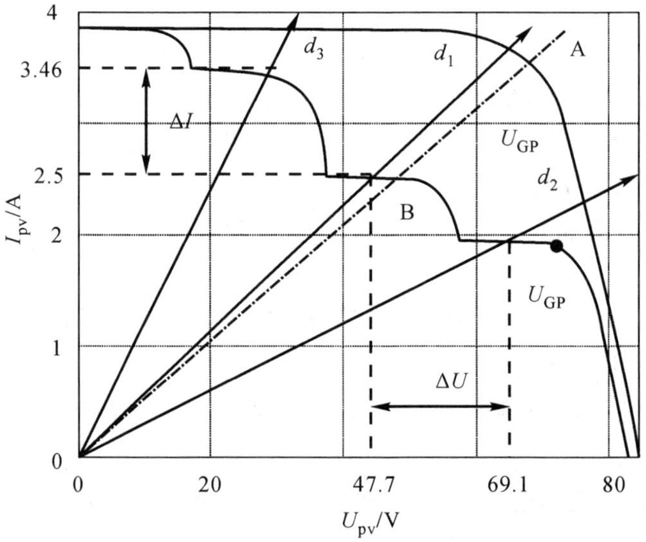

(a) 可行的占空比范围

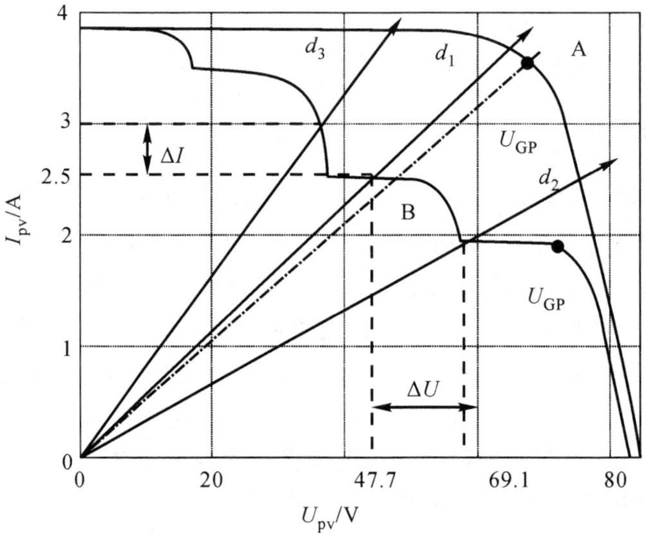

(b) 不可行的占空比范围

图 4-17　PSO 算法激活条件的鉴定

必须指出的是，如果最初的 3 个占空比不能代表 $I-U$ 曲线中从开路电压 U_{oc} 到短路电流 I_{sc} 部分，则获取的信息是不可行的，且 PSO 算法也不会被激活，如图 4-17(b)所示。从应用的占空比获得的信息只满足公式(4-23)，因此，算法将不进入 PSO(全局模式)工作，相反，激活了 PO(局部模式)，结果跟踪到的是局部 MPP 而不是全局 MPP。这个问题可采用反射阻抗的概念解决。利用这一概念，可计算降压—升压转换器拓扑结构的一个可行的占空比范围：

$$\begin{cases} d_{\min}=\dfrac{\sqrt{\eta_{bb}R_{\mathrm{Lmin}}}}{\sqrt{R_{\mathrm{pv\,max}}}+\sqrt{\eta_{bb}}R_{\mathrm{Lmin}}} \\ d_{\max}=\dfrac{\sqrt{\eta_{bb}R_{\mathrm{Lmin}}}}{\sqrt{R_{\mathrm{pv\,min}}}+\sqrt{\eta_{bb}}R_{\mathrm{Lmax}}} \end{cases} \tag{4-24}$$

式中，$d_{\min}$、$d_{\max}$分别为最小和最大占空比；η_{bb}为转换效率；R_{Lmin}和R_{Lmax}分别为负载条件下的最小值和最大值；$R_{\mathrm{pv\,min}}$和$R_{\mathrm{pv\,max}}$分别为一个光伏阵列的反射阻抗最小值和最大值。

PSO 算法的参数计算流程如下：

(1) 设定 PSO 控制参数值，粒子群总数为 N_p，惯性权重为 w，学习因子 c_1 和 c_2 为加速度系数。

(2) 初始化粒子群的位置和速度，迭代数 $k=0$，粒子群数为 N_p，粒子速度为 v_i。

(3) 搜索终止条件不满足时，$i=1\sim N_p$。

(4) 计算 P_{best} 和 G_{best}，估算粒子的最优位置。如果空间位置函数 $J(d_i^{k+1})>J(d_i^k)$成立，则 $P_{best,i}^k=d_i^{k+1}$，否则 $P_{best,i}^k=d_i^k$，$G_{best}^k=\max(P_{best,i}^k)$成立。

(5) 更新粒子的位置和速度，粒子的速度和位置采用以下的方法计算：

$$\begin{cases} v_i^{k+1}=w^* d_i^k+c_1^*(P_{best,i}^k d_i^k)+c_2^*(G_{best}^k d_i^k) \\ d_i^{k+1}=d_i^k+v_i^{k+1} \end{cases} \tag{4-25}$$

(6) 更新迭代次数，$k\rightarrow k+1$。

(7) 若未达到结束条件，则返回步骤(3)。

4.4.3 实例分析

为验证本节控制策略的有效性和可行性，在 MATLAB 环境下，构建了一个基于 PSO 算法的 MPPT 仿真模型，在实验室设计了一套基于 DSP(TMS320F240)的 MPPT 控制系统(见图 4-18)，为了确保系统达到稳定状态，再启动另一个 MPPT 周期，采样间隔选择为 0.05 s。光伏电池输出电流与电压分别由电流传感器和电压传感采样得到。

在太阳光均匀变化时，其辐射度遵循低—高—低的阶梯式变化规律。据此将辐射度的初始值设置为 0.4 kW/m²；在 $t=2$ s 时，出现第一次跳变，为 1.0 kW/m²；在 $t=6$ s 时，发生第二次跳变，为 0.4 kW/m²，且温度保持恒定值 25℃。为了验证基于 PSO 算法的 MPPT 方法的性能，对 PSO 的参数设置如下：$N_p=3$，$c_1=1.2$，$c_2=1.6$，$w=0.4$；粒子的速度范围为[−10，10]；r_1 和 r_2 为在区间[0，1]上均匀分布的随机数。对 PO 法和基于 PSO 算法的 MPPT 方法的性能进行比较，将两种方法在同样的条件下进行仿真，采样周期均为 0.1 s。

在阴影情况下，分别采用 PO 法和 PSO 算法跟踪最大功率，仿真结果如图 4 - 18 所示。两种方法的系统初始工作状态时的光伏阵列的输出功率峰值均为 240 W，如图 4 - 18 所示。在 $t=4$ s 时，部分阴影产生，在 $P-U$ 曲线中出现了 4 个峰值（P_1、P_2、P_3、P_4），其中 P_1、P_2、P_3为局部峰值，P_4为全局峰值（170 W）。由图 4 - 18(a)可知，在 PO 法跟踪 MPP 中，最大功率点在 P_3附近变化，其值为 144 W，且系统最终以此值工作。而真正的全局峰值为 P_4，两者之间差值为 26 W，可明显看出对光伏系统造成的损失。

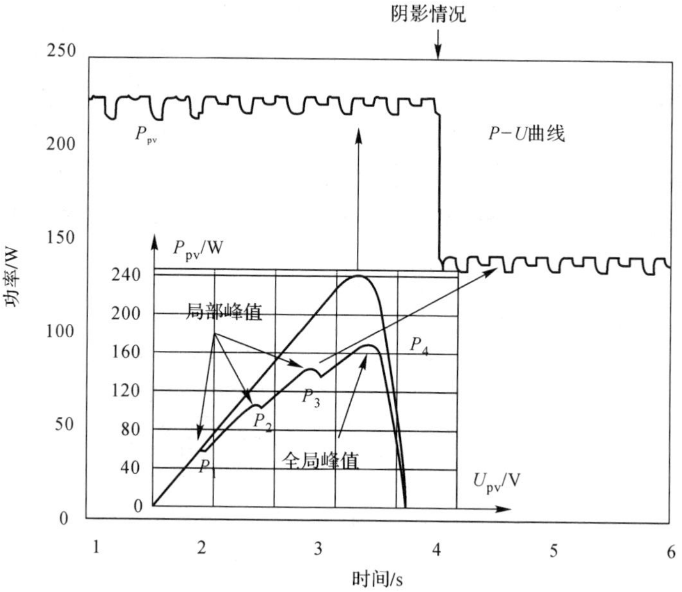

(a) PO 法跟踪 MPP

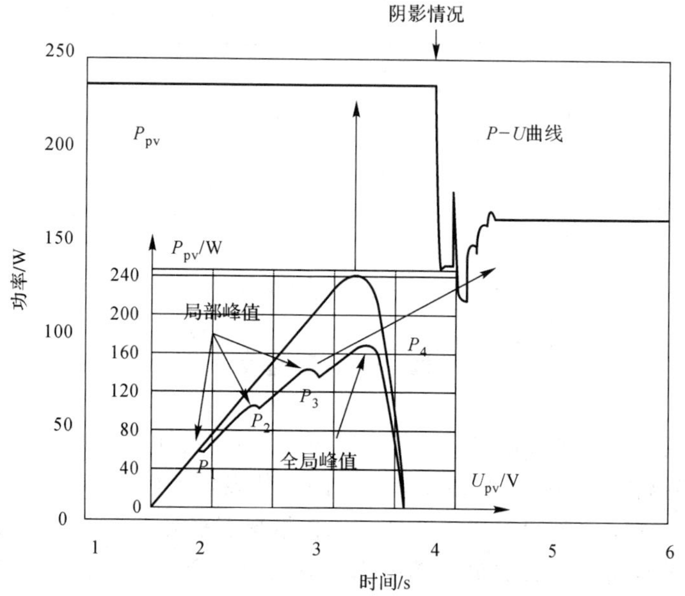

(b) PSO 算法跟踪 MPP

图 4 - 18　阴影情况下的仿真结果

相反，PSO 算法对部分遮挡的处理非常得当，如图 4－18(b)所示。当阴影出现时，通过 PSO 算法对 $P-U$ 曲线进行搜索，在 7 个 MPP 跟踪周期后就成功跟踪到了真正的全局峰值(P_4)，并没有对光伏系统造成损失。

为了进一步验证基于 PSO 算法的 MPP 跟踪方法的性能，根据上述仿真条件分别对以上两种方法进行实验，结果如图 4－19 所示。由图 4－19(a)可以观察到：在采用 PO 法追踪 MPP 的实验结果中，当太阳辐射度发生 2 次跳变时，MPP 追踪得很慢；在第 2 次跳变时，光伏阵列的电压和功率明显下降；而且在 MPP 周围发生了明显的波纹状小幅振荡；当太阳辐射度保持在 1.0 kW/m^{2}时，光伏阵列的功率在 240 W～231 W 之间振荡，波动幅度为 9 W。尽管可以通过降低 MPP 的跟踪速度减小振荡(尤其当环境变化较大时)，但当太阳辐射度变化非常快时，PO 法将无法准确地跟踪最优的 MPP。相反，太阳辐射度发生 2 次跳变时，PSO 算法对 MPP 的追踪速度很快，且在第 2 次跳变时，光伏阵列的电压和功率未发生变化，MPP 较稳定。这也说明 PSO 算法对 MPP 具有较强的追踪速度和准确度。

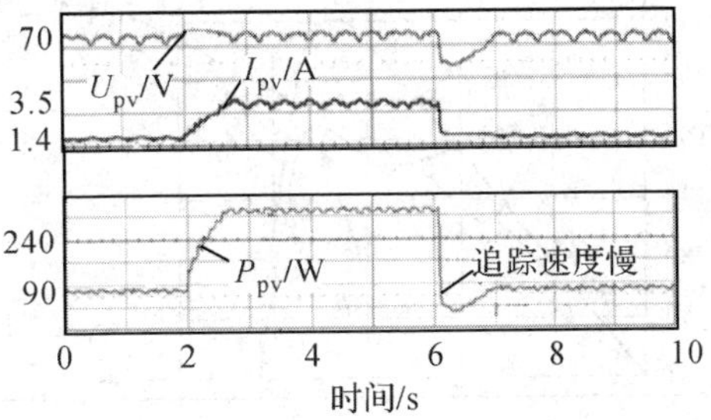

(a) PO 法跟踪 MPP

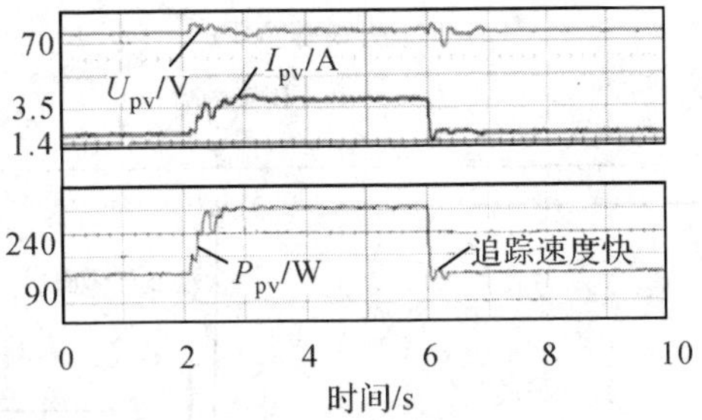

(b) PSO 算法跟踪 MPP

图 4－19　实验结果

本章小结

本章第一节到第三节主要概述了光伏发电系统、太阳能电池的原理与工作特性以及光伏发电系统的体系结构。第四节对部分遮挡下的光伏发电系统进行了建模，同时针对其影响设计了 MPPT 控制，具体设计了一个部分遮挡情况下多元结构光伏阵列的数学模型，构建了一种基于粒子群优化算法的最大功率点跟踪方法，建立了光伏发电系统的 MPPT 模型，并通过一个实例进行了仿真和实验。通过实验得知，多元结构的光伏阵列可以显著降低整个系统的成本；采用集中控制器，控制单元的体积大大减小，尤其对于大规模的光伏发电系统，该优势更为明显；结构的高度灵活性有助于设计者在不增加控制单元的情况下扩展系统，只需对系统软件进行必要的修改即可。粒子群优化的 MPPT，对 MPP 具有更快的跟踪速度，改善了系统的动态响应；避免了在 MPP 附近的振荡，提高了系统的稳态精度；对于环境的变化，包括部分阴影和太阳光照射度大的波动，均能找到最佳的 MPP，增强系统的跟踪性能。

第5章　光伏发电逆变器故障容错控制

5.1　滑模控制

5.1.1　概述

滑模控制理论起源于20世纪50年代末的苏联，由学者Emelyanov等人提出，后经Utkin等学者进一步研究总结得出，用以解决与一类特殊的变结构系统相关的特定问题，即涉及不连续控制动作的控制系统。滑模控制在连续和离散、线性和非线性系统等中具有独特的优势。滑模控制经过不断的发展，已经成为系统控制策略设计方法之一。滑模控制系统的结构是可变的，并不是固定的，与其他系统相比，这是其独特之处。它是一种特殊的具有控制不连续性特点的非线性控制，即控制系统结构随时间变化的开关特性。即使系统在外部干扰和参数不确定的情况下，滑模控制也具有稳定性和强鲁棒性，这是其主要优点。这种特性使滑模控制方法受到世界各国学者的关注。早期的滑模变结构控制只研究了单反馈控制。随着信息技术的发展，针对各种复杂系统，滑模控制已经衍生出其他控制理论，如终端滑模控制、高阶滑模控制、积分滑模控制等。

虽然滑模控制以其简单、抗参数变化和干扰的鲁棒性，在实际应用中得到了广泛的研究和应用，但由于对新的工业应用和技术进步的需求，与滑模控制相关的关键技术问题仍然具有挑战性。

滑模控制过程可以分为趋近运动和滑模运动两个过程。滑模控制有众多优点，但也一个较为严重的缺点，即抖振问题。当系统轨迹到达滑模面时，系统状态在滑模面两侧来回穿越运动，而不是严格沿着滑模面运动。抖振很容易激发系统的未建模特性，使系统的控制性能变差，破坏系统的稳定性，使滑模控制在实际工程应用中受到限制。因此，削弱滑模控制中的抖振，具有重要的研究意义。

除了对抗抖振研究外，其工程应用也得到越来越多学者的关注。由于滑模变结构控制具有强鲁棒性、模型依赖性低以及参数灵活等优点，其在机器人控制系统、卫星姿态控制系统、飞行器控制系统以及电机与电力控制系统等中被广泛应用。智能化是当今科技信息时代的主题，多智能体系统的分布式协同控制引起很多学者的关注并被广泛研究。多智能体系统是对人类社会和自然界的一种模拟，所以它的特点决定了它是一种复杂非线性系统。很多学者对多智能体系统的有限时间一致性问题进行了大量研究，但是很多现有的一致性协议都存在或多或少的不足，比如有些只能使系统实现渐近收敛，或者不能很好地处理系统存在的外部干扰等问题。由上面可知，滑模变结构是一类特殊的非线性控制，并且还是一种处理不确定性和干扰的很好的技术，使系统能够在有限时间内达到期望状态，尤其积分滑模控制不仅可以解决系统非线性、不确定性以及存在外部干扰等问题，而且还具有削弱传统滑模控制中存在的抖振和减小系统的稳态误差的优点。积分滑模控制可以通过设计合理的滑模面，消除系统的趋近阶段，使系统的运动轨迹从一开始就在滑模面运动，这样系统只有滑模运动阶段，从而使系统具有全程鲁棒性。因此将积分滑模控制应用到多智能体系统中是一个值得研究的问题。

5.1.2　发展概况

滑模变结构控制经过几十年的发展，已经成为复杂控制系统的主要设计方法之一。滑模控制的本质是在给定的滑模面附近，受控状态轨迹的速度矢量总是指向滑模面。这种运动是由施加破坏性(不连续)控制动作引起的，通常以切换控制策略的形式出现。理想的滑模只有在系统状态始终满足控制滑模的动力学方程时才存在，一般来说，这需要无限地转换来确保滑动运动。当系统状态在滑模面时，即使在参数不确定和外部扰动等情况下，该控制也可以保证系统的稳定性和鲁棒性。此外，和其他控制方法相比，滑模控制作为一种高度灵活的控制方法，其算法简单且更易于实现。这些独特的优点使滑模控制非常适合于非线性系统，尤其是机器人控制、卫星姿态控制等应用场合。因此，滑模控制受到国内外学者的广泛重视。

在滑模变结构控制的早期，研究的重点是单输入/单输出系统(SISO)，并针对 SISO 开发了各种著名的方法，例如特征值分配方法等。近年来，滑模控制的主要研究都是针对多输入/多输出系统(MIMO)、非线性系统等进行的。随着计算机、机器人等技术的迅速发展，滑模控制的研究对象已经不仅仅是连续系统、线性系统等简单系统，目前其研究对象已经涉及离散系统、滞后系统等复杂系统。同时，许多智能控制方法如神经网络控制方法、迭代学习控制方法等被应用于滑模控制系统的设计中。

虽然滑模控制对系统参数变化和干扰具有简单性和鲁棒性，并且在实际中也得到了广泛的应用，但是滑模控制中的抖振是不得不考虑的问题，它不仅会使系统的控制性能变差，还会使系统的稳定性受到影响。因此，很多学者一直致力于寻找有效抑制抖振的控制算法。文献[93]、[94]分别采用了趋近律的方法进行削弱系统的抖振。其中文献[95]利用反双曲正弦函数和幂次函数结合设计的趋近律，有效减小了系统输入信号的幅值，从而使系统的抖振得到了有效削弱。文献[139]设计了一种改进型的双幂次趋近律，该趋近律中引入了一个自适应调节参数，通过系数调整可以降低抖振。文献[140]通过指数函数来设计一个非线性趋近律，能有效抑制系统的抖振，特别是在稳态下控制输入的抖振。文献[141]中提出一种多幂次滑模趋近律，通过针对性地调节趋近律中的系数来改善系统不同运动阶段的收敛速度，有效削弱系统抖振，文献[102]在研究永磁同步电机控制时利用积分滑模控制改进系统的切换增益，使系统具有较小的抖振和很好的鲁棒性。文献[103]利用神经网络、状态观测器和积分滑模控制设计了一种控制算法，研究了存在未知干扰和完全未知系统的动力学情况下的二阶多智能体系统的跟踪控制问题；这种算法相比传统的积分滑模在减小系统的抖振、跟踪的准确性等方面具有更好的控制性能。针对这些抗抖振的方法，可以总结为：

(1) 对符号函数改进，减弱符号函数引起的阶跃跳变；

(2) 积分滑模面的方法；

(3) 引入各种智能方法，如将神经网络、自适应控制等智能控制方法和滑模控制相结合设计成混合控制器。

早期的滑模控制采用的是线性控制，这种控制的跟踪误差会逐渐收敛到零，但收敛时间却是无限的，于是，Zak 在 1988 年提出了终端滑模控制，它的提出受到了众多学者的关注，并且在机器人控制系统上的应用也越来越多。Zak 将一个非线性函数引入到滑模面的设计中，解决了跟踪误差无限收敛的问题，具有比普通滑模控制更好的鲁棒性。但是这种方法如果选取的参数不恰当，就可能导致系统产生奇异问题，所以又提出了非奇异终端滑模、非奇异快速终端滑模等。

在实际中，由于各种原因，有时候系统的一些信息是无法获取的，比如系统的数学模型，所以一些智能方法如模糊控制等被引入到了滑模控制器的设计中，模糊控制不需要知道系统的数学模型，可以利用经验知识，通过模糊规则使系统逼近未知项，实现系统的模糊自适应控制，因此具有很强的鲁棒性，文献[105]就是将其与全局快速终端滑模控制相结合，有效抑制了系统的抖振，并解决了系统模型的不确定性和外部扰动。当滑模控制存在外部干扰的系统轨迹跟踪时，可能使系统产生稳态误差，为此，积分滑模控制方法被提了出来。在外部干扰和未知系统动力学情况下，Xi Ma 等人利用积分滑模控制研究了二阶多智能体系统跟踪问题，提出的新型积分滑模面可以有效抑制干扰，并使系统的跟踪更准确。文献[95]设计的积分滑模面可以使系统不匹配的恒定外部干扰的影响最小，减小了系统的稳态误差。积分滑模控制也用来解决系统的延时问题，例如文献[96]等。滑模控制过程可以分为趋近运动和滑动运动，但是滑模控制在趋近阶段不具有鲁棒性，只体现在滑动运动阶段，因此不具有全程鲁棒性。文献方法[99]将积分器引入到滑模面的设计中，设计了一种含有积分器的滑模控制方法，这种控制方法具有减小系统稳态误差和削弱系统抖振的效果，因而近年来被广泛应用。积分滑模控制可以消除趋近阶段，使系统从一开始就处在滑模面上，从而使系统具有全程鲁棒性。目前，滑模控制的主要研究方向有：

1）抖振的抑制

抖振是滑模控制固有的缺点。因此，很多学者一直致力于寻找有效抑制抖振的控制算法，其中典型的方法主要有准滑模法、边界层法、趋近律法、观测器法、高阶滑模法、动态滑模法等。

2）滑模面的研究

除了传统的线性滑模面，很多学者也提出了其他不同的滑模面，如终端滑模面、二次型滑模面。此外，为了抑制干扰、减小系统的稳态误差，许多学者对积分滑模面进行了广泛的研究。

3）滑模控制理论与其他控制理论的结合

目前，滑模控制理论与其他控制理论相结合，相互补充的研究成果已经有很多。例如将其与模糊控制相结合，可以减弱系统的控制信号，从而进一步有效降低系统的抖振。此外，还将迭代学习、神经网络及自适应控制等智能方法与滑模控制系统相结合，用以弥补实际应用中单独用滑模控制方法解决问题时的缺陷。

4）滑模控制理论的应用

经过近 70 年的发展，滑模控制的研究对象已经从简单系统发展到了非线性等复杂系统。例如机器人、飞行器等系统。智能化是当今科技世界的主题。与单个智能体相比，多个智能体可以通过智能体之间信息的交流提高系统的工作性能和效率，使系统具有更好的鲁棒性。多智能体系统是非线性系统，并且系统可能会存在干扰或者未知信息，考虑到滑模控制的优点，滑模控制可能是研究多智能体系统的一种有效方法。

5.2　光伏逆变器的电路拓扑

作为光伏组件与电网或负载的接口，逆变器是光伏发电系统能量转换与控制的核心设备，它将光伏电池输出的直流电变换成符合要求的交流电，发挥着不可替代的重要作用，其性能指标优劣直接影响整个光伏发电系统的效率和可靠性。根据输出端有无隔离变压器，光伏逆变器可分为两类：隔离型和非隔离型。下面介绍不同类型光伏逆变器的结构、基本工作原理及性能。

5.2.1　隔离型光伏逆变器

按照隔离变压器工作频率的不同，隔离型光伏逆变器可进一步分为工频隔离型和高频隔离型两类。

工频隔离型光伏逆变器结构如图 5-1 所示。其基本工作原理是：逆变器将光伏阵列发出的直流电变换为工频交流电，经工频变压器并入电网或提供给交流负载。其中，工频变压器完成电压匹配，并实现输入与输出的电气隔离，从而提高了系统的安全性。然而，工频变压器重量和体积大，降低了系统功率密度。

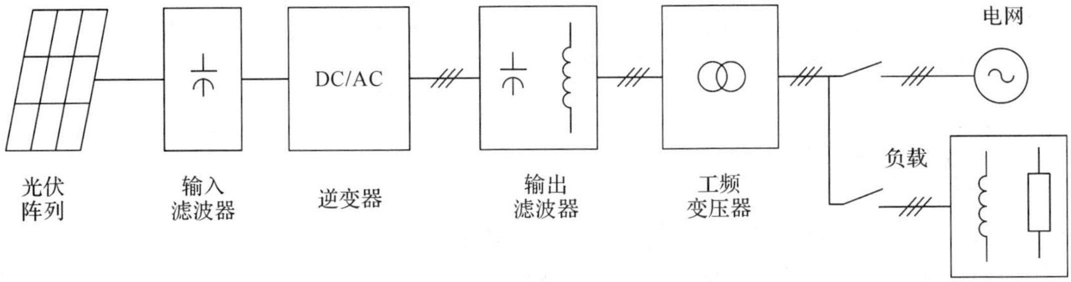

图 5-1　工频隔离型光伏逆变器结构

高频隔离型光伏逆变器结构如图 5-2 所示。与工频隔离型光伏逆变器结构不同，它采用高频变压器取代工频变压器，以减小系统体积和重量。根据电路拓扑的不同，高频隔离型光伏逆变器主要包括两种，即 DC/DC 变换型和周波变换型。在如图 5-2(a)所示的DC/DC变换型高频隔离光伏逆变器中，输入侧 DC/AC、高频变压器、AC/DC 共同构成 DC/DC 变换环节。该逆变器的工作原理为：输入侧逆变器将光伏阵列发出的直流电变换成高频交流电，经高频变压器隔离后，再通过高频整流得到中间级直流电，输出侧逆变器将中间级直流电变换成工频交流电。然而，多级功率变换方式增加了系统损耗，降低了系统效率。

为减少功率变换级数以提高效率，有学者提出了周波变换型高频隔离光伏逆变器，如图 5-2(b)所示。可见，该拓扑由高频逆变器、高频变压器、周波整流器组成。与 DC/DC 变换型高频隔离光伏逆变器拓扑相比，该拓扑减少了一级功率变换，从而提高了系统效率。

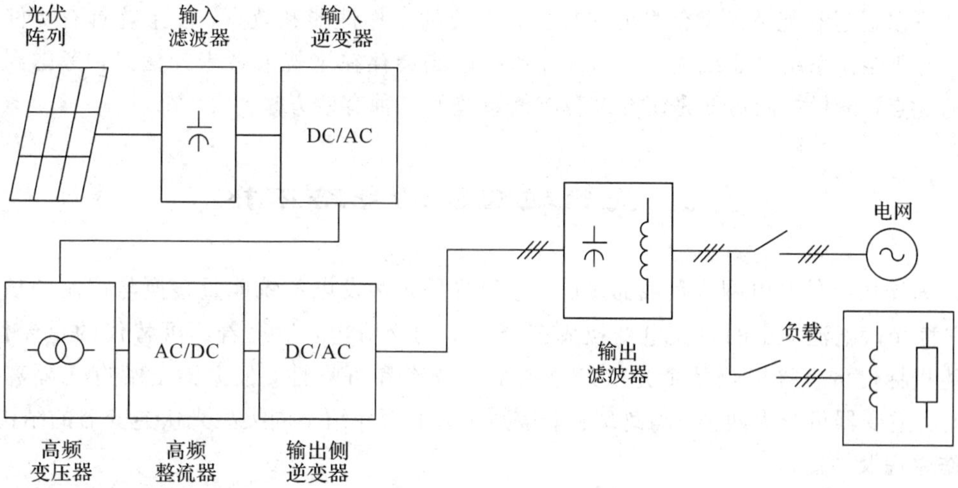

(a) DC/DC 变换型

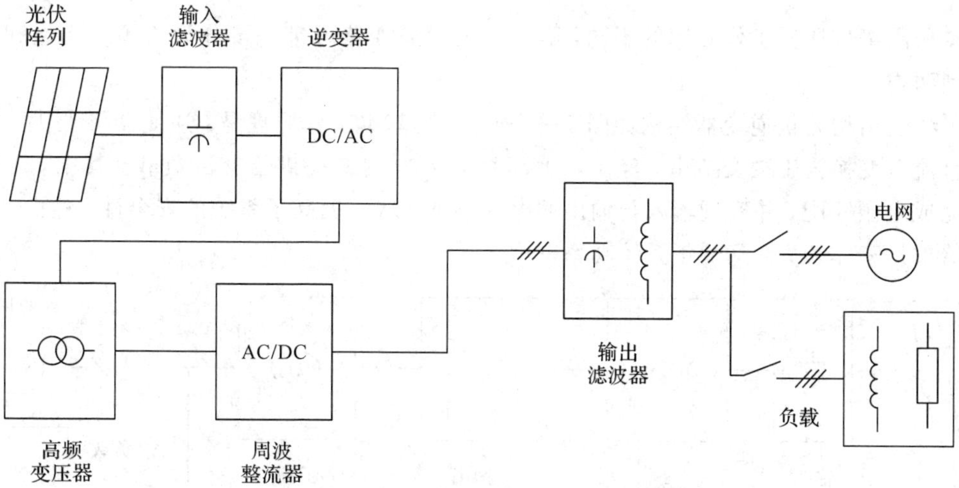

(b) 周波变换型

图 5－2　高频隔离型光伏逆变器结构

综上可知，隔离型光伏逆变器采用工频变压器或高频变压器，以实现输入与输出的电气隔离。工频变压器重量和体积大，且增加了系统成本。而高频变压器虽能减小系统重量和体积，但存在设计复杂的弊端。此外，变压器在工作过程中产生能量损耗，降低了系统效率。因此，亟需研究无变压器非隔离型光伏逆变器拓扑。

5.2.2　非隔离型光伏逆变器

非隔离型光伏逆变器为实现光伏发电系统降本增效提供了理想解决方案，它无需采用工频变压器或高频变压器，具有结构简单、体积小、成本低、转换效率高等诸多优势，发展前景良好。按照拓扑结构的不同，非隔离型光伏逆变器可分为两类：单级型和多级型，如图 5－3 所示。

多级非隔离型光伏逆变器的结构如图 5－3(a)所示。其中，前级 DC/DC 变换器和后级逆变器共同实现功率变换功能。其中，前级 DC/DC 通常采用 Boost 变换器，实现对光伏阵列输出电压的升压和最大功率点跟踪功能。逆变器则实现将直流电变换成交流电，进而提供给交流负载或并网。图 5－3(b)为单级非隔离型光伏逆变器的结构。可以看出，该拓扑仅采用单级功率变换实现逆变功能，具有器件数量少、控制方案简单、可靠性高等优点。

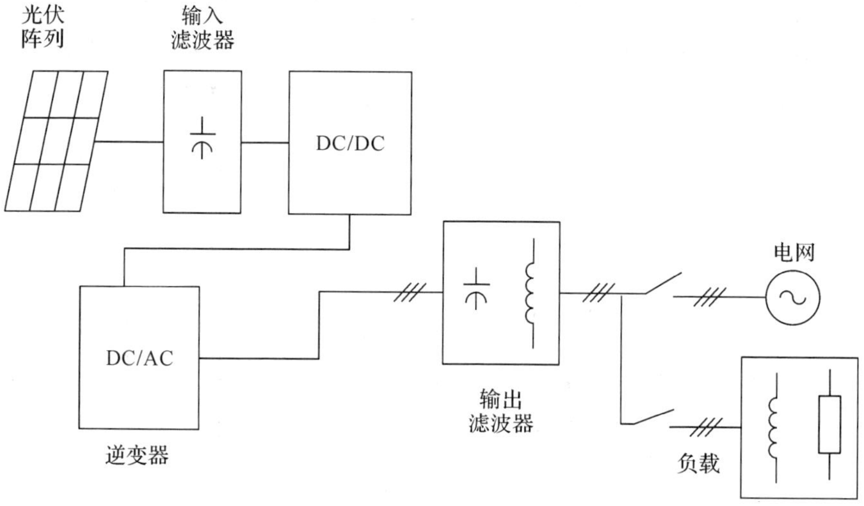

(a) 多级非隔离型光伏逆变器

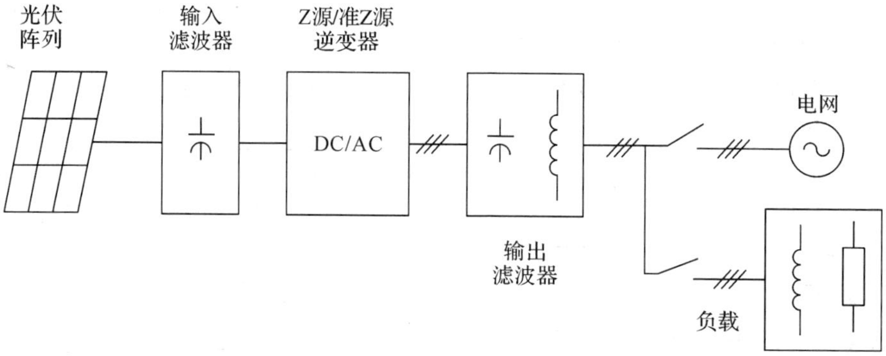

(b) 单级非隔离型光伏逆变器

图 5－3　非隔离型光伏逆变器结构

随着光伏发电相关技术的发展，非隔离型光伏逆变器受到国内外广泛关注，但其面临系统共模电压高、共模漏电流大等难题，究其原因，是光伏阵列与电网之间无变压器隔离，导致光伏阵列与地之间存在较大分布电容，进而引发光伏电池板对地的共模漏电流，存在诸多危害，例如，产生严重共模电磁干扰，造成输出电流畸变、传导损耗增加，甚至威胁人身安全。因此，非隔离型光伏逆变器历来是国内外学术界和产业界的研究热点。

5.2.3　三电平光伏逆变器

逆变器的高效率、高可靠性、低成本对光伏发电系统的稳定可靠运行具有重要意义。然而，在非隔离型光伏发电系统中，传统两电平光伏逆变器拓扑存在输出波形畸变率高、滤波器体积大，导致系统效率低、可靠性低等问题，难以满足高性能光伏发电系统的要求。

而多电平光伏逆变器具有功率器件电压应力低、输出电压谐波含量低、输出滤波器体积小等优势，得到了国内外学者的广泛关注。

三电平光伏逆变器兼顾了系统性能与复杂程度，与传统两电平光伏逆变器拓扑相比，其输出谐波含量低、效率高，与电平数超过三的多电平逆变器拓扑相比，其控制算法简单、成本较低。因此，三电平光伏逆变器是实现非隔离型光伏发电系统高效率、高可靠性、低谐波、低成本的理想解决方案，应用广泛。常用的三电平拓扑主要有四种：二极管箝位型、飞跨电容型、有源箝位型和 T 型。图 5-4 为不同三电平拓扑的单相桥臂结构。

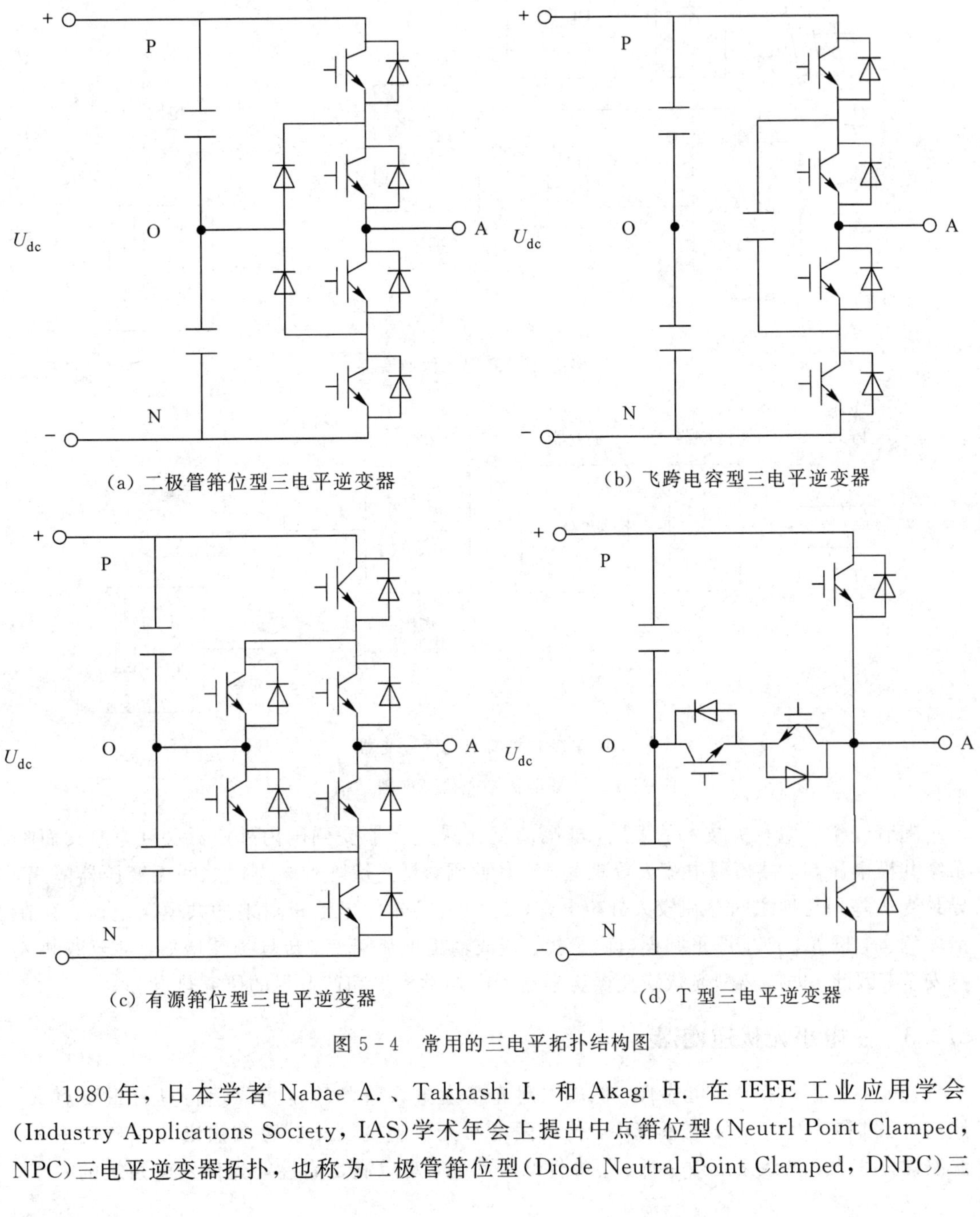

图 5-4　常用的三电平拓扑结构图

1980 年，日本学者 Nabae A.、Takhashi I. 和 Akagi H. 在 IEEE 工业应用学会(Industry Applications Society，IAS)学术年会上提出中点箝位型(Neutrl Point Clamped，NPC)三电平逆变器拓扑，也称为二极管箝位型(Diode Neutral Point Clamped，DNPC)三

电平逆变器拓扑，其单相桥臂结构示意图如图 5-4(a)所示。该拓扑采用二极管将输出端箝位至直流侧中性点，具有功率器件电压应力低、输出电压谐波含量低等优点，在光伏发电、风力发电、配电网电能质量治理、电机控制等领域得到了广泛应用。然而，受电容器容量偏差、功率器件开关特性不一致等因素的影响，该拓扑存在中点电压不平衡的固有问题，在系统运行中需设计中点平衡控制策略。另外，由于流经功率器件的电流不一致，该拓扑存在功率器件损耗不均衡的问题，进而导致部分功率器件结温过高，限制了系统功率等级的提升。

为简化传统 NPC 三电平逆变器拓扑结构，法国学者 Meynard T. A. 于 1992 年提出飞跨电容型(Flying Capacitor，FC)三电平逆变器拓扑，如图 5-4(b)所示。该拓扑采用飞跨电容取代传统 NPC 三电平逆变器拓扑中的箝位二极管，功率器件损耗分布较为均衡，但系统成本有所增加。

针对传统 NPC 三电平逆变器拓扑存在的功率器件损耗不均衡问题，德国学者 Briickner T. 于 2001 年提出了有源箝位型(Active Neutral Point Clamped，ANPC)三电平逆变器拓扑，如图 5-4(c)所示。该拓扑采用全控型功率器件取代 NPC 三电平拓扑中的箝位二极管，通过生成冗余零状态，增加电流流通路径，使得功率器件损耗分布更加均衡，同时提高了系统容错运行能力。然而，功率器件数量增多使得系统成本增加。

T 型(T-type)三电平逆变器是一种新颖的三电平逆变器拓扑，如图 5-4(d)所示。该拓扑采用两个共发射极连接的 IGBT 实现双向开关功能，进而将输出端箝位至直流侧中性点。在系统运行过程中，该双向开关中每个 IGBT 仅承受直流母线电压的 1/2，开关损耗显著减少。该拓扑将传统两电平拓扑的优势(如通态损耗低、器件数量少)和三电平拓扑的优势(如输出电压波形质量高、开关损耗低)相结合。当开关频率在 4～30 kHz 之间时，系统效率最高，且功率器件损耗分布较为均衡。因此，该拓扑综合性能优越，已成为目前光伏逆变器的主流方案。

目前，国内许多高校致力于三电平逆变器相关技术的研究工作，如清华大学、浙江大学、西安交通大学、华中科技大学、山东大学、合肥工业大学、中国矿业大学等。同时，国内外已有多家光伏逆变器制造商开发出三电平逆变器产品，如阳光电源、华为、山东奥太、SMA、Conergy 等公司。三电平逆变器拓扑及相关技术虽然已有近四十年的发展历史，但其应用领域不断拓展，不同应用场合的控制目标不尽相同，传统调制和控制方法的性能指标有待提高。

5.3　单相光伏并网逆变器故障容错控制

太阳能作为一种可循环利用的绿色能源，光伏并网系统得到国内外许多学者的广泛研究，其技术已趋于成熟，目前已进入了推广使用阶段。同时，随着大量的具有非线性和冲击性负载的应用，如家用电器等，其运行产生的谐波以及无功电流对电力系统公共电网造成的污染也日渐严重。因此，研究光伏并网逆变系统的控制策略也已成为目前国内外研究的热点之一。

在日照强度弱，特别是在夜间时，光伏并网系统基本处于闲置的状态，利用率较低。对此，嵇保健等人提出一种新颖的高效率六开关逆变器(H6)，解决了无变压器单相光伏并网逆变器漏电流问题。嵇保健等人还提出一种三电平双 Buck 光伏并网逆变器，该拓扑续流回路经过的器件较传统拓扑数量少，且不经过性能较差的体二极管，有利于获得更高效率。周林等人对一种由 Boost 和带 LCL 滤波器的逆变电路组成的两级式单相光伏并网逆变器进行了研究。杨仁增等人针对光伏电池输出特性的非线性，提出一种单级式光伏并网逆变器的非线性综合控制策略。研究结果表明，非线性综合控制策略通过状态反馈电流环、自抗扰电压环和变步长扰动最大功率跟踪算法的有机结合，有效提升了逆变器的整机控制性能。董仙美等人在基于虚拟变压器的结构下，提出一种新型的适用于宽输入电压的单级式升降压逆变器拓扑，在单级功率变换中实现了逆变与升压的功能。帅定新等人在保证光伏发电基本功能的基础上，分别提出实现无功补偿、有源滤波等各种附加功能，且研究证实各自的方法均可以降低家庭用户对电网的污染。董锋斌等人虽将反步法应用到逆变器系统中，但其数学模型均是建立在精确模型基础上的，均没有将实际系统中存在的参数不确定性和外界干扰考虑进去。滑模变结构的滑动模态具有不变性，对系统数学模型依赖程度低，对于系统参数摄动以及外界干扰具有很强的鲁棒性，从而在逆变器的设计中得到大量的应用。

针对上述光伏并网系统存在的问题，本节将反步法与滑模控制思想相结合，构建一种适用于单相光伏并网逆变系统的反步滑模控制策略；采用状态空间平均法建立逆变器的连续数学模型，以逆变器的输出滤波电容、电压及其导数为状态变量，建立其相应的非精确数学模型，并利用滑模变结构方法，进一步设计光伏并网逆变器的反步滑模非线性控制模型。通过上述方法设计光伏并网逆变系统的 DC/AC 控制器，不仅能够充分利用滑模控制对参数不确定性以及外界干扰的强鲁棒性，而且通过反步法有助于建立滑模面，从而有效改善系统的稳态和动态性能。

5.3.1 单相光伏并网发电系统

两级式单相光伏并网逆变系统主要由光伏阵列、DC/DC Boost 变换器、DC/AC 逆变器等部分组成，图 5－5 为两级式单相光伏并网系统的电路。其中 DC/DC Boost 变换器电路由光伏电池侧电容 C_{pv}、电感 L_{pv}、开关管 S_b和二极管 VD_0组成，并采用 MPPT 控制以获取光伏阵列的最大功率。DC/AC 逆变器由 4 个开关管 $S_1 \sim S_4$、电感 L_{ac}、电容 C_{ac}组成，电感 L_{ac}的电流、电容 C_{ac}的电压分别为 i_{ac}和 u_{ac}，电网电流、电压分别为 i_D和 u_D，i_{pv}、u_{pv}为光伏阵列输出电流、电压，i_{dc}、u_{dc}为光伏侧输出直流电流、电压，u_{sb}为开关管 S_b的端电压，为方便计算，将电网回路等效为一电抗 R_L。

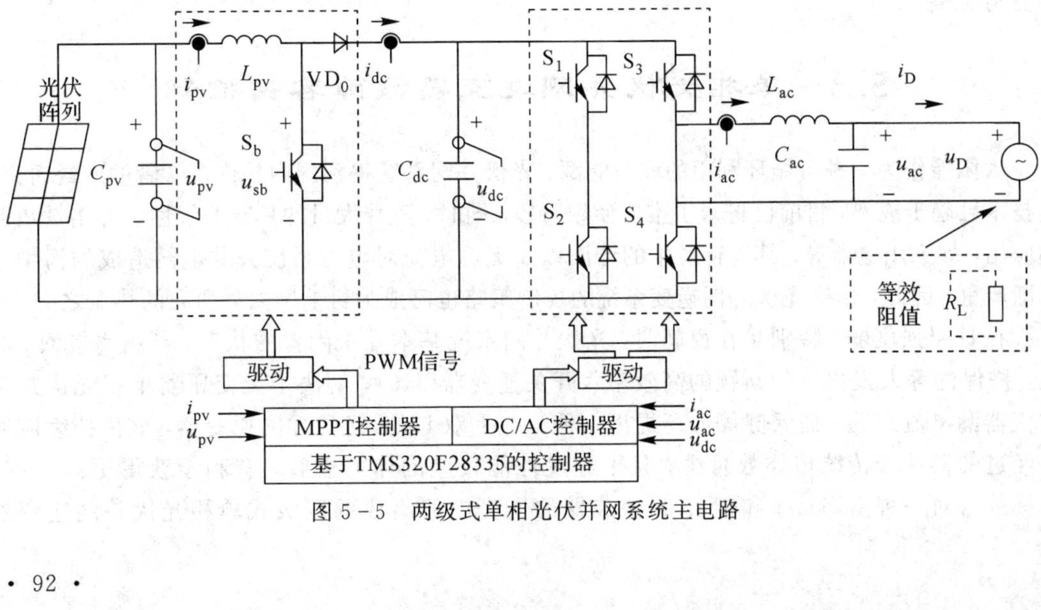

图 5－5　两级式单相光伏并网系统主电路

5.3.2　单相光伏并网逆变器的数学模型

图 5－5 中 DC/AC 逆变器接受光伏侧母线直流电压 u_{dc}，控制 4 个开关管 $S_1 \sim S_4$ 的导通。假设 $S_1 \sim S_4$ 为理想开关，且它们的开关频率足够高，同时将其死区时间、电感 L_{ac}及电容 C_{ac}上的寄生电阻忽略，则由基尔霍夫定律可得 S_1、S_4 和 S_2、S_3 分别导通时的方程(式(5－1))，为方便计算，将电网回路等效为一电抗 R_L，单位为 Ω。

$$\begin{cases} L_{ac}\dfrac{di_{ac}}{dt}=u_{dc}-u_{ac} \\ C_{ac}\dfrac{du_{ac}}{dt}=i_{ac}-\dfrac{1}{R_L}u_{ac} \end{cases} \tag{5-1}$$

借鉴状态空间平均法，单相光伏并网逆变器的数学模型可以表示为

$$\begin{cases} L_{ac}\dfrac{di_{ac}}{dt}=(2D-1)u_{dc}-u_{ac} \\ C_{ac}\dfrac{du_{ac}}{dt}=i_{ac}-\dfrac{1}{R_L}u_{ac} \end{cases} \tag{5-2}$$

式中，L_{ac}、C_{ac}分别为电网侧电感、电容，单位分别为 mH、μF；u_{ac}、i_{ac}分别为 C_{ac}和 L_{ac}上的电压、电流，单位分别为 V、A；D 为开关 S_1、S_4 的占空比，且 $0 \leqslant D \leqslant 1$。

对式(5－2)进行如下变换即可得到符合反步设计要求的参数严格反馈格式：

$$\frac{d^2u_{ac}}{dt^2}=\frac{1}{C_{ac}}\frac{di_{ac}}{dt}-\frac{1}{R_L C_{ac}}\frac{du_{ac}}{dt} \tag{5-3}$$

将式(5－2)中的第 1 个式子代入式(5－3)，经整理后可以得到

$$\frac{d^2u_{ac}}{dt^2}=-\frac{1}{R_L C_{ac}}\frac{du_{ac}}{dt}-\frac{1}{L_{ac}C_{ac}}u_{ac}+\frac{1}{L_{ac}C_{ac}}(2D-1)u_{dc} \tag{5-4}$$

定义状态变量$[x_1, x_2]=[u_{ac}, \dot{u}_{ac}]$成立，且结合式(5－4)，得到以 u_{ac}、$\dfrac{du_{ac}}{dt}$作为系统状态变量来表示的单相光伏逆变器的另一数学模型，可以表达为

$$\begin{cases} \dfrac{dx_1}{dt}=x_2 \\ \dfrac{dx_2}{dt}=-\dfrac{1}{R_L C_{ac}}x_2-\dfrac{1}{L_{ac}C_{ac}}x_1+\dfrac{1}{L_{ac}C_{ac}}(2D-1)u_{dc} \end{cases} \tag{5-5}$$

就实际应用而言，对于两级式单相光伏并网逆变系统的输出电压 u_{ac}，是可以通过检测得到的，并可计算得到其导数$\dfrac{du_{ac}}{dt}$。因此，式(5－5)符合单相光伏并网逆变器的实际情况。实际应用中传统的逆变器受多种因素的干扰，其中外界干扰和系统参数的不确定性为主要原因，考虑上述因素，并使其符合反步设计原则，将式(5－5)可以表达为另一种公式，即

$$\begin{cases} \dfrac{dx_1}{dt}=x_2 \\ \dfrac{dx_2}{dt}=-\left(\dfrac{1}{R_L C_{ac}}+\Delta_1\right)x_2-\left(\dfrac{1}{L_{ac}C_{ac}}+\Delta_2\right)x_1+\dfrac{1}{L_{ac}C_{ac}}(2D-1)u_{dc}+\varphi(t) \end{cases} \tag{5-6}$$

式中，Δ_1、Δ_2为由电感 L_{ac}、电容 C_{ac}的实际应用值和理论值之间的误差等所引起的不确定

性参数；$\varphi(t)$为外界干扰，主要由逆变器输入直流电压 u_{dc} 的不稳定性引起。假设定义外界干扰和系统参数的不确定性函数为

$$\Phi(t) = -\Delta_1 x_2 - \Delta_2 x_1 + \varphi(t) \tag{5-7}$$

则将式(5-7)代入式(5-6)，可得单相光伏并网逆变器的数学模型为

$$\begin{cases} \dfrac{dx_1}{dt} = x_2 \\ \dfrac{dx_2}{dt} = -\dfrac{1}{R_L C_{ac}} x_2 - \dfrac{1}{L_{ac} C_{ac}} x_1 + \dfrac{1}{L_{ac} C_{ac}} (2D-1) u_{dc} + \Phi(t) \end{cases} \tag{5-8}$$

5.3.3 反步滑模控制模型的建立

由式(5-8)可知，进行反步法设计之前，需要对跟踪误差进行定义。同时，对于单相光伏并网逆变器而言，其控制目标主要是控制变量 u_{ac} 的实际值，以跟踪参考电压($x_R = u_{ac}^*$)。因此，根据反步设计原则，将跟踪误差 y_1 定义为 u_{ac} 与参考电压 x_R 之间的差值：

$$\begin{cases} y_1 = x_1 - x_R \\ \dot{y}_1 = x_2 - \dot{x}_R \end{cases} \tag{5-9}$$

式中，x_R 为参考电压，单位为 V；y_1 为跟踪误差，单位为 V。

反步法将满足参数严格反馈的非线性系统分解为不超过系统阶数的子系统，并对每个子系统设计 Lyapunov 函数和中间虚拟控制量，直到“后退”到整个系统。由式(5-8)可知，单相光伏并网逆变器的数学模型为一个二阶系统，因此系统的反步设计需要分两个步骤来进行：

(1) 设置 Lyapunov 函数 F_1 为

$$F_1 = \frac{1}{2} y_1^2 \tag{5-10}$$

对式(5-10)进行求导后代入式(5-9)，可以得到

$$\dot{F}_1 = y_1 (x_2 - \dot{x}_R) \tag{5-11}$$

设置变量 x_1 子系统的虚拟控制量 y_2 为

$$y_2 = x_2 + e_1 y_1 - \dot{x}_R \tag{5-12}$$

式中，e_1 为可调整的控制参数，且大于 0。

由式(5-12)可得

$$x_2 = y_2 - e_1 y_1 + \dot{x}_R \tag{5-13}$$

将式(5-13)代入式(5-11)，可得

$$\dot{F}_1 = -e_1 y_1^2 + y_1 y_2 \tag{5-14}$$

(2) 设置 Lyapunov 函数 F_2 为

$$F_2 = F_1 + \frac{1}{2} y_2^2 \tag{5-15}$$

对式(5-15)进行求导，得

$$\dot{F}_2 = \dot{F}_1 + y_2 \dot{y}_2 \tag{5-16}$$

综合式(5-12)和式(5-8)，则 y_2 的导数可以表达为

$$\dot{y}_2=-\frac{1}{R_L C_{ac}}x_2-\frac{1}{L_{ac}C_{ac}}x_1+\frac{1}{L_{ac}C_{ac}}(2D-1)u_{dc}+\Phi(t)+e_1\dot{y}_1-\ddot{x}_R \tag{5-17}$$

将式(5-17)代入式(5-16)，可以得到 F_2 的导数为

$$\dot{F}_2=y_2\left[-\frac{1}{R_L C_{ac}}x_2-\frac{1}{L_{ac}C_{ac}}x_1+\frac{1}{L_{ac}C_{ac}}(2D-1)u_{dc}+\Phi(t)+e_1\dot{y}_1-\ddot{x}_R\right]+y_1y_2-e_1y_1^2 \tag{5-18}$$

由式(5-12)可知，变量 x_1 子系统的虚拟控制量 y_2 受跟踪误差信号 y_1 和参考电压信号 x_R 的影响。因此，参照滑模控制理论，滑模面可以设置为

$$s=y_2 \tag{5-19}$$

且滑模趋近律可以表达为

$$\dot{s}=-\eta\mathrm{sgn}(s)+e_2s,\quad \mathrm{sgn}(s)=\begin{cases}1, & s>0\\ 0, & s=0\\ -1, & s<0\end{cases} \tag{5-20}$$

式中，η、e_2 为可调整的控制参数，且 $\eta>0$，$e_2>0$。

综合利用式(5-18)～式(5～20)，控制律可以设置为

$$D=\frac{1}{2}\left[1+\frac{L_{ac}C_{ac}}{U_{dc}}\left(\frac{1}{R_L C_{ac}}x_2+\frac{1}{L_{ac}C_{ac}}x_1-\eta\mathrm{sgn}(s)-e_2s-e_1\dot{y}_1-y_1+\ddot{x}_R\right)\right] \tag{5-21}$$

将式(5-21)代入式(5-18)，可以得到

$$\dot{F}_2=-e_1y_1^2-e_2y_2^2-\eta\mathrm{sgn}(s)y_2+y_2\Phi(t) \tag{5-22}$$

由式(5-22)可以看出，控制律中存在一个不确定项 $\Phi(t)$，因此，难以通过式(5-22)来判定单相光伏并网逆变系统的稳定性。根据单相光伏并网逆变器的工作原理，在一个开关周期内逆变器的电容电压 u_{ac}、电感电流 i_{ac} 和直流电压 u_{dc} 的波动是有限的，则由式(5-7)定义的总不确定性 $\Phi(t)$ 是有界的。不妨设定 $|\Phi(t)|\leqslant K$，K 为总不确定性函数 $\Phi(t)$ 的上界，且设置控制参数 $\eta\geqslant K$，则由式(5-22)可得

$$\dot{F}_2\leqslant -e_1y_1^2-e_2y_2^2<0 \tag{5-23}$$

根据 Lyapunov 稳定性定理，由式(5-23)和式(5-15)可得：闭环系统在跟踪误差和虚拟控制量 $(y_1, y_2)=(0, 0)$ 处是趋于渐近稳定的，即当 $t\to\infty$ 变化时，$y_1\to 0$ 和 $y_2\to 0$ 成立。同时，由式(5-9)中的第 1 个公式、式(5-12)、式(5-8)和式(5-21)所构建的闭环系统在参考电压信号 $(x_R, \dot{x}_R)$ 处也是趋于渐近稳定的，则系统函数实现了对参考信号 x_R、$\dot{x}_R$ 的有效跟踪控制。

在滑模控制中存在“抖振”现象。为了避免该现象发生，设置函数 $\gamma(s)=\frac{s}{|s|+\sigma}$ 以替代式(5-22)中的变量 sgn(s)，其中参数 σ 设置为

$$\sigma=\begin{cases}0, & |s|\geqslant k_1\\ \sigma_0, & |s|<k_1,\ \sigma_0>0\end{cases} \tag{5-24}$$

式中，k_1、σ_0 为可调参数。

综上所述，可以得到单相光伏并网逆变器的反步滑模非线性控制系统，见图 5-6。

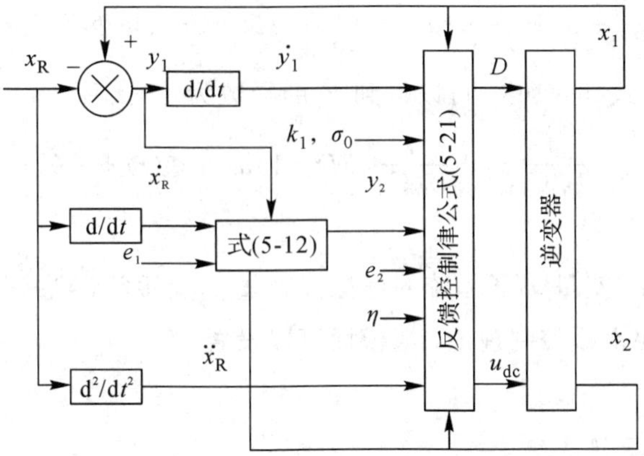

图 5-6　反步滑模非线性控制系统

5.3.4　实例分析

为验证给出的控制策略的有效性和可行性，根据图 5-5 进行仿真试验。逆变器的参数设置为光伏侧输出直流电压 u_{dc} 和电网侧输出交流工频电压 u_{ac} 分别等于 360 V、220 V，开关频率为 20 kHz，电感 L_{ac} 和电容 C_{ac} 分别为(4±2) mH、(28.2±15) μF。设置反馈控制律系数为 $e_1=1\times10^6$，$e_2=6000$，$\eta=1\times10^9$，$\sigma_0=46$，$k_1=100$，$L_{ac}=4$ mH，$C_{ac}=28.2$ μF。试验参数设置：母线直流电压 u_{dc} 等于 360 V，所用电感和电容与理论参数存在一定差别，分别选取电感为(4±1) mH，电容为(28.2±5) μF，开关频率为 20 kHz。

图 5-7 为单相光伏并网逆变系统在 R_L 等于 30.8 Ω(额定值)启动时的 u_D、i_D 的仿真试验波形。由图 5-7 可以看出，u_D 和 i_D 的启动速度快，在一个周期波形之内即达到稳定状态，系统达到稳态后，其波形均为正弦波，频率为 50 Hz，且波形光滑，电压输出和频率均没有出现静差，电压幅值基本稳定在 220 V 左右，表明 u_D 的波形畸变小，且总谐波畸变率 T_{HD} 为 0.021%。

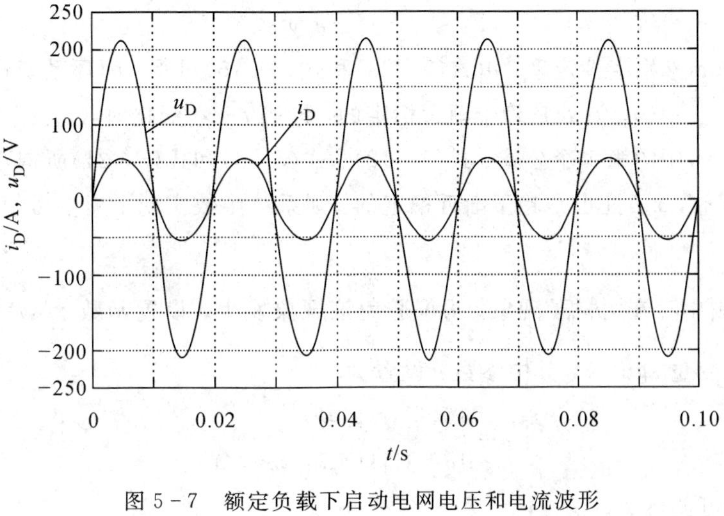

图 5-7　额定负载下启动电网电压和电流波形

设定 R_L 分别在 0.1 s 和 0.2 s 处发生了跳变，由 34 Ω 跳变为 15 Ω，再跳回到 34 Ω。图 5－8 为不同时段 R_L 跳变时的仿真曲线。由图 5－8 可以看出，在 R_L 跳变过程中，电压 u_D 没有发生明显变化，且 T_{HD} 为 0.025%，而电流 i_D 以较快的速度变化至相应的稳定状态，变化曲线平滑，且基本没有发生畸变，表明本节所提出的反步滑模控制法具有较强的抗干扰能力。

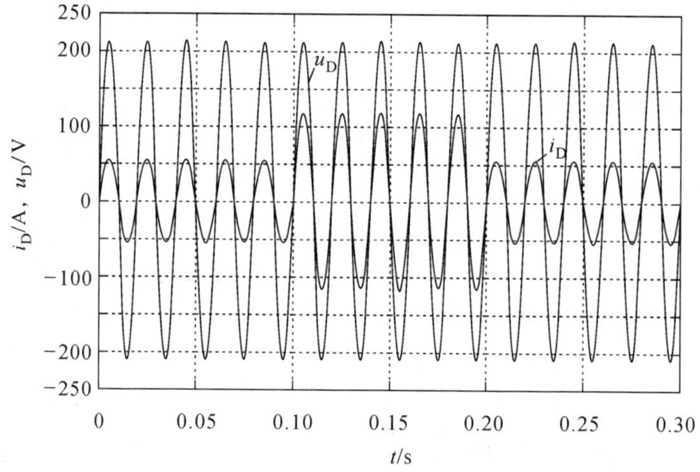

图 5－8　R_L 突变时电网电压和电流仿真波形

假设光伏侧输出直流电压 u_{dc} 发生了突变，设置在 0.1 s 处 u_{dc} 由 360 V 跳变为 380 V，在 0.2 s 处又跳变为 360 V，且 R_L 设置为 34 Ω，电网电压和电流瞬态响应曲线见图 5－9。由图 5－9 可以看出，电压 u_D 和电流 i_D 并没有受到输入直流电压 u_{dc} 跳变的影响。单相光伏并网系统母线直流电压 u_{dc} 通常是通过电容 C_{dc} 滤波后获得的。

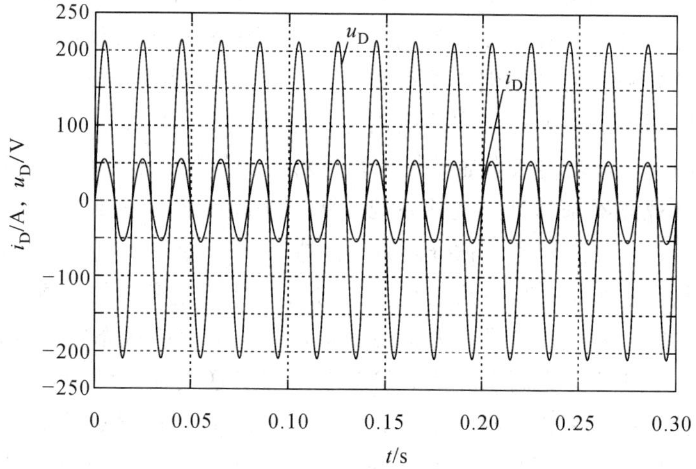

图 5－9　直流输入电压突变时电网电压和电流波形

因此为了确保 u_{dc} 恒定，直流母线电容 C_{dc} 通常选取的值都较大。而采用本节所提出的控制策略，逆变系统输出基本不受 u_{dc} 扰动的影响，因此对减小 C_{dc} 的值、降低 C_{dc} 的成本有一定的意义。上述表明本文提出的控制方法对系统母线直流电压同样具有很强的抗扰动能力。

综合以上仿真结果，单相光伏并网逆变系统在输出滤波电感 L_{ac} 和电容 C_{ac} 数值不精确以及存在外界干扰的情况下，本节提出的反步滑模控制策略，系统输出无静差，输出电压畸变率 T_{HD}很小；对于 DC/AC 逆变器的母线直流输入电压具有较强的抗扰动能力。

5.4 三相光伏电压型逆变器容错控制

三相光伏电压型逆变器是一类典型的开关型非线性系统，线性控制方法在该类系统中受到极大的限制，尤其在快速性、精确性方面更是不佳，因而现代非线性控制方法在单相电压型全桥逆变系统中的应用成为了当前逆变器控制的研究热点之一。目前逆变器控制应用方案主要有双闭环控制、无差拍控制、重复控制等，虽然都对逆变器的性能有所改进，但也存在不同程度的问题。

随着对非线性控制理论的深入研究，基于微分几何理论的精确线性化方法在逆变器的非线性控制中得到了广泛的应用，然而该方法是建立在受控对象为精确数学模型的基础之上的，未考虑实际系统不确定性问题，因而鲁棒性不强，计算表达式复杂，工程实现较为困难。反馈无源化方法从系统能量角度，通过保持系统的无源性，使得系统内部稳定，在逆变器中也得到了一定程度的应用。王久和等人采用反馈无源化方法设计了光伏并网中三相逆变器的电流控制器，仿真和实验均验证了其有效性，但反馈无源化方法要求系统相对阶为1，限制了反馈无源化方法在逆变器中的应用范围。H_∞控制在抗干扰能力方面性能优越，作为一种经典的非线性控制方法在逆变器中也得到了应用。陈宝远等人利用 H_∞控制理论设计了单相电压型逆变器的 H_∞输出反馈控制器，但设计过程中需要求解 Hamilton-Jaccohi-Issaes(HJD)不等式，目前对于 HJD 不等式没有一般的求解方法，获得准确的数值解则十分困难，往往需要一定的设计经验。针对逆变器基本重复控制中存在的延时问题，贾要勤等人构建了一类基于状态反馈的单相电压型逆变器重复控制策略，该策略使系统的动态响应速度得到了改善。就风电系统的干扰问题，Alma YA 等人和吴忠强等人分别设计了两类带扰动观测器的滑模控制的逆变器，该系统可以对干扰进行有效抑制。但是，目前提出的各种主流非线性控制方法在逆变器中的应用并不十分完善，依然有许多问题尚待解决。在逆变器的实际应用中，系统的状态通常是未知且难以测量的，常常存在着诸多的外界干扰，因而在应用中设计观测器来估计逆变器系统的状态便显得尤为重要。

基于上述分析，本节引入比例积分函数，构造了一个带有比例积分项的三相光伏电压型逆变器抗扰动状态观测器，利用状态空间平均法建立了逆变器的连续数学模型，以逆变系统的输出滤波电容、电压及其导数为状态变量，建立了系统状态空间表达式和输出方程非线性数学模型。通过带有比例积分项的状态观测器对逆变器系统中存在的外界干扰和不确定性参数等多种干扰因素进行有效估计，建立了相应的非精确数学模型；将矢量控制技术和滑模控制相结合推导出了具有参数不确定和外界干扰情况下的逆变器反馈控制律，构建了一类非奇异终端滑模控制器；借用 Lyapunov 函数证明了系统在全局意义下的渐近稳定性。上述方法设计的三相光伏电压型逆变系统控制器，不仅能够充分利用扰动观测器对不确定性参数以及外界干扰进行有效抑制，而且可以通过非奇异终端滑模控制法避免传统方法的奇异缺陷，从而有效改善系统的稳态和动态性能。最后，本节通过实例验证了该控制方案的正确性和合理性。

5.4.1 问题描述

1. 逆变器数学模型

三相电压型 PWM 逆变器作为变流系统的主要组成部分，可以高效地实现 DC/AC 变换，其结构主要包括直流电压源 U_{in}、6 个全控型器件功率开关管 $VD_1 \sim VD_6$ 组成的三相逆变桥和电感 L、电容 C 组成的低通滤波器，拓扑结构如图 5-10(a)所示。

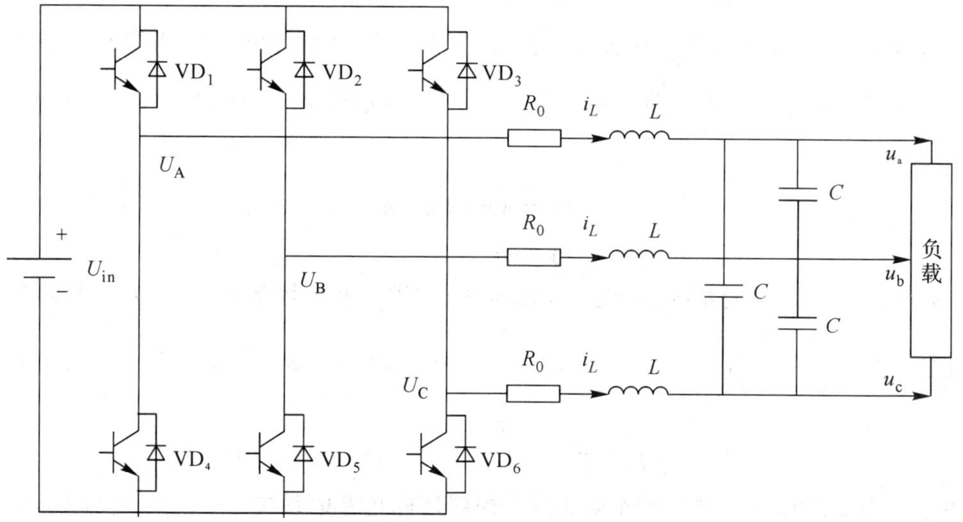

(a) 三相电压型 PWM 逆变器电路拓扑图

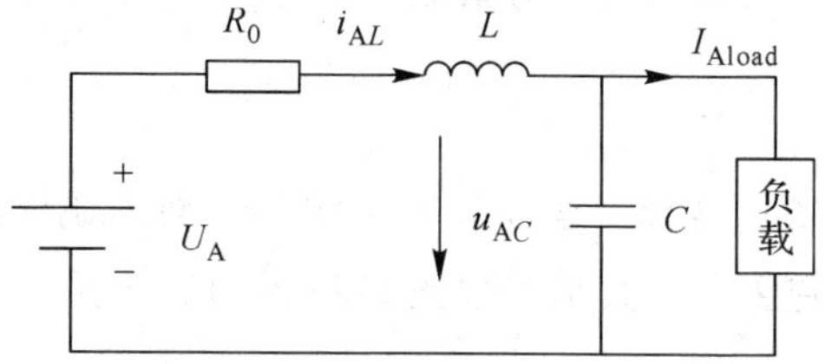

(b) A 相逆变器电路拓扑图

图 5-10　三相电压型 PWM 逆变器及其 A 相逆变器电路拓扑图

由图 5-10(a)可知，三相电压型 PWM 逆变桥是由 3 个完全相同的单相半桥逆变器组成的，每个逆变桥 LC 滤波器的滤波电容 C 的端电压大小相等，相位互差 120°。图5-10(b)为三相电压型 PWM 逆变桥中 A 相的主拓扑结构图，其中 U_A 为 A 相逆变桥输出的脉冲电压，I_{Aload} 为负载电流，i_{AL} 为流过电感 L 的电流，u_{AC} 为电容 C 的端电压，电阻 R_0 为电感 L 的等效阻值和系统阻尼因素的综合等效阻值。假设图 5-10 中 6 个功率开关管 $VD_1 \sim VD_6$ 为理想开关且开关频率足够高，并忽略开关的死区时间。依据基尔霍夫电压、电流定律，采用状态空间平均法，可得到 A 相逆变器连续的数学模型：

$$\begin{cases} L\dfrac{di_{AL}}{dt} = -u_{AC} - R_0 i_{AL} + U_A \\ C\dfrac{du_{AC}}{dt} = i_{AL} - I_{Aload} \end{cases} \tag{5-25}$$

2. 状态方程及问题描述

由 KAL 定理可知，当三相电压型 PWM 逆变器变流系统所带负载发生变化时，电感 L 具有维持 i_{AL} 瞬时不变的特征，流过滤波电容 C 的瞬时电流 $\frac{du_{AC}}{dt}$ 将发生较大幅度的变化，从而造成其端电压 u_{AC} 发生大幅度的变化。据此，对 u_{AC} 求二阶导数，式(5－25)可变换为

$$\frac{d^2u_{AC}}{dt^2}=-\frac{R_0}{L}\frac{du_{AC}}{dt}-\frac{1}{LC}u_{AC}+\frac{1}{LC}U_A-\frac{R_0}{LC}I_{Aload} \tag{5-26}$$

对系统(5－25)中电容 C、电感 L、直流输入电压 U_{in}、脉冲电压 U_A 和负载电流 I_{Aload} 的干扰进行考虑，并定义状态变量 $x_1=u_{AC}$，$x_2=\frac{du_{AC}}{dt}$，从而得到系统的状态空间表达式和输出方程为

$$\begin{cases}\dot{\boldsymbol{x}}=\boldsymbol{Ax}+\boldsymbol{Bu}+\boldsymbol{d}\\ \boldsymbol{y}=\boldsymbol{Cx}\end{cases} \tag{5-27}$$

式中，$\boldsymbol{u}$ 为系统输入，$\boldsymbol{y}$ 为系统标量输出，$\boldsymbol{A}$ 为系统矩阵，$\boldsymbol{B}$ 为控制矩阵，$\boldsymbol{C}$ 为观测矩阵，$\boldsymbol{d}$ 为系统干扰。$\boldsymbol{A}=\begin{bmatrix}0 & 1\\ a_1 & a_2\end{bmatrix}$，$\boldsymbol{B}=[b_1\quad b_2]$，$\boldsymbol{C}=[1\quad 0]$，$\boldsymbol{d}=[0\quad d_0]^T$，$\boldsymbol{u}=[U_A\quad I_{Aload}]^T$；且

$$a_1=-\frac{1}{LC},\ a_2=-\frac{R_0}{L},\ b_1=\frac{1}{LC},\ b_2=-\frac{R_0}{LC}$$

综上可知，三相电压型 PWM 逆变器的控制目标是考虑系统(5－27)中电容 C、电感 L、直流输入电压 U_{in}、脉冲电压 U_A 和负载电流 I_{Aload} 的未知干扰，并对未知干扰进行有效估计，再通过合理设计控制器，实现电压信号对给定参考电压的精确跟踪并确保系统稳定。

5.4.2 状态估计

三相电压型逆变器的输出特性主要受外界干扰和参数不确定性的影响。由扰动观测器抗扰动的基本思想设计控制系统，其结构框图如图 5－11 所示。

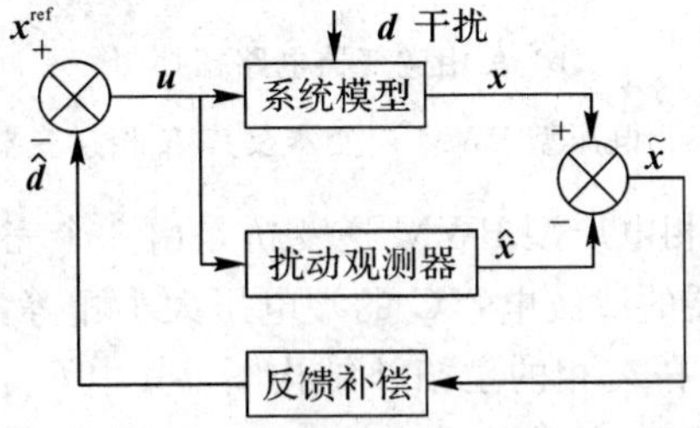

x^{ref}—参考输入；$\hat{x}$—x 的估计值；$\hat{d}$—d 的观测值；

d—干扰输入；$\tilde{x}=x-\hat{x}$—观测误差

图 5－11　由扰动观测器抗扰动基本思想设计的控制系统结构框图

由图 5－11 设计的扰动状态观测器模型为

$$\begin{cases}\dot{\hat{\boldsymbol{x}}}=\boldsymbol{A}\hat{\boldsymbol{x}}-\boldsymbol{Bu}+\hat{\boldsymbol{d}}+\boldsymbol{M}\tilde{\boldsymbol{x}}\\ \hat{\boldsymbol{y}}=\boldsymbol{C}\hat{\boldsymbol{x}}\end{cases} \tag{5-28}$$

式中，$\hat{\boldsymbol{x}}$ 为状态变量 $\boldsymbol{x}$ 的估计值，$\hat{\boldsymbol{y}}$ 为系统输出 $\boldsymbol{y}$ 的估计值，$\hat{\boldsymbol{d}}$ 为系统干扰估计值，$\boldsymbol{M}\in\mathbf{R}^{2\times2}$ 为观测误差的反馈矩阵，且 $\hat{\boldsymbol{x}}=[\hat{x}_1 \quad \hat{x}_2]^{\mathrm{T}}$，$\hat{\boldsymbol{d}}=[0 \quad \hat{d}_0]^{\mathrm{T}}$。

由此可以得到观测误差动态方程为

$$\dot{\tilde{\boldsymbol{x}}}=\dot{\boldsymbol{x}}-x\dot{\hat{\boldsymbol{x}}}=(\boldsymbol{A}-\boldsymbol{M})\tilde{\boldsymbol{x}}+(\boldsymbol{d}-\hat{\boldsymbol{d}}) \tag{5-29}$$

定义　$\boldsymbol{H}$ 为广义误差信号，令 $\boldsymbol{H}=\boldsymbol{D}\tilde{\boldsymbol{x}}$，其中 $\boldsymbol{D}\in\mathbf{R}^{2\times2}$ 为广义误差矩阵。

定理 5-4-1　考虑系统(5-27)、(5-28)，应用 Lyapunov 稳定理论，如果满足 $\boldsymbol{G}(s)=\boldsymbol{D}[s\boldsymbol{I}-(\boldsymbol{A}-\boldsymbol{M})]^{-1}$ 为严格正实矩阵，同时 $\zeta(0,t)=\int_0^t \boldsymbol{H}^{\mathrm{T}}(\boldsymbol{d}-\hat{\boldsymbol{d}})\mathrm{d}\tau\geqslant-\gamma^2$ 成立，其中 γ 为一个有限正常数，且不依赖时间 $t(t>0)$，则误差动态方程(5-29)收敛。

证明　通过系统重构，总能找到 $\boldsymbol{D}$、$\boldsymbol{M}$ 矩阵，使得 $\boldsymbol{G}(s)$ 为严格正实矩阵。

假设 5-4-1　$\zeta_1(0,t)\geqslant-\gamma_1^2$，$\zeta_1(0,t)\geqslant-\gamma_2^2$，其中 γ_1、γ_2 是与 γ 具有相同性质的有限正常数，且不依赖时间 $t(t>0)$。

由假设 5-4-1 知 $\zeta(0,t)$ 可以表示为

$$\zeta(0,t)=\zeta_1(0,t)+\zeta_2(0,t)\geqslant-\gamma^2 \tag{5-30}$$

本节选择带有积分项的状态观测干扰，设定干扰估计值 $\hat{\boldsymbol{d}}$ 为

$$\hat{\boldsymbol{d}}=\boldsymbol{L}_1\boldsymbol{H}+\int_0^t \boldsymbol{L}_2\boldsymbol{H}\mathrm{d}\tau+\hat{\boldsymbol{d}}(0) \tag{5-31}$$

式中，$\boldsymbol{L}_1=\mathrm{diag}\{l_{11},\ l_{12}\}$，$\boldsymbol{L}_2=\mathrm{diag}\{l_{21},\ l_{22}\}$。

由此可以得到

$$\begin{cases}\zeta_1(0,t)=\displaystyle\int_0^t \boldsymbol{H}^{\mathrm{T}}\left[\boldsymbol{d}-\int_0^t \boldsymbol{L}_2\boldsymbol{H}\mathrm{d}\tau-\hat{\boldsymbol{d}}(0)\right]\mathrm{d}\tau\\ \zeta_2(0,t)=-\displaystyle\int_0^t \boldsymbol{H}^{\mathrm{T}}\boldsymbol{L}_1\boldsymbol{H}\mathrm{d}\tau\end{cases} \tag{5-32}$$

令 $\dot{\boldsymbol{\rho}}=\boldsymbol{H}$，$\varsigma\boldsymbol{\rho}=\mathrm{diag}\{\zeta_1,\ \zeta_2\}\boldsymbol{\rho}=\boldsymbol{d}-\int_0^t \boldsymbol{L}_2\dot{\boldsymbol{\rho}}\mathrm{d}\tau-\hat{\boldsymbol{d}}(0)$，则 $\zeta_1(0,t)$、$\zeta_2(0,t)$ 又可以转换为

$$\begin{cases}\zeta_1(0,t)=\displaystyle\int_0^t \dot{\boldsymbol{\rho}}^{\mathrm{T}}\varsigma\boldsymbol{\rho}\mathrm{d}\tau\geqslant\frac{1}{2}\min_{i=1,2}\{\varsigma_i\}[\boldsymbol{\rho}^{\mathrm{T}}\boldsymbol{\rho}(t)-\boldsymbol{\rho}^{\mathrm{T}}\boldsymbol{\rho}(0)]\\ \qquad\geqslant-\dfrac{1}{2}\min_{i=1,2}\{\varsigma_i\}\boldsymbol{\rho}^{\mathrm{T}}\boldsymbol{\rho}(0)\geqslant-\gamma_1^2\\ \zeta_2(0,t)=-\displaystyle\int_0^t \dot{\boldsymbol{\rho}}^{\mathrm{T}}\boldsymbol{L}_1\dot{\boldsymbol{\rho}}\mathrm{d}\tau\geqslant-\max_{i=1,2}\{\boldsymbol{L}_{1i}\}\int_0^t \dot{\boldsymbol{\rho}}^{\mathrm{T}}\dot{\boldsymbol{\rho}}\mathrm{d}\tau\geqslant-\gamma_2^2\end{cases} \tag{5-33}$$

其中，$\varsigma_i>0(i=1,2)$。

综上所述，式(5-28)的扰动观测器模型，符合 Lyapunov 稳定理论的设计要求，定理得证。

5.4.3　抗扰动滑模控制器及其稳定性分析

针对式(5-27)采用滑模控制进行控制器设计。假设逆变器系统低通滤波器的电容 C 的端电压给定参考值 u_C^{ref}，得 x_1、x_2 的误差为 $\sigma_1=x_1^{\mathrm{ref}}-x_1$，$\sigma_2=x_2^{\mathrm{ref}}-x_2$，则误差向量式可写为

$$\dot{\boldsymbol{\sigma}}=\boldsymbol{A\sigma}-\boldsymbol{A\kappa}^{\mathrm{ref}}+\boldsymbol{Bu}-\boldsymbol{d} \tag{5-34}$$

式中，$\boldsymbol{\sigma}=[\sigma_1, \sigma_2]^{\mathrm{T}}$，$\boldsymbol{\kappa}^{\mathrm{ref}}=[x_1^{\mathrm{ref}}, x_2^{\mathrm{ref}}]^{\mathrm{T}}$。

采用非奇异终端滑模控制方法设计控制器，构造参数$\boldsymbol{J}_1$、$\boldsymbol{J}_2$ 分别为

$$\begin{cases}\boldsymbol{J}_1 = \theta_1\boldsymbol{\sigma}+\theta_2\int_0^t \boldsymbol{\sigma}\mathrm{d}\tau \\ \boldsymbol{J}_2 = \dot{\boldsymbol{J}}_1 = \theta_1\dot{\boldsymbol{\sigma}}+\theta_2\boldsymbol{\sigma}\end{cases} \tag{5-35}$$

式中，θ_1、θ_2 为系统设计参数，均大于 0。

为了提高系统的响应速度和跟踪精度，设计系统控制律为

$$\boldsymbol{u}=\frac{1}{b}(\boldsymbol{u}_1-\boldsymbol{u}_2+\hat{\boldsymbol{d}}) \tag{5-36}$$

式中，$\boldsymbol{u}_1=\boldsymbol{Ax}-\frac{\theta_2}{\theta_1}\times\sigma$，$\boldsymbol{u}_2=\int_0^t k_1\,\mathrm{sgn}(\boldsymbol{s})\mathrm{d}\tau+\int_0^t \frac{q}{\theta_1 p}\boldsymbol{\delta}^{-1}\boldsymbol{J}_2^{2-\frac{p}{q}}\mathrm{d}\tau+\int_0^t k_2\boldsymbol{s}\mathrm{d}\tau$。其中，$p$、$q$、$k_1$、$k_2$ 和 $\boldsymbol{\delta}$ 均为系统设计参数，且 $\boldsymbol{\delta}=\mathrm{diag}\{\delta_1, \delta_2\}$，$\delta_1$、$\delta_2$、$k_1$ 和k_2 均大于 0，p、q 为奇数且满足 $1<\frac{p}{q}<2$。

综合以上，有

$$\begin{aligned}\boldsymbol{J}_2 &=\theta_1[\boldsymbol{A\sigma}-\boldsymbol{A\kappa}^{\mathrm{ref}}+\boldsymbol{Bu}-\boldsymbol{d}]+\theta_2\boldsymbol{\sigma}\\ &=\theta_1[\boldsymbol{A\sigma}-\boldsymbol{A\kappa}^{\mathrm{ref}}+(\boldsymbol{u}_1-\boldsymbol{u}_2+\hat{\boldsymbol{d}})-\boldsymbol{d}]+\theta_2\boldsymbol{\sigma}\\ &=\theta_1\left[\boldsymbol{A\sigma}-\boldsymbol{A\kappa}^{\mathrm{ref}}+\left(\boldsymbol{Ax}-\frac{\theta_2}{\theta_1}\times\boldsymbol{\sigma}-\boldsymbol{u}_2+\hat{\boldsymbol{d}}\right)-\boldsymbol{d}\right]+\theta_2\boldsymbol{\sigma}\\ &=\theta_1(\hat{\boldsymbol{d}}-\boldsymbol{d})-\theta_1\boldsymbol{u}_2\end{aligned} \tag{5-37}$$

$$\begin{aligned}\dot{\boldsymbol{J}}_2 &=\theta_1(\dot{\hat{\boldsymbol{d}}}-\dot{\boldsymbol{d}})-\theta_1[k_1\,\mathrm{sgn}(\boldsymbol{s})+\frac{q}{\theta_1 p}\boldsymbol{\delta}^{-1}\boldsymbol{J}_2^{2-\frac{p}{q}}+k_2\boldsymbol{s}]\\ &=\theta_1(\dot{\hat{\boldsymbol{d}}}-\dot{\boldsymbol{d}})-\theta_1 k_1\,\mathrm{sgn}(\boldsymbol{s})-\frac{q}{p}\boldsymbol{\delta}^{-1}\boldsymbol{J}_2^{2-\frac{p}{q}}-\theta_1 k_2\boldsymbol{s}\end{aligned} \tag{5-38}$$

定义滑模面为

$$\boldsymbol{s}=\boldsymbol{J}_1+\boldsymbol{\delta J}_2^{\frac{p}{q}} \tag{5-39}$$

式中，$\boldsymbol{s}=[s_1, s_2]^{\mathrm{T}}$，$\boldsymbol{J}_2^{\frac{p}{q}}=[\boldsymbol{J}_{21}^{\frac{p}{q}}, \boldsymbol{J}_{22}^{\frac{p}{q}}]^{\mathrm{T}}$。

设定 Lyapunov 函数为 $\boldsymbol{V}=\frac{1}{2}\boldsymbol{s}^{\mathrm{T}}\boldsymbol{s}$，综合系统控制律对其求导，有

$$\begin{aligned}\dot{\boldsymbol{V}} &=\boldsymbol{s}^{\mathrm{T}}\dot{\boldsymbol{s}}=\boldsymbol{s}^{\mathrm{T}}[\boldsymbol{J}_2+\frac{p}{q}\boldsymbol{\delta J}_2^{\frac{p}{q}-1}\dot{\boldsymbol{J}}_2]\\ &=\frac{p}{q}\boldsymbol{s}^{\mathrm{T}}\boldsymbol{\delta J}_2^{\frac{p}{q}-1}[\dot{\boldsymbol{J}}_2+\frac{q}{p}\boldsymbol{\delta}^{-1}\boldsymbol{J}_2^{2-\frac{p}{q}}]\\ &=\frac{\theta_1 p}{q}\boldsymbol{s}^{\mathrm{T}}\boldsymbol{\delta J}_2^{\frac{p}{q}-1}[(\dot{\hat{\boldsymbol{d}}}-\dot{\boldsymbol{d}})-k_1\,\mathrm{sgn}(\boldsymbol{s})-k_2\boldsymbol{s}]\\ &\leqslant-\frac{\theta_1 p}{q}\min_{i=1,2}\{\delta_i\boldsymbol{J}_{2i}^{\frac{p}{q}-1}\}[k_1\|\boldsymbol{s}\|+k_2\|\boldsymbol{s}\|^2+\boldsymbol{s}^{\mathrm{T}}(\dot{\boldsymbol{d}}-\dot{\hat{\boldsymbol{d}}})]\end{aligned} \tag{5-40}$$

由于 $\hat{\boldsymbol{d}}\to\boldsymbol{d}$，又 p、q 为奇数，且 $1<\frac{p}{q}<2$，则$\boldsymbol{J}_{2i}^{\frac{p}{q}-1}>0$，所以式(5-40)满足以下条件：

$$\dot{\boldsymbol{V}}\leqslant-\frac{\theta_1 p}{q}\min_{i=1,2}\{\delta_i\boldsymbol{J}_{2i}^{\frac{p}{q}-1}\}[k_1\|\boldsymbol{s}\|+k_2\|\boldsymbol{s}\|^2]\leqslant 0 \tag{5-41}$$

综上所述，系统将在有限时间内到达并保持在非奇异终端滑模面 $\boldsymbol{s}=0$ 内。继而，$\boldsymbol{J}_1$ 和$\boldsymbol{J}_2$ 也将在有限时间内收敛到零并保持在原点，即$\boldsymbol{J}_1=\boldsymbol{J}_2=0$，因而保证了系统的稳定。当$\boldsymbol{J}_1$ 和$\boldsymbol{J}_2$ 处于滑动模态时，误差实现了 $\boldsymbol{\sigma}=\dot{\boldsymbol{\sigma}}=0$。进而，系统函数实现了对参考电压信号的有效跟踪。

为了避免滑模控制中的“抖振”现象，设置饱和函数 $\mathrm{sat}\left(\frac{\boldsymbol{s}}{\alpha}\right)$以代替符号函数 $\mathrm{sgn}(\boldsymbol{s})$，饱和函数为

$$\mathrm{sat}\left(\frac{\boldsymbol{s}}{\alpha}\right)=\begin{cases}\mathrm{sgn}\left(\frac{\boldsymbol{s}}{\alpha}\right), & \left|\frac{\boldsymbol{s}}{\alpha}\right|\geqslant 1\\ \frac{\boldsymbol{s}}{\alpha}, & \left|\frac{\boldsymbol{s}}{\alpha}\right|<1\end{cases} \tag{5-42}$$

式中，α 为边界层宽度。

5.4.4 实例分析

为了验证给出的控制策略的合理性，利用 PSIM 对系统进行仿真实验，系统仿真参数设置如下：输入直流电压 $U_{in}=360$ V，输出交流工频电压 u_c峰值为 220 V，开关频率为 20 kHz，额定负载 $R_{load}=34\ \Omega$，输出滤波电感 $L=(4\pm2)$ mH，电容 $C=(28.2\pm15)$ μF；取 $p=13$，$q=11$，$\delta_1=\delta_2=0.001$，$k_1=100$，$k_2=8\times10^3$，$\theta_1=\theta_2=12$。

1. 额定负载启动波形

图 5-12 为逆变器在额定负载时的负载电压和负载电流的启动波形。由图可知，系统启动过程中逆变器负载电压、电流基本没有发生畸变，且在一个周波内系统输出即达到稳定状态，系统稳态后，波形为光滑的正弦波，说明逆变器启动速度快，电压输出无静差，频率无静差；负载电压畸变率 T_{HD}为 0.021%，波形畸变很小，逆变器输出电压、电流几乎无谐波存在。

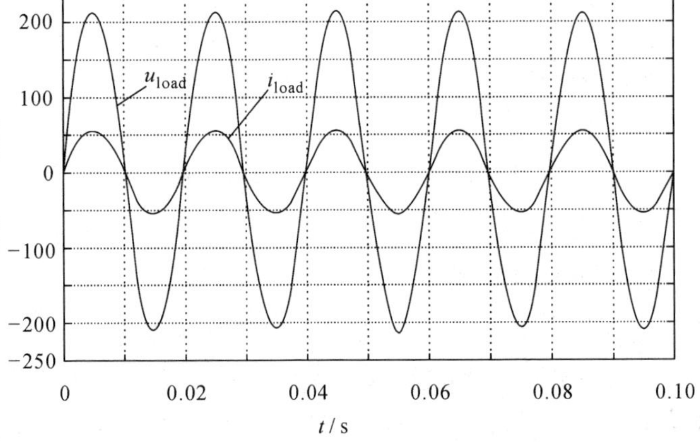

图 5-12　额定负载电压和电流启动波形

2. 负载动态响应

本节对逆变器负载抗扰动能力以及非线性负载进行了仿真验证。负载电阻 $R_{load}=34\ \Omega$ 在 0.1 s 处跳变为 15 Ω，接着在 0.2 s 处由 15 Ω 跳变为 34 Ω。图 5－13(a)为线性负载电压、电流仿真曲线，由图可知，在负载突变过程中，逆变器负载电压基本没有发生变化，电压畸变率 T_{HD}为 0.025%，且变化平滑。非线性负载采用典型的单相桥式不可控整流电路，仿真结果如图 5－13(b)所示，由图可知，在逆变器负载为非线性负载的情况下，逆变器依然能够输出稳定的电压，其最大幅值为 220 V，电压畸变率 T_{HD}为 0.028%。由此说明本节所提出的方法具有很强的抗干扰能力。

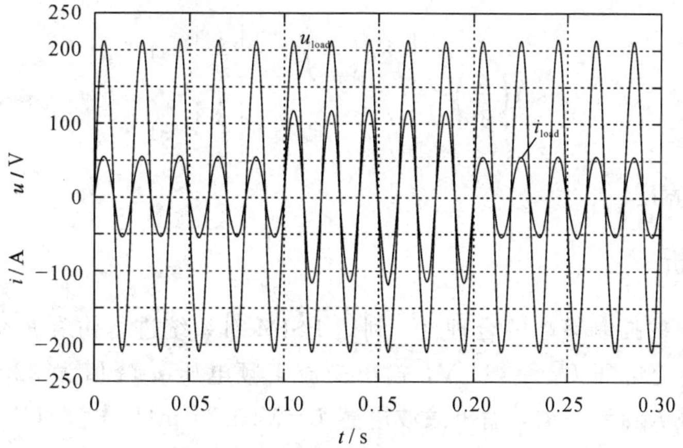

(a) 线性负载电压、电流仿真曲线

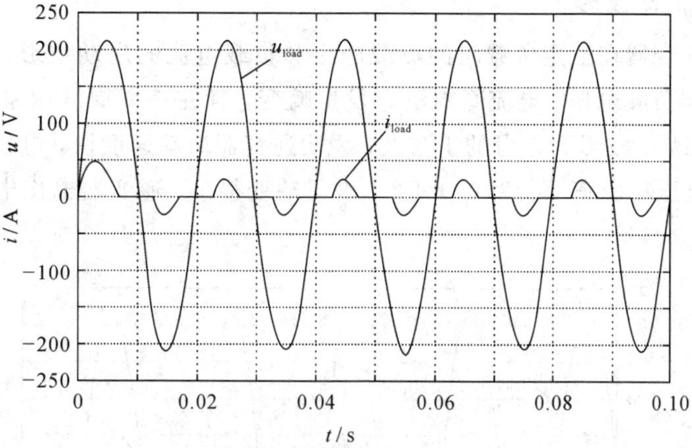

(b) 非线性负载电压、电流仿真曲线

图 5－13　负载扰动时负载电压和电流仿真曲线

3. 直流输入电压突变时瞬态响应

设定逆变器的直流输入电压 $U_{in}=360$ V 在 0.1 s 处跳变为 380 V，接着在 0.2 s 处由 380 V 跳变为 360 V，负载电阻保持不变($R_{load}=34\ \Omega$)。图 5－14 为负载电压、电流仿真曲线，由图可知，负载电压、电流稳定，曲线变化平滑，畸变小，基本没有受到输入直流电压变化的影响，说明本文提出的控制方法对逆变器直流输入电压具有很强的抗扰动能力。

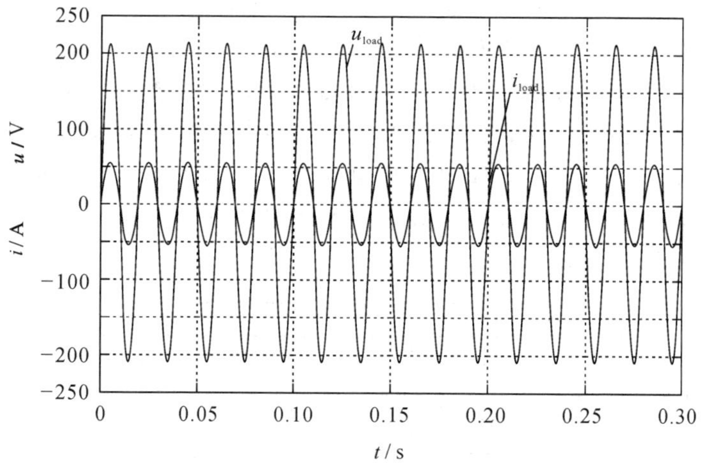

图 5 - 14　直流输入电压扰动时负载电压和电流仿真曲线

综上仿真结果，逆变器在输出滤波电感 L 和电容 C 数值不精确以及存在外界干扰的情况下，使用本节所提的控制策略，系统输出无静差，输出电压畸变率 T_{HD}很小；逆变器的直流输入电压以及负载具有很强的抗扰动能力，并适用于非线性负载类型。

在上述仿真参数下，进一步对本节提出的控制策略进行仿真实验。图 5 - 15 为负载电阻 $R_{load}=30.8\ \Omega$ 时负载电压和电流的启动波形和扰动波形。由图可知，系统在启动 0.1 s 时即到达了平稳状态，到达平稳状态后，电压、电流频率为 50 Hz，波形无畸变，电压幅值稳定在 220 V 左右；当稳定运行 0.2 s 时，负载突然增加，系统输出电压、电流发生了极小的变化，在极短时间内就过渡到相应的稳定状态，过渡过程中基本无畸变；系统又稳定运行 0.3 s 时，负载突然减小，输出电压、电流同样没有多大变化，在很短的时间内即回到稳定状态。实验表明，逆变器在受参数不确定性的影响下，采用本文所提出的控制策略其输出电压、电流启动速度快，波形基本无畸变。

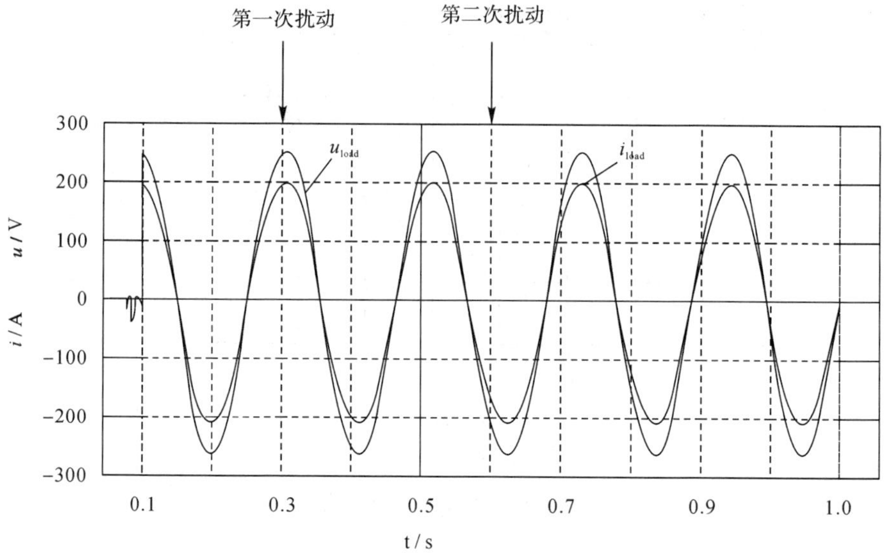

图 5 - 15　负载电压和电流的启动波形及扰动波形($R_{load}=30.8\ \Omega$)

逆变器直流输入电压由 360 V 跳变为 380 V，然后由 380 V 跳变为 360 V，直流输入电压波形和负载电压、电流波形如图 5－16 所示。由图 5－16(a)可知，逆变器输出基本不受直流输入电压扰动的影响。逆变器直流侧电压一般是交流电压通过电容滤波的全桥二极管整流电路获得的，为了使直流输出电压的输出恒定，通常选取大电容对输出的直流电压滤波。采用本节提出的控制策略，可大大减少直流滤波电容值。在非线性负载实验中，由图 5－16(b)知，在非线性负载情况下，逆变器输出电压的畸变率 T_{HD} 约为 1.21%，稳态误差小。

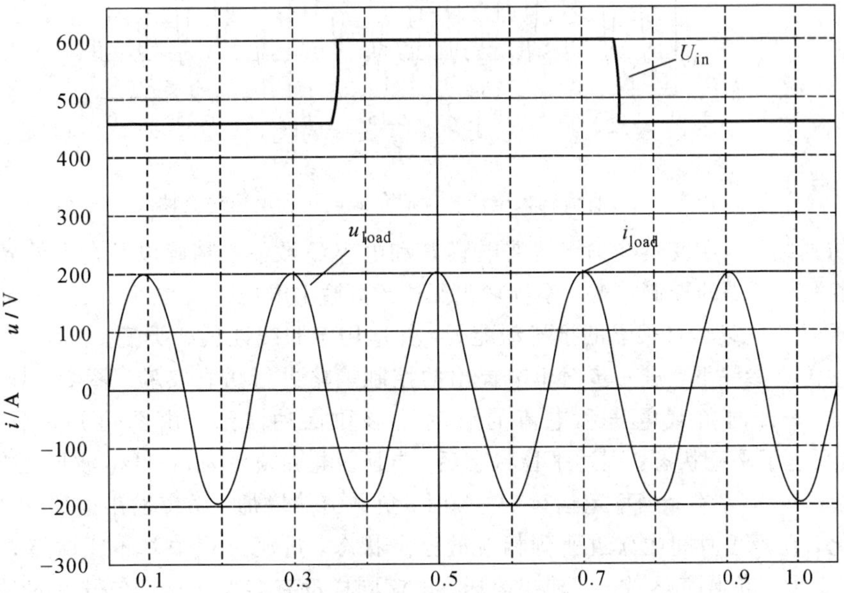

(a) 直流电压扰动时

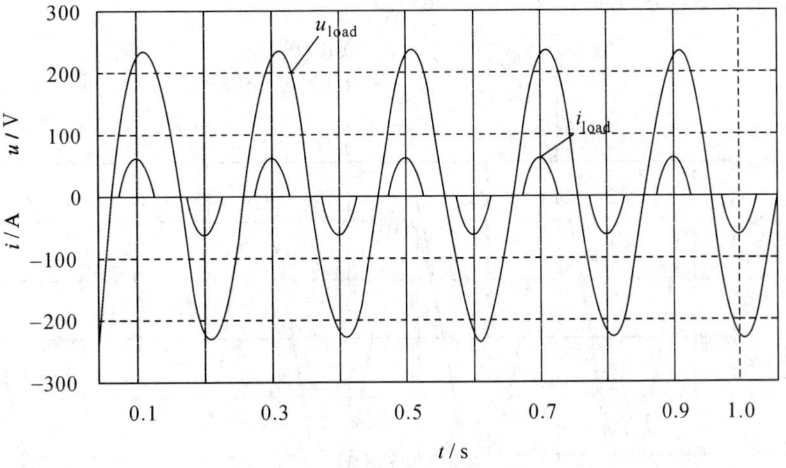

(b) 整流性负载时

图 5－16　直流电压扰动和整流性负载时负载电压和电流波形

5.5　三相光伏 LCL 型并网逆变器容错控制

三相光伏 LCL 型并网逆变器是一类典型的开关型非线性系统，线性控制方法在该类系统中受到极大的限制，尤其在快速性、精确性方面更是不佳，因而现代非线性控制方法在光伏并网逆变系统中的应用成为了当前逆变器控制的研究热点之一。目前的逆变器控制应用方案主要有双闭环控制、无差拍控制、重复控制等，虽然都对逆变器的性能有所改进，但也存在不同程度的问题。

故障容错控制可以依据检测故障信息来构成不同的闭环控制系统，并依此分为主动和被动两种容错控制，两种容错控制方法的可行性取决于故障的可恢复性、补偿性。控制分配方法具有虚拟控制律与控制指令分配相互独立设计的优点，是目前解决执行器和(或)传感器冗余控制问题较为有效的方法。滑模控制具有很强的鲁棒性，可使系统具有良好的动态性能。胡庆雷设计了一种新型终端滑模故障容错姿态控制方案，以解决航天器冗余执行器存在故障与控制受限的姿态跟踪控制问题，该控制策略可以有效抑制航天器遭受的外部干扰和执行器故障等。为了解决模块化多电平变流器由于故障引起的功率损耗问题，申科借用一种电容电压的冗余排序法提出一种容错控制策略；与普通载波层叠脉宽调制方法相比，该方法避免了其固有的功率不均衡问题。王发威等人从多操纵面飞机的快速平稳控制问题出发，构建了一种基于控制分配的积分滑模主动容错方法。研究表明，控制分配性能和滑模控制策略的良好结合，可使系统得到更强的鲁棒性，有利于减小由于干扰及模型不确定性引起的系统误差。光伏 LCL 型并网逆变系统的故障容错控制方面并没有太多的研究文献。

在实际运行中，三相光伏 LCL 型并网逆变系统的工作状态通常存在着诸多的干扰，其中主要的干扰因素包括系统参数的不确定性故障和外界干扰故障，因此对其故障干扰信息进行有效而准确的估计尤为重要。针对存在执行器故障的非线性系统，2013 年刘春生等人在研究 H2 容错控制器中，采用神经网络估计了系统故障，结合滑模控制给出了具有指定稳定度的 H2 控制律，并在空间飞行器的控制系统中进行了仿真应用。Fridman L 等人在设计积分滑模容错控制器时，采用了一个二阶状态观测器对故障状态进行估计。目前，关于三相光伏 LCL 型并网逆变系统的故障信息估计问题的研究报道并不多见，其他相关研究成果见参考文献。

基于上述分析，本节在建立光伏 LCL 型并网逆变系统在参数不确定性和执行器故障情况下的数学模型的基础上，构建了一类基于高阶滑模观测器的连续积分滑模容错控制分配方法。首先，充分发挥控制分配所具有的虚拟控制律与控制指令分配相互独立设计的优点，设计了控制分配律，建立了光伏 LCL 型并网逆变系统在参数不确定性和执行器故障情况下的数学模型；其次，设计了一类高阶滑模观测器，对光伏 LCL 型并网逆变系统故障信息进行有效估计，使逆变系统跟踪参考模型；然后，利用连续积分滑模控制理论和控制分配律，设计了一个连续的基于固定控制分配方案的积分滑模控制器，以直接处理执行器故障，确保了在参数不确定和执行器故障情况下的闭环系统的稳定性；最后，仿真验证了所提方法的有效性。

5.5.1 问题描述

1. 三相光伏 LCL 型并网逆变器主电路拓扑

三相光伏 LCL 型并网逆变器主电路拓扑图如图 5－17 所示。逆变器包括直流输入电压 U_{in}、6 个全控型器件功率开关管 VD_1～VD_6、LCL 低通滤波器三部分。电网侧电感 L_g、逆变器侧电感 L_s和电容 C 侧的等效串联电阻分别为 R_g、R_s和 R_C，且 i_g、i_s和 i_C分别为流过电感 L_g、L_s和电容 C 的电流，U_g为网侧的端电压。

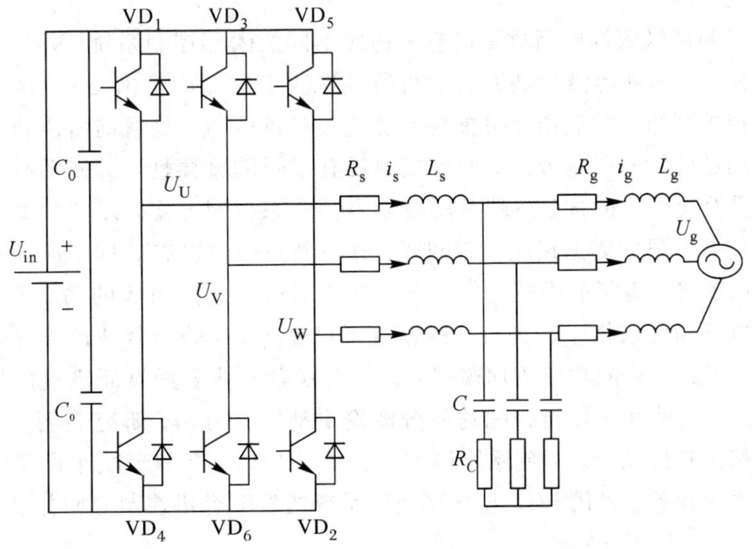

图 5－17　三相光伏 LCL 型并网逆变器主电路拓扑图

2. 三相光伏 LCL 型并网逆变器传统控制

三相光伏 LCL 型并网逆变器传统的控制方式如图 5－18 所示，该控制系统主要由两相旋转坐标系下建立的电流环控制和状态变量反馈两部分组成。图 5－18 中U_{in}、i_{in}为输入的

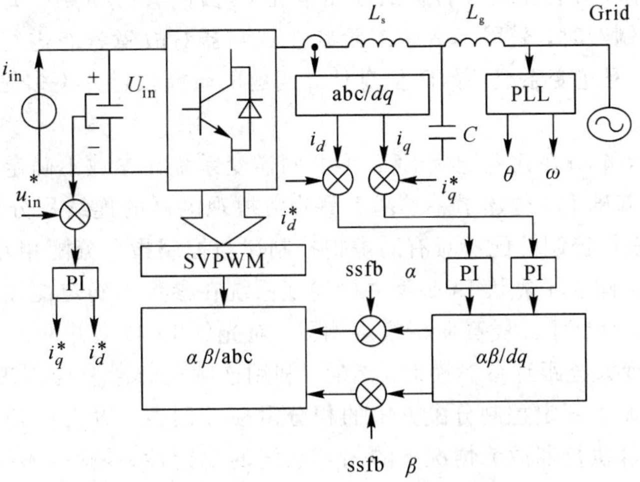

图 5－18　三相光伏 LCL 型并网逆变器传统的控制方式

直流电压和电流，u_{in}^* 为输入的直流参考电压，i_d^*、i_q^*、i_d、i_q 分别为 d 和 q 轴的输入参考电流和状态反馈，ssfbα、ssfbβ 分别为 α 轴和 β 轴的状态反馈。

3. 状态方程及问题描述

假设图 5 - 17 中电网处于三相平衡状态，由基尔霍夫电流电压定律，并采用 Clarke 变换以消除三相中的共模分量，可得到三相光伏 LCL 型并网逆变器连续的数学模型：

$$\begin{cases} L_s \dfrac{di_s(t)}{dt} = -R_s i_s(t) + U_o(t) - U_C(t) \\ L_g \dfrac{di_g(t)}{dt} = -R_g i_g(t) + U_C(t) - U_g(t) \\ \dfrac{dU_C(t)}{dt} = \dfrac{i_s(t)}{C} - \dfrac{i_g(t)}{C} + R_C\left(\dfrac{di_s(t)}{dt} - \dfrac{di_g(t)}{dt}\right) \end{cases} \tag{5-43}$$

式中，i_s为逆变器的输出电流，i_g为网侧电流，U_o为逆变器的输出电压，且 $U_o = U_U = U_V = U_W$，U_C为电容 C 的端电压，U_g为电网侧电压。

定义状态变量 $\boldsymbol{x}(t) = [x_1, x_2, x_3] = [i_s, i_g, U_C]$，从而得到系统的状态空间表达式和输出方程为

$$\begin{cases} \dot{\boldsymbol{x}}(t) = \boldsymbol{A}\boldsymbol{x}(t) + \boldsymbol{B}\boldsymbol{u}(t) \\ \boldsymbol{y}(t) = \boldsymbol{C}\boldsymbol{x}(t) \end{cases} \tag{5-44}$$

式中，$\boldsymbol{u}(t)$为系统输入，$\boldsymbol{y}(t)$为系统标量输出，$\boldsymbol{A}$ 为系统矩阵，$\boldsymbol{B}$ 为控制矩阵，$\boldsymbol{C}$ 为观测矩阵，且

$$\boldsymbol{A} = \begin{bmatrix} -\dfrac{R_s}{L_s} & 0 & -\dfrac{1}{L_s} \\ 0 & -\dfrac{R_g}{L_g} & \dfrac{1}{L_g} \\ \dfrac{1}{C} - \dfrac{R_C R_s}{L_s} & -\dfrac{1}{C} + \dfrac{R_C R_g}{L_g} & -R_C\left(\dfrac{1}{L_s} + \dfrac{1}{L_g}\right) \end{bmatrix}$$

$$\boldsymbol{B} = \begin{bmatrix} \dfrac{1}{L_s} & 0 \\ 0 & -\dfrac{1}{L_g} \\ \dfrac{R_C}{L_s} + \dfrac{R_C}{L_g} & 0 \end{bmatrix}$$

$$\boldsymbol{C} = [1 \quad 0 \quad 0], \quad \boldsymbol{u}(t) = [U_o \quad U_g]^T$$

工程应用中，三相光伏 LCL 型并网逆变器受多种因素的干扰，考虑系统参数的不确定性，即 L_g、L_s、C、R_g、R_s和 R_C的理论值与实际值之间的误差，将式(5 - 44)可以表达为另一种公式，即

$$\begin{cases} \dot{\boldsymbol{x}}(t) = (\boldsymbol{A} + \boldsymbol{A}_g)\boldsymbol{x}(t) + (\boldsymbol{B} + \boldsymbol{B}_g)\boldsymbol{u}(t) \\ \boldsymbol{y}(t) = \boldsymbol{C}\boldsymbol{x}(t) \end{cases} \tag{5-45}$$

式中，$\boldsymbol{A}_g$ 为系统可能存在的输入不确定矩阵，$\boldsymbol{B}_g$ 为执行器故障矩阵，并且$(\boldsymbol{B} + \boldsymbol{B}_g) = \boldsymbol{B}(\boldsymbol{I} - \boldsymbol{K}(t))$，对角加权矩阵 $\boldsymbol{K}(t) = \text{diag}\{k_1(t), k_2(t), k_3(t)\}$ 为执行器故障残余效能矩阵，且 $0 < k_i(t) < 1(i=1, 2, 3)$，当$k_i(t)$分别等于 1、0 时，第 i 个执行器处于故障和无故障状态。

设定 $\bar{\boldsymbol{x}}(t)=\boldsymbol{T}_0\boldsymbol{x}(t)$，式(5-45)可转换为

$$\begin{cases}\dot{\bar{\boldsymbol{x}}}(t)=(\bar{\boldsymbol{A}}+\bar{\boldsymbol{A}}_g)\bar{\boldsymbol{x}}(t)+\bar{\boldsymbol{B}}(\boldsymbol{I}-\boldsymbol{K}(t))\boldsymbol{u}(t)\\ \boldsymbol{y}(t)=\bar{\boldsymbol{C}}\bar{\boldsymbol{x}}(t)\end{cases} \tag{5-46}$$

式中，$\boldsymbol{T}_0$ 为非奇异矩阵，且满足$\bar{\boldsymbol{A}}=\boldsymbol{T}_0\boldsymbol{A}\boldsymbol{T}_0^{-1}$，$\bar{\boldsymbol{A}}_g=\boldsymbol{T}_0\boldsymbol{A}_g\boldsymbol{T}_0^{-1}$，$\bar{\boldsymbol{B}}=\boldsymbol{T}_0\boldsymbol{B}=[\bar{\boldsymbol{B}}_1^{\mathrm{T}}\ \bar{\boldsymbol{B}}_2^{\mathrm{T}}]^{\mathrm{T}}$，$\bar{\boldsymbol{C}}=\boldsymbol{C}\boldsymbol{T}_0^{-1}$。同时，输入分布矩阵$\bar{\boldsymbol{B}}_1\in\mathbf{R}^{2\times2}$和$\bar{\boldsymbol{B}}_2\in\mathbf{R}^{1\times2}$满足不等式 $\|\bar{\boldsymbol{B}}_1\|\ll\|\bar{\boldsymbol{B}}_2\|$，且假设系统的控制任务主要由$\boldsymbol{B}_2$ 决定，则通过系统重构总能使得$\bar{\boldsymbol{B}}_2\bar{\boldsymbol{B}}_2^{\mathrm{T}}=\boldsymbol{I}_1$ 成立，即满足 $\|\bar{\boldsymbol{B}}_2\|=1$，则式(5-46)所示的系统可转换为

$$\begin{cases}\dot{\bar{\boldsymbol{x}}}(t)=(\bar{\boldsymbol{A}}+\bar{\boldsymbol{A}}_g)\bar{\boldsymbol{x}}(t)+\begin{bmatrix}\bar{\boldsymbol{B}}_1\\ \bar{\boldsymbol{B}}_2\end{bmatrix}(\boldsymbol{I}_2-\boldsymbol{K}(t))\boldsymbol{u}(t)\\ \boldsymbol{y}(t)=\bar{\boldsymbol{C}}\bar{\boldsymbol{x}}(t)\end{cases} \tag{5-47}$$

考虑系统输入量 U_o和 U_g的干扰故障，并设定固定控制分配律为 $\boldsymbol{u}(t)=\bar{\boldsymbol{B}}_2^{\mathrm{T}}(\boldsymbol{v}_0(t)+\boldsymbol{v}_1(t))$，其中$\boldsymbol{v}_1(t)\in\mathbf{R}^{1\times1}$为系统(5-46)执行器无故障时($\boldsymbol{K}(t)=0$)的额定虚拟控制量。$\boldsymbol{v}_1(t)$用来补偿执行器故障，则式(5-47)可以转换为

$$\begin{cases}\dot{\bar{\boldsymbol{x}}}(t)=(\bar{\boldsymbol{A}}+\bar{\boldsymbol{A}}_g)\bar{\boldsymbol{x}}(t)+\bar{\boldsymbol{B}}_{v_0}\boldsymbol{v}_0(t)\\ \boldsymbol{y}(t)=\bar{\boldsymbol{C}}\bar{\boldsymbol{x}}(t)\end{cases} \tag{5-48}$$

式中，$\bar{\boldsymbol{B}}_{v_0}=\begin{bmatrix}\bar{\boldsymbol{B}}_1\bar{\boldsymbol{B}}_2^{\mathrm{T}}\\ \boldsymbol{I}_1\end{bmatrix}$，$\bar{\boldsymbol{A}}_g\bar{\boldsymbol{x}}(t)=\boldsymbol{g}(t,\bar{\boldsymbol{x}})$，函数 $\boldsymbol{g}(t,\bar{\boldsymbol{x}})$满足 $\|\boldsymbol{g}(t,\bar{\boldsymbol{x}})\|\leqslant\bar{\gamma}\|\bar{\boldsymbol{x}}\|$，且 $\boldsymbol{g}(t,\boldsymbol{0})=0$，即其局部 Lipchitz 于 $\boldsymbol{x}$，一致于 t，$\forall t\geqslant0$。

5.5.2 观测器设计

为保证对逆变器故障状态的有效估计，做如下假设：

假设 5-5-1 $(\bar{\boldsymbol{A}}\bar{\boldsymbol{B}}_{v_0})$是完全可控的，$(\bar{\boldsymbol{A}}\ \bar{\boldsymbol{B}}\ \bar{\boldsymbol{C}})$为最小相位，$\mathrm{rank}(\bar{\boldsymbol{B}})=2$，式(5-47)的输出为一维向量$\boldsymbol{r}_1$。

设定非奇异矩阵 $\boldsymbol{T}$ 为 $\boldsymbol{T}:=[\boldsymbol{U}^{\mathrm{T}}\quad \boldsymbol{V}^{*\mathrm{T}}]^{\mathrm{T}}$，其中 $\boldsymbol{U}$ 定义为$\boldsymbol{U}=[\bar{c}_1^{\mathrm{T}},(\bar{c}_1\bar{\boldsymbol{A}})^{\mathrm{T}},(\bar{c}_1\bar{\boldsymbol{A}}^{r_1-1})^{\mathrm{T}}]^{\mathrm{T}}$，$\boldsymbol{V}\in\mathbf{R}^{3\times2}$为不易观察子空间$\boldsymbol{v}^*$ 的基，且满足 $\bar{\boldsymbol{C}}\boldsymbol{V}=0$ 和 $\bar{\boldsymbol{A}}\boldsymbol{V}-\bar{\boldsymbol{B}}\boldsymbol{K}^*=\boldsymbol{V}\boldsymbol{Q}\Leftrightarrow(\bar{\boldsymbol{A}}-\bar{\boldsymbol{B}}\bar{\boldsymbol{K}}^*)\boldsymbol{V}=\boldsymbol{V}\boldsymbol{Q}(\bar{\boldsymbol{K}}^*\in\mathbf{R}^{2\times3}，\boldsymbol{K}^*\in\mathbf{R}^{2\times2}，\boldsymbol{Q}\in\mathbf{R}^{2\times2})$，$c_1$为一系数。设定 $\tilde{\boldsymbol{x}}(t)=\boldsymbol{T}\bar{\boldsymbol{x}}(t)$，则式(5-47)可以转换为以下形式：

$$\begin{cases}\dot{\tilde{\boldsymbol{x}}}(t)=\tilde{\boldsymbol{A}}\tilde{\boldsymbol{x}}(t)+\tilde{\boldsymbol{A}}_g\tilde{\boldsymbol{x}}(t)+\begin{bmatrix}\tilde{\boldsymbol{B}}_1\\ \tilde{\boldsymbol{B}}_2\end{bmatrix}(\boldsymbol{u}(t)-\boldsymbol{f}(t))\\ \boldsymbol{y}(t)=\tilde{\boldsymbol{C}}_1\tilde{\boldsymbol{x}}_1(t)\end{cases} \tag{5-49}$$

式中，$\tilde{\boldsymbol{A}}=\begin{bmatrix}\tilde{\boldsymbol{A}}_{11} & \boldsymbol{0}\\ \tilde{\boldsymbol{A}}_{21} & \tilde{\boldsymbol{A}}_{22}\end{bmatrix}=\boldsymbol{T}(\bar{\boldsymbol{A}}-\bar{\boldsymbol{B}}\bar{\boldsymbol{K}}^*)\boldsymbol{T}^{-1}$，$\tilde{\boldsymbol{A}}_g\tilde{\boldsymbol{x}}(t)=\tilde{\boldsymbol{g}}(t,\tilde{\boldsymbol{x}})=\boldsymbol{T}\bar{\boldsymbol{A}}_g\boldsymbol{T}^{-1}\tilde{\boldsymbol{x}}$，$\begin{bmatrix}\tilde{\boldsymbol{B}}_1\\ \tilde{\boldsymbol{B}}_2\end{bmatrix}=\boldsymbol{T}\bar{\boldsymbol{B}}$，$\tilde{\boldsymbol{C}}_1=\bar{\boldsymbol{C}}\boldsymbol{U}^*$，$\boldsymbol{f}(t)=\boldsymbol{K}(t)\boldsymbol{u}(t)-\boldsymbol{K}^*\tilde{\boldsymbol{x}}_2(t)$，且$\dot{\tilde{\boldsymbol{x}}}_1(t)\in\mathbf{R}^{1\times2}$，$\dot{\tilde{\boldsymbol{x}}}_2(t)\in\mathbf{R}^{2\times2}$，分别为系统极易和不易观察到的状态。

在假设 5-5-1 成立的条件下，式(5-47)的状态观测器可以表示为

$$\begin{cases}\hat{\boldsymbol{x}}_1(t)=\boldsymbol{z}_1(t)+\boldsymbol{P}_o^{-1}\boldsymbol{v}(t)\\ \dot{\boldsymbol{z}}_1(t)=\widetilde{\boldsymbol{A}}_{11}\boldsymbol{z}_1(t)+\widetilde{\boldsymbol{B}}_1\boldsymbol{u}(t)+\boldsymbol{L}(\boldsymbol{y}(t)-\widetilde{\boldsymbol{C}}_1\boldsymbol{z}_1(t))\\ \dot{\boldsymbol{v}}(t)=\boldsymbol{W}(t)(\boldsymbol{y}(t)-\widetilde{\boldsymbol{C}}_1\boldsymbol{z}_1(t),\ \boldsymbol{v}(t))\\ \hat{\boldsymbol{x}}_2(t)=\boldsymbol{z}_2(t)+\widetilde{\boldsymbol{B}}_2\ \widetilde{\boldsymbol{B}}_1^*\ \hat{\boldsymbol{x}}_1(t)\\ \dot{\boldsymbol{z}}_2(t)=\widetilde{\boldsymbol{A}}_{21}\hat{\boldsymbol{x}}_1(t)+\widetilde{\boldsymbol{A}}_{22}\hat{\boldsymbol{x}}_2(t)+\widetilde{\boldsymbol{B}}_2\boldsymbol{u}(t)-\widetilde{\boldsymbol{B}}_2\ \widetilde{\boldsymbol{B}}_1^*(\widetilde{\boldsymbol{A}}_{11}\hat{\boldsymbol{x}}_1(t)+\widetilde{\boldsymbol{B}}_1u(t))\end{cases}\tag{5-50}$$

式中，$\hat{\boldsymbol{x}}_1(t)$、$\boldsymbol{z}_1(t)\in\mathbf{R}^{1\times2}$，$\hat{\boldsymbol{x}}_2(t)$、$\boldsymbol{z}_2(t)\in\mathbf{R}^{2\times2}$，增益矩阵 $\boldsymbol{L}\in\mathbf{R}^{1\times1}$ 满足 $\widetilde{\boldsymbol{A}}_{11}-\boldsymbol{L}\widetilde{\boldsymbol{C}}_1=\widetilde{\boldsymbol{A}}_L$，$\widetilde{\boldsymbol{A}}_L$ 为一可逆矩阵。由假设 1 可知 $\mathrm{rank}(\widetilde{\boldsymbol{B}}_1)=2$，则 $\widetilde{\boldsymbol{B}}_1^*$ 为 $\widetilde{\boldsymbol{B}}_1$ 的伪逆。分布矩阵 $\boldsymbol{P}_o=[\widetilde{c}_1^{\mathrm{T}},(\widetilde{c}_1\widetilde{\boldsymbol{A}}_L)^{\mathrm{T}},(\widetilde{c}_1\widetilde{\boldsymbol{A}}_L^{r_1-1})^{\mathrm{T}}]^{\mathrm{T}}$，$\boldsymbol{W}(t)$ 为一非线性函数。

定义状态估计误差为 $\widetilde{\boldsymbol{e}}(t)=\widetilde{\boldsymbol{x}}(t)-\hat{\boldsymbol{x}}(t)$，则式(5-50)的动态误差估计为

$$\dot{\boldsymbol{e}}(t)=\widetilde{\boldsymbol{A}}_e\widetilde{\boldsymbol{e}}(t)+\begin{bmatrix}(\widetilde{\boldsymbol{A}}_{11}-\boldsymbol{L}\widetilde{\boldsymbol{C}}_1)\boldsymbol{P}_o^{-1}\\ \widetilde{\boldsymbol{B}}_2\ \widetilde{\boldsymbol{B}}_1^*(\widetilde{\boldsymbol{A}}_{11}-\boldsymbol{L}\widetilde{\boldsymbol{C}}_1)\boldsymbol{P}_o^{-1}\end{bmatrix}\boldsymbol{v}(t)-\begin{bmatrix}\boldsymbol{P}_o^{-1}\\ \widetilde{\boldsymbol{B}}_2\ \widetilde{\boldsymbol{B}}_1^*\ \boldsymbol{P}_o^{-1}\end{bmatrix}\boldsymbol{W}(t)-\begin{bmatrix}\widetilde{\boldsymbol{B}}_1\\ \widetilde{\boldsymbol{B}}_2\end{bmatrix}\boldsymbol{f}(t)+\widetilde{\boldsymbol{A}}_g\widetilde{\boldsymbol{x}}(t)\tag{5-51}$$

式中，$\widetilde{\boldsymbol{A}}_e=\begin{bmatrix}\widetilde{\boldsymbol{A}}_{11}-\boldsymbol{L}\widetilde{\boldsymbol{C}}_1 & \boldsymbol{0}\\ \widetilde{\boldsymbol{A}}_{21}-\widetilde{\boldsymbol{B}}_2\ \widetilde{\boldsymbol{B}}_1^*\boldsymbol{L}\widetilde{\boldsymbol{C}}_1 & \widetilde{\boldsymbol{A}}_{22}\end{bmatrix}$，$\widetilde{\boldsymbol{A}}_g\widetilde{x}(t)=\widetilde{\boldsymbol{g}}(t,\ \widetilde{\boldsymbol{x}})=\begin{bmatrix}\widetilde{\boldsymbol{g}}_1(t,\ \widetilde{\boldsymbol{x}})\\ \widetilde{\boldsymbol{g}}_2(t,\ \widetilde{\boldsymbol{x}})\end{bmatrix}$，且 $\widetilde{\boldsymbol{g}}_1(t,\ \widetilde{\boldsymbol{x}})\in\mathbf{R}^{1\times2}$，$\widetilde{\boldsymbol{g}}_2(t,\ \widetilde{\boldsymbol{x}})\in\mathbf{R}^{2\times2}$。

设定 $\bar{\boldsymbol{e}}(t)=\boldsymbol{T}^{-1}\widetilde{\boldsymbol{e}}(t)$，则状态估计误差可以转换为 $\dot{\boldsymbol{e}}(t)=\bar{\boldsymbol{A}}_e\bar{\boldsymbol{e}}(t)+\boldsymbol{T}^{-1}\widetilde{\boldsymbol{g}}(t,\ \widetilde{\boldsymbol{x}})$，且 $\bar{\boldsymbol{A}}_e=\boldsymbol{T}^{-1}\widetilde{\boldsymbol{A}}_e\boldsymbol{T}$，$\boldsymbol{T}^{-1}\widetilde{\boldsymbol{g}}(t,\ \widetilde{\boldsymbol{x}})=\bar{\boldsymbol{A}}_g\bar{\boldsymbol{x}}$。

注 1　文献[1]证明，在执行器故障满足 $\|\boldsymbol{K}(t)\boldsymbol{u}(t)\|\leqslant K^+$，$\|e_{y_k}^{(r_k)}\|\leqslant M_k$(估算值)，及无故障 $\widetilde{\boldsymbol{g}}(t,\ \widetilde{\boldsymbol{x}})=0$ 情况下，采用公式(5-50)，总能获得极易观察状态的精确状态估计 $\widetilde{\boldsymbol{x}}_1(t)$ 和不易观察状态的渐近估计 $\widetilde{\boldsymbol{x}}_2(t)$。因此，采用上述高阶滑模观测器能够对逆变器系统故障信息(包括极易和不易观察状态)实现准确的估计。

5.5.3　高阶积分滑模容错控制器及其性能分析

1. 积分滑模面的设计

定义滑模面为 $\boldsymbol{s}$，则

$$\begin{cases}\boldsymbol{s}(t)=\boldsymbol{G}(\hat{\boldsymbol{x}}(t)-\hat{\boldsymbol{x}}(0))-\boldsymbol{G}\displaystyle\int_0^t(\bar{\boldsymbol{A}}\ \hat{\boldsymbol{x}}(\tau)+\bar{\boldsymbol{B}}_{v_0}\ \boldsymbol{v}_0(\tau))\mathrm{d}\tau\\ \boldsymbol{s}(0)=0\end{cases}\tag{5-52}$$

式中，$\boldsymbol{G}\in\mathbf{R}^{1\times3}$ 为投影矩阵，满足 $\mathrm{rank}(\boldsymbol{G}\bar{\boldsymbol{B}}_{v_0})=1$，且 $\boldsymbol{G}=\bar{\boldsymbol{B}}_2\ \bar{\boldsymbol{B}}^*$。

为简单起见，用一个新的变量定义执行器故障，即 $\boldsymbol{\xi}(t)=\boldsymbol{K}(t)\boldsymbol{u}(t)$，并分别投影到与 $\bar{\boldsymbol{B}}_2^{\mathrm{T}}$ 相匹配和不相匹配的空间，即 $\boldsymbol{\xi}(t)=\boldsymbol{\xi}_1(t)+\boldsymbol{\xi}_2(t)$，则 $\boldsymbol{\xi}_1(t)=\bar{\boldsymbol{B}}_2^{\mathrm{T}}\ \bar{\boldsymbol{B}}_2^{\mathrm{T}+}\boldsymbol{\xi}(t)$ 和 $\boldsymbol{\xi}_2(t)=\bar{\boldsymbol{B}}_2^{\mathrm{T}\perp}\bar{\boldsymbol{B}}_2^{\mathrm{T}\perp\mathrm{T}}\boldsymbol{\xi}(t)$ 分别属于 $\bar{\boldsymbol{B}}_2^{\mathrm{T}}$ 相匹配和不相匹配的空间元素。同时，$\bar{\boldsymbol{B}}_2^{\mathrm{T}\perp}\in\mathbf{R}^{2\times1}$ 跨过了 $\bar{\boldsymbol{B}}_2$ 的零空间。则式(5-49)又可写为

$$\dot{\bar{x}}(t)=(\bar{A}+\bar{A}_g)\bar{x}(t)+\bar{B}u(t)-\bar{B}(\xi_1(t)-\xi_2(t)) \tag{5-53}$$

对 $s(t)$ 求导：

$$\dot{s}(t)=G\bar{A}\bar{e}(t)+G\bar{B}_{v_0}(v_1(t)+\bar{B}_2^{T+}\xi(t))-G\bar{B}\xi_2(t)-G\dot{\bar{e}}(t)+G\bar{A}_g\bar{x}(t) \tag{5-54}$$

当 $\dot{s}(t)=0$ 时，滑模结构的等价控制量为

$$v_{1_{eq}}(t)=\bar{B}_2^{T+}\xi-(G\bar{B}_{v_0})^{-1}G[\bar{A}\bar{e}(t)-\bar{B}\xi_2(t)-\dot{\bar{e}}(t)+\bar{A}_g\bar{x}(t)] \tag{5-55}$$

综上所述，滑模动态方程可以表示为

$$\dot{\bar{x}}(t)=\bar{A}\bar{x}(t)+\bar{B}_{v_0}v_0(t)-\bar{B}_{B_2}\bar{A}_{A_e}\bar{e}(t)+\bar{A}_g\bar{x}(t)-\bar{B}\xi_2(t) \tag{5-56}$$

式中，$\bar{B}_{B_2}=\bar{B}\bar{B}_2^T\bar{B}_2\bar{B}_2^*$，$\bar{A}_{A_e}=\bar{A}-\bar{A}_e$。

2. 闭环稳定性

设定状态估计反馈控制量 $v_0(t)=-F\hat{\bar{x}}(t)$（$F\in\mathbf{R}^{1\times3}$ 为反馈增益），估计动态误差 $\bar{e}(t)=\bar{x}(t)-\hat{\bar{x}}(t)$，则闭环系统的动态性能又可以表示为

$$\begin{bmatrix}\dot{\bar{x}}(t)\\ \dot{\bar{e}}(t)\end{bmatrix}=\bar{A}_{v_0}\begin{bmatrix}\bar{x}(t)\\ \bar{e}(t)\end{bmatrix}+\begin{bmatrix}\bar{A}_g\\ \bar{A}_g\end{bmatrix}\bar{x}(t)-\begin{bmatrix}\bar{B}\\ \mathbf{0}\end{bmatrix}\xi_2(t) \tag{5-57}$$

式中各量简化表示，$\bar{A}_{v_0}=\begin{bmatrix}\bar{A}-\bar{B}_{v_0}F & -\bar{B}_{B_2}\bar{A}_{A_e}+\bar{B}_{v_0}F\\ \mathbf{0} & \bar{A}_e\end{bmatrix}$，$\bar{\theta}(t)=\begin{bmatrix}\bar{x}(t)\\ \bar{e}(t)\end{bmatrix}$，函数 $\bar{\varepsilon}_1(t,\bar{x})=\begin{bmatrix}\bar{A}_g\\ \bar{A}_g\end{bmatrix}\bar{x}(t)$ 满足 $\|\bar{\varepsilon}_1(t,\bar{x})\|\leqslant\bar{\Gamma}\|\bar{x}\|$，$\bar{\varepsilon}_1(t,\mathbf{0})=0$，且 $\bar{\Gamma}$ 为一足够小的正常数，其局部 Lipschitz 于 $\bar{x}$，$\forall t\geqslant0$ 均匀于 t。同时，$\bar{B}_2^T$ 中不相匹配的执行器故障 $\bar{\varepsilon}_2(t,\bar{x})=\begin{bmatrix}\bar{B}\\ \mathbf{0}\end{bmatrix}\xi_2(t)$ 为一非零函数。综合以上分析，给出闭环系统定理。

定理 5-5-1 式(5-53)采用故障状态观测器(5-49)和反馈控制量 $v_0(t)=-F\hat{\bar{x}}(t)$，假设 5-5-1 成立，$(\bar{x},\bar{e})=(\mathbf{0},\mathbf{0})$ 为额定系统 $(\bar{\varepsilon}_1(t,\bar{x})=\bar{\varepsilon}_2(t,\bar{x})=\mathbf{0})$ 的一个指数平衡点，并取 Lyapunov 函数为 $V(\bar{\theta})$。同时，假设 $\bar{B}_2^T$ 不匹配执行器故障 $\bar{\varepsilon}_2(t,\bar{x})$ 满足 $\|\bar{\varepsilon}_2(t,\bar{x})\|\leqslant\zeta<\frac{\phi\tau}{c_3}\sqrt{\frac{c_1}{c_2}}$，$\forall t\geqslant0$，$\forall\bar{x}\in\mathbf{R}^3$，且 c_1，c_2，c_3，$0<\phi<1$，$0<\tau<1$，则对所有初始状态量 $(\bar{x}(t_0),\bar{e}(t_0))$ 在有限时间内系统(5-53)的解 $\bar{\theta}(t)$ 满足：

$$\begin{cases}\|\bar{\theta}(t)\|\leqslant\beta e^{-\gamma(t-t_0)}\|\bar{\theta}(t_0)\|, & \forall t_0\leqslant t<t_0+T\\ \|\bar{\theta}(t)\|\leqslant b, & \forall t\geqslant t_0+T\end{cases} \tag{5-58}$$

式中，

$$\beta=\sqrt{\frac{c_1}{c_2}},\quad \gamma=\frac{(1-\tau)\phi}{2c_2},\quad b=\frac{c_3\zeta}{\phi\tau}\sqrt{\frac{c_2}{c_1}}$$

证明 闭环系统动态性能可以表示为

$$\dot{\bar{\theta}}(t)=\bar{A}_{v_0}\bar{\theta}(t)+\varepsilon_1(t,\bar{x})-\varepsilon_2(t,\bar{x}) \tag{5-59}$$

由于矩阵 $\bar{A}-\bar{B}_{v_0}F$ 和 $\bar{A}_e$ 稳定，则矩阵 $\bar{A}_{v_0}$ 符合 Hurwitz[16, 26]。因此，额定系统

$(\bar{\varepsilon}_1(t,\bar{\boldsymbol{x}})=\bar{\varepsilon}_2(t,\bar{\boldsymbol{x}})=\boldsymbol{0})$有一个指数稳定的平衡点，即$(\bar{\boldsymbol{x}},\bar{\boldsymbol{e}})=(\boldsymbol{0},\boldsymbol{0})$，使$\boldsymbol{Q}=\boldsymbol{Q}^{\mathrm{T}}>0$和$\boldsymbol{P}\bar{\boldsymbol{A}}_{v_0}+\bar{\boldsymbol{A}}_{v_0}^{\mathrm{T}}\boldsymbol{P}=-\boldsymbol{Q}$成立，且$\boldsymbol{P}=\boldsymbol{P}^{\mathrm{T}}>0$为唯一解。

取 Lyapunov 函数$\boldsymbol{V}(\bar{\boldsymbol{\theta}})=\bar{\boldsymbol{\theta}}^{\mathrm{T}}\boldsymbol{P}\bar{\boldsymbol{\theta}}$，则

$$\begin{cases}\lambda_{\min}(\boldsymbol{P})\|\bar{\boldsymbol{\theta}}\|^2\leqslant\boldsymbol{V}(\bar{\boldsymbol{\theta}})\leqslant\lambda_{\max}(\boldsymbol{P})\|\bar{\boldsymbol{\theta}}\|^2\\ \dfrac{\partial\boldsymbol{V}}{\partial\bar{\boldsymbol{\theta}}}\bar{\boldsymbol{A}}_{v_0}\bar{\boldsymbol{\theta}}=-\bar{\boldsymbol{\theta}}^{\mathrm{T}}\boldsymbol{Q}\bar{\boldsymbol{\theta}}\leqslant-\lambda_{\min}(\boldsymbol{Q})\|\bar{\boldsymbol{\theta}}\|^2\\ \left\|\dfrac{\partial\boldsymbol{V}}{\partial\bar{\boldsymbol{\theta}}}\right\|=\|2\bar{\boldsymbol{\theta}}^{\mathrm{T}}\boldsymbol{P}\|\leqslant2\|\boldsymbol{P}\|\|\bar{\boldsymbol{\theta}}\|=2\lambda_{\max}(\boldsymbol{P})\|\bar{\boldsymbol{\theta}}\|\end{cases}\tag{5-60}$$

对$\boldsymbol{V}(\bar{\boldsymbol{\theta}})$求导，并令$\bar{\boldsymbol{\Gamma}}\leqslant\dfrac{(1-\phi)\lambda_{\min}(\boldsymbol{Q})}{2\lambda_{\max}(\boldsymbol{P})}(0<\phi<1)$，则有

$$\begin{cases}\dot{\boldsymbol{V}}(\bar{\boldsymbol{\theta}})\leqslant-(\lambda_{\min}(\boldsymbol{Q})-2\lambda_{\max}(\boldsymbol{P})\bar{\boldsymbol{\Gamma}})\|\bar{\boldsymbol{\theta}}\|^2+2\lambda_{\max}(\boldsymbol{P})\zeta\|\bar{\boldsymbol{\theta}}\|\\ \dot{\boldsymbol{V}}(\bar{\boldsymbol{\theta}})\leqslant-\phi\|\bar{\boldsymbol{\theta}}\|^2+2\lambda_{\max}(\boldsymbol{P})\zeta\|\bar{\boldsymbol{\theta}}\|\leqslant-(1-\tau)\phi\|\bar{\boldsymbol{\theta}}\|^2,\ \forall\|\bar{\boldsymbol{\theta}}\|\geqslant\dfrac{2\lambda_{\max}(\boldsymbol{P})\zeta}{\phi\tau},\ 0<\tau<1\\ \dot{\boldsymbol{V}}(\bar{\boldsymbol{\theta}})\leqslant-\dfrac{(1-\tau)\phi}{\lambda_{\min}(\boldsymbol{P})}\boldsymbol{V}(\bar{\boldsymbol{\theta}})=\tau\boldsymbol{V}(\bar{\boldsymbol{\theta}})\\ \boldsymbol{V}(\bar{\boldsymbol{\theta}}(t_0))\leqslant\lambda_{\max}(\boldsymbol{P})\|\bar{\boldsymbol{\theta}}(t_0)\|^2\end{cases}\tag{5-61}$$

设定$\boldsymbol{v}(t)=\boldsymbol{v}(t_0)\mathrm{e}^{-\tau(t-t_0)}$，$\dot{\boldsymbol{v}}(t)=-\tau\boldsymbol{v}(t)$，$\boldsymbol{v}(t_0)=\lambda_{\max}(\boldsymbol{P})\|\bar{\boldsymbol{\theta}}(t_0)\|^2$，利用比较原理，有

$$\|\bar{\boldsymbol{\theta}}(t)\|\leqslant\frac{1}{\sqrt{\lambda_{\min}(\boldsymbol{P})}}\boldsymbol{V}^{\frac{1}{2}}(\bar{\boldsymbol{\theta}})\leqslant\sqrt{\frac{\lambda_{\max}(\boldsymbol{P})}{\lambda_{\min}(\boldsymbol{P})}}\mathrm{e}^{-\frac{\tau(t-t_0)}{2}}\|\bar{\boldsymbol{\theta}}(t_0)\|,\ t_0\leqslant t<t_0+T\tag{5-62}$$

设定$\|\bar{\boldsymbol{\theta}}(t)\|\leqslant\alpha_1^{-1}(\alpha_2(\mu))(\forall t\geqslant t_0+T$，且$\mu=\dfrac{2\lambda_{\max}(\boldsymbol{P})\zeta}{\phi\tau}$，$\alpha_1,\alpha_2\in\mathbf{R}^{3\times3})$，并满足$\alpha_1(\|\bar{\boldsymbol{\theta}}\|)\leqslant\boldsymbol{V}(\bar{\boldsymbol{\theta}})\leqslant\alpha_2(\|\bar{\boldsymbol{\theta}}\|)$。

结合式(5-60)，可以得到$\alpha_1(r)=\lambda_{\min}(\boldsymbol{P})r^2$和$\alpha_2(r)=\lambda_{\max}(\boldsymbol{P})r^2$。因此，边界可以表示为$b=\alpha_1^{-1}(\alpha_2(\mu))\dfrac{2\lambda_{\max}(\boldsymbol{P})\zeta}{\phi\tau}\sqrt{\dfrac{\lambda_{\max}(\boldsymbol{P})}{\lambda_{\min}(\boldsymbol{P})}}$。由于$\alpha_1$属于经典$\kappa_\infty$函数，所以不论$\mu$多大，式(5-62)支持任何初始状态$\bar{\boldsymbol{\theta}}(t_0)$，满足$c_1=\lambda_{\min}(\boldsymbol{P})$，$c_2=\lambda_{\max}(\boldsymbol{P})$和$c_3=2\lambda_{\max}(\boldsymbol{P})$等条件。因此，可以得到结论：任意小的扰动(不确定性和执行器故障)均不会导致大的稳态偏差。$\boldsymbol{L}$和$\boldsymbol{F}$分别为观测器和控制器的增益，且分别满足$\tilde{\boldsymbol{A}}_{11}-\boldsymbol{L}\tilde{\boldsymbol{C}}_1$和$\bar{\boldsymbol{A}}-\bar{\boldsymbol{B}}_{v_0}\boldsymbol{F}$，并符合 Hurwitz 特性。

3. 连续积分滑模控制器

设定控制量$\boldsymbol{v}_1(t)$为

$$\begin{cases}\boldsymbol{v}_1(t)=-\kappa_1\phi_1(\boldsymbol{s})+\boldsymbol{v}(t)\\ \dot{\boldsymbol{v}}(t)=-\kappa_2\phi_2(\boldsymbol{s})\end{cases}\tag{5-63}$$

式中，κ_1、κ_2为正的系统参数，当$\mu\geqslant0$时有$\phi_1(\boldsymbol{s})=[\boldsymbol{s}]^{\frac{1}{2}}+\mu[\boldsymbol{s}]^{\frac{3}{2}}$，$\phi_2(\boldsymbol{s})=\dfrac{1}{2}\mathrm{sign}(\boldsymbol{s})+2\mu\boldsymbol{s}+\dfrac{3}{2}\mu^2[\boldsymbol{s}]^2$。在文献[133]中$[\boldsymbol{s}]^{\frac{3}{2}}$、$[\boldsymbol{s}]^2$等量相对于初始条件提供了一致收敛性，即收

敛时间由一个恒定的独立算法初始条件限定。

定理 5-5-2 系统(5-54)应用固定控制分配律 $\boldsymbol{u}(t)=\bar{\boldsymbol{B}}_2^{\mathrm{T}}(\boldsymbol{v}_0(t)+\boldsymbol{v}_1(t))$。如果系统参数 κ_1、κ_2 在集合中给定，则有 $\kappa=\left\{\kappa_1,\kappa_2\in\mathbf{R}^{2\times2}\,\middle|\,0<\kappa_1\leqslant2\sqrt{d^+},\ \kappa_2>\frac{\kappa_1^2}{4}+\frac{4d^{+2}}{\kappa_1^2}\right\}\times\cup\left\{\kappa_1,\kappa_2\in\mathbf{R}^{2\times2}\,\middle|\,\kappa_1>2\sqrt{d^+},\ \kappa_2>2d^+\right\}$，且 d^+ 为上边界。当 $\dot{\boldsymbol{\xi}}_1(t)=\bar{\boldsymbol{B}}_2^{\mathrm{T}}\bar{\boldsymbol{B}}_2^{\mathrm{T}+}(\boldsymbol{K}(t)\dot{\boldsymbol{u}}(t)+\dot{\boldsymbol{K}}(t)\boldsymbol{u}(t))$，$d^+=\|\boldsymbol{G}(\bar{\boldsymbol{A}}-\bar{\boldsymbol{A}}_e)\bar{\boldsymbol{A}}_e+\boldsymbol{G}(\bar{\boldsymbol{A}}-\bar{\boldsymbol{A}}_e)\bar{\gamma}\|\frac{\|\eta(t)\|}{\boldsymbol{P}_\eta}+\|\boldsymbol{G}(\bar{\boldsymbol{A}}-\bar{\boldsymbol{A}}_e)\bar{\gamma}\|\,\|\hat{\boldsymbol{x}}(t)\|+\|\bar{\boldsymbol{B}}_2\|\,\boldsymbol{\xi}_1^+$ 时，$\|\bar{\boldsymbol{B}}_2^{\mathrm{T}}\bar{\boldsymbol{B}}_2^{\mathrm{T}+}\|=(\|\boldsymbol{K}(t)\dot{\boldsymbol{u}}(t)\|+\|\dot{\boldsymbol{K}}(t)\boldsymbol{u}(t)\|)\leqslant\boldsymbol{\xi}_1^+$ 成立，并且 $\eta(t)$ 满足 $\dot{\eta}(t)=-m_0\eta(t)+m_1\|\hat{\boldsymbol{x}}(t)\|$，$m_0$、$m_1$、$\boldsymbol{P}_\eta$ 为正标量。继而，控制分配律 $\boldsymbol{u}(t)=\bar{\boldsymbol{B}}_2^{\mathrm{T}}(\boldsymbol{v}_0(t)+\boldsymbol{v}1(t))$ 保证了系统轨迹在滑模动力表面。

证明 等式(5-54)可以写成以下形式：

$$\begin{aligned}\dot{\boldsymbol{s}}(t)=&\boldsymbol{G}\bar{\boldsymbol{A}}\bar{\boldsymbol{x}}(t)+\boldsymbol{G}\bar{\boldsymbol{B}}\bar{\boldsymbol{B}}_2^{\mathrm{T}}(\boldsymbol{v}_0(t)+\boldsymbol{v}_1(t))-\boldsymbol{G}\bar{\boldsymbol{B}}\boldsymbol{\xi}_1(t)-\boldsymbol{G}\bar{\boldsymbol{B}}\boldsymbol{\xi}_2(t)-\\&\boldsymbol{G}\bar{\boldsymbol{A}}_e\bar{\boldsymbol{e}}(t)-\boldsymbol{G}\bar{\boldsymbol{A}}\hat{\boldsymbol{x}}(t)-\boldsymbol{G}\bar{\boldsymbol{B}}\bar{\boldsymbol{B}}_2^{\mathrm{T}}\boldsymbol{v}_0(t)\end{aligned}\tag{5-64}$$

因 $\boldsymbol{G}\bar{\boldsymbol{B}}_{v_0}=\boldsymbol{I}_1$，$\boldsymbol{G}\bar{\boldsymbol{B}}=\bar{\boldsymbol{B}}_2$，$\boldsymbol{G}\bar{\boldsymbol{B}}\boldsymbol{\xi}_2(t)=\boldsymbol{0}$，$\bar{\boldsymbol{e}}(t)=\bar{\boldsymbol{x}}(t)-\hat{\boldsymbol{x}}(t)$，式(5-64)可转换为

$$\dot{\boldsymbol{s}}(t)=\boldsymbol{G}(\bar{\boldsymbol{A}}-\bar{\boldsymbol{A}}_e)\bar{\boldsymbol{e}}(t)+\boldsymbol{v}_1(t)-\bar{\boldsymbol{B}}_2\boldsymbol{\xi}_1(t)\tag{5-65}$$

设定 $\boldsymbol{d}(t)=\boldsymbol{G}(\bar{\boldsymbol{A}}-\bar{\boldsymbol{A}}_e)\bar{\boldsymbol{e}}(t)-\bar{\boldsymbol{B}}_2\boldsymbol{\xi}_1(t)$，则有

$$\begin{cases}\dot{\boldsymbol{s}}(t)=-\kappa_1\phi_1(s)+\boldsymbol{v}(t)+\boldsymbol{d}(t)\\\dot{\boldsymbol{v}}(t)=-\kappa_2\phi_2(s)\end{cases}\tag{5-66}$$

设 $\boldsymbol{J}(t)=\boldsymbol{v}(t)+\boldsymbol{d}(t)$，并求导 $\dot{\boldsymbol{J}}(t)=\dot{\boldsymbol{v}}(t)+\dot{\boldsymbol{d}}(t)$，则式(5-66)转换为

$$\begin{cases}\dot{\boldsymbol{s}}(t)=-\kappa_1\phi_1(\boldsymbol{s})+\boldsymbol{J}(t)\\\dot{\boldsymbol{J}}(t)=-\kappa_2\phi_2(\boldsymbol{s})+\dot{\boldsymbol{d}}(t)\end{cases}\tag{5-67}$$

式中，$\dot{\boldsymbol{d}}(t)=\boldsymbol{G}(\bar{\boldsymbol{A}}-\bar{\boldsymbol{A}}_e)\dot{\bar{\boldsymbol{e}}}(t)-\bar{\boldsymbol{B}}_2\dot{\boldsymbol{\xi}}_1(t)$，结合式(5-56)，有

$$\begin{cases}\dot{\boldsymbol{d}}(t)=\boldsymbol{G}(\bar{\boldsymbol{A}}-\bar{\boldsymbol{A}}_e)\bar{\boldsymbol{A}}_e\bar{\boldsymbol{e}}(t)+\boldsymbol{G}(\bar{\boldsymbol{A}}-\bar{\boldsymbol{A}}_e)\bar{\boldsymbol{A}}_g\bar{\boldsymbol{e}}(t)+\boldsymbol{G}(\bar{\boldsymbol{A}}-\bar{\boldsymbol{A}}_e)\bar{\boldsymbol{A}}_g\hat{\boldsymbol{x}}(t)-\bar{\boldsymbol{B}}_2\dot{\boldsymbol{\xi}}_1(t)\\\dot{\bar{\boldsymbol{e}}}(t)=(\bar{\boldsymbol{A}}_e+\bar{\boldsymbol{A}}_g)\bar{\boldsymbol{e}}(t)+\bar{\boldsymbol{A}}_g\hat{\boldsymbol{x}}(t)\end{cases}\tag{5-68}$$

设 $\boldsymbol{P}_\eta$ 为 Lyapunov 方程 $\boldsymbol{P}_\eta\bar{\boldsymbol{A}}_e+\bar{\boldsymbol{A}}_e^{\mathrm{T}}\boldsymbol{P}_\eta=-\boldsymbol{I}_3$ 的解，定义二次 Lyapunov 函数 $\boldsymbol{V}_\eta(\bar{\boldsymbol{e}})=\bar{\boldsymbol{e}}^{\mathrm{T}}\boldsymbol{P}_\eta\bar{\boldsymbol{e}}$ 沿着式(5-68)的轨迹，则 $\boldsymbol{V}_\eta(\bar{\boldsymbol{e}})$ 满足

$$\dot{\boldsymbol{V}}_\eta(\bar{\boldsymbol{e}})\leqslant-\|\bar{\boldsymbol{e}}\|^2+2\lambda_{\max}(\boldsymbol{P}_\eta)\bar{\gamma}\|\bar{\boldsymbol{e}}\|^2+2\lambda_{\max}(\boldsymbol{P}_\eta)\bar{\gamma}\|\bar{\boldsymbol{e}}\|\,\|\hat{\boldsymbol{x}}\|\tag{5-69}$$

假设 $\bar{\gamma}\leqslant\frac{1-\phi_\eta}{2\lambda_{\max}(\boldsymbol{P}_\eta)}(0<\phi_\eta<1)$，则式(5-69)满足

$$\begin{cases}\dot{\boldsymbol{V}}_\eta(\bar{\boldsymbol{e}})\leqslant-\dfrac{\phi_\eta}{\lambda_{\max}(\boldsymbol{P}_\eta)}\boldsymbol{V}_\eta+\dfrac{1-\phi_\eta}{\sqrt{\lambda_{\max}(\boldsymbol{P}_\eta)}}\|\hat{\boldsymbol{x}}\|\boldsymbol{V}_\eta^{\frac{1}{2}}\\\dot{\bar{\boldsymbol{V}}}_\eta(\bar{\boldsymbol{e}})\leqslant-\dfrac{\phi_\eta}{2\lambda_{\max}(\boldsymbol{P}_\eta)}\bar{\boldsymbol{V}}_\eta+\dfrac{1-\phi_\eta}{2\sqrt{\lambda_{\max}(\boldsymbol{P}_\eta)}}\|\hat{\boldsymbol{x}}\|,\ \bar{\boldsymbol{V}}_\eta=\boldsymbol{V}_\eta^{\frac{1}{2}}\\m_0=\dfrac{\phi_\eta}{2\lambda_{\max}(\boldsymbol{P}_\eta)}\\m_1=\dfrac{1-\phi_\eta}{2\sqrt{\lambda_{\max}(\boldsymbol{P}_\eta)}}\end{cases}\tag{5-70}$$

考虑 $\dot{\eta}(t)$，采用比较原理，有 $\eta(t)\geqslant\sqrt{\lambda_{\max}(\boldsymbol{P}_{\eta})}\parallel\bar{\boldsymbol{e}}\parallel=\boldsymbol{P}_{\eta}\parallel\bar{\boldsymbol{e}}\parallel$，$\forall t\geqslant 0$，继而有

$$\parallel\dot{\boldsymbol{d}}(t)\parallel\leqslant\parallel\boldsymbol{G}(\bar{\boldsymbol{A}}-\bar{\boldsymbol{A}}_{e})\bar{\boldsymbol{A}}_{e}+\boldsymbol{G}(\bar{\boldsymbol{A}}-\bar{\boldsymbol{A}}_{e})\bar{\gamma}\parallel\frac{\parallel\eta(t)\parallel}{P_{\eta}}+\parallel\boldsymbol{G}(\bar{\boldsymbol{A}}-\bar{\boldsymbol{A}}_{e})\bar{\gamma}\parallel\parallel\hat{\boldsymbol{x}}(t)\parallel+\parallel\bar{\boldsymbol{B}}_{2}\parallel\xi_{1}^{+}=d^{+} \tag{5-71}$$

如果系统参数κ_1、κ_2 由集合 κ 给定，则式(5 - 67)的动态性一致收敛到 0，继而保证了滑动模型成立，则连续积分滑模控制分配律可采取以下形式：

$$\begin{cases}\boldsymbol{u}(t)=\bar{\boldsymbol{B}}_{2}^{\mathrm{T}}(-F\hat{\boldsymbol{x}}(t)-\kappa_{1}\phi_{1}(\boldsymbol{s})+\boldsymbol{v}(t))\\ \dot{\boldsymbol{v}}(t)=-\kappa_{2}\phi_{2}(\boldsymbol{s})\end{cases} \tag{5-72}$$

给定匹配故障量$\boldsymbol{\xi}_1(t)$一个估计，再滑动模型 $\boldsymbol{s}(t)=0$，$\boldsymbol{J}(t)=\boldsymbol{v}(t)+\boldsymbol{d}(t)=\boldsymbol{0}$，继而从式(5 - 67)可以得到 $\boldsymbol{v}(t)=-\boldsymbol{d}(t)\approx\bar{\boldsymbol{B}}_2\boldsymbol{\xi}_1(t)\rightarrow\boldsymbol{\xi}_1(t)=\bar{\boldsymbol{B}}_2^{\dagger}\boldsymbol{v}(t)$。

选择初始条件为$\sqrt{\bar{\boldsymbol{e}}^{\mathrm{T}}(0)\boldsymbol{P}_{\eta}\bar{\boldsymbol{e}}(0)}<\boldsymbol{\eta}(0)$，则通过上述控制律可以保证系统轨迹始终在滑模面表面。继而，做出如下假设：

假设 5 - 5 - 2　初始条件 $\bar{\boldsymbol{x}}(0)$属于一已知集合$x_0=\{\bar{x}\in\mathbf{R}^{3\times3}\mid\parallel\bar{x}-c_0\parallel\leqslant r_0$，$c_0\in\mathbf{R}^{3\times3}$，$r_0>0\}$。

由于参数$\hat{\boldsymbol{x}}(0)$和 $\eta(0)$均满足假设 5 - 5 - 2，则约束条件$\sqrt{\bar{\boldsymbol{e}}^{\mathrm{T}}(0)\boldsymbol{P}_{\eta}\bar{\boldsymbol{e}}(0)}<\boldsymbol{\eta}(0)$成立。

注 2　如果假设 5 - 5 - 2 满足，控制分配律(式(5 - 72))将保证轨迹收敛于 0。但是，由于假设 $\boldsymbol{s}(0)=\boldsymbol{0}$ 满足，且故障$\bar{\boldsymbol{B}}_2\boldsymbol{\xi}_1(t)$存在，则不可能保证系统从 $t=0$ 开始就达到稳定状态。同时，又因为$\bar{\boldsymbol{B}}_2\boldsymbol{\xi}_1(t)$和 $\dot{\boldsymbol{s}}(0)$可能不同时为 0，且假设故障也不是在系统 0 时刻，即在 $t=0$时刻系统即开始作用。因此，如果故障发生在时间 $t>0$ 足够大的时间里，则暂态过程将不存在。

5.5.4　算例分析

为了验证本节给出的控制策略的合理性，根据图 5 - 17、图 5 - 18，利用 PSIM 构建仿真实验平台对系统进行了仿真实验，线性化模型设定为

$$\boldsymbol{A}=\begin{bmatrix}-0.4623 & 0 & -0.5248\\ 0 & -0.0149 & 1.7171\\ 1.1071 & 1 & 0\end{bmatrix},\quad \boldsymbol{B}=\begin{bmatrix}0.6228 & 0\\ 0 & -0.1756\\ 0.0352 & 0\end{bmatrix}$$

高阶滑模观测器参数设计为：子空间$\boldsymbol{v}^{*}$的基 $\boldsymbol{V}=[0\quad 0\quad 1]^{\mathrm{T}}$，$\boldsymbol{K}^{*}=[33.11\quad -14.61]^{\mathrm{T}}$，$\bar{\boldsymbol{K}}^{*}=\begin{bmatrix}0 & 33.11 & 0\\ 0 & -14.61 & 0\end{bmatrix}$，矩阵 $\boldsymbol{U}=\begin{bmatrix}1.494 & 0\\ 0 & 1.494\end{bmatrix}$，分布矩阵$\boldsymbol{P}_0=\begin{bmatrix}1 & 0\\ -0.251 & -14.54\end{bmatrix}$，增益矩阵 $\boldsymbol{L}=\begin{bmatrix}7.502 & 0.048\\ 0.251 & 14.535\end{bmatrix}$，向量维数$(r_1)=(1)$和 $k=1$，2。当$\boldsymbol{T}_u=0.8$ 且 $\alpha=0.06$ 时，有$\beta_{1_1}=1.1\,M_1$，$\beta_{2_1}=1.5\,M_2$，$\beta_{3_1}=1.1\,M_3$，$\beta_{2_2}=1.1\,M_2$，$\kappa_{1_1}=\kappa_{2_1}=\kappa_{3_1}=1$，$\kappa_{2_2}=1$，且 $M_1=M_2=M_3=2$。控制增益 $\boldsymbol{F}=[-2.71，48.8862，-0.3149，-14.1013，11.4091]$。连续积分滑模控制器参数$\kappa_1=1$，$\kappa_2=3$，$\mu=1$。

系统仿真参数设置如下：输入直流电压 $U_{\mathrm{in}}=350$ V，输出网侧交流工频电压 u_{g}峰值为 220 V，系统载波频率、计算频率分别设定为 15 kHz 和 30 kHz，LCL 滤波器参数 L_{g}、L_{s}分别设定为 0.57 mH、1.49 mH，R_{g}、R_{s}和 R_C分别为 0.06 Ω、0.20 Ω、0.14 Ω，C 为 4.7 μF。

1. 仿真验证

图 5-19 为逆变器在额定参数下运行时的并网电压和电流的仿真波形。由图可知，系统稳定运行中逆变器系统并网电压、电流基本没有发生畸变，波形为光滑的正弦波，网侧电压畸变率谐波失真率 T_{HD}为 0.021%，波形畸变很小，并网电压、电流几乎无谐波存在。实验说明逆变器在稳定运行中，通过本节提出的控制策略可以达到预期控制效果。

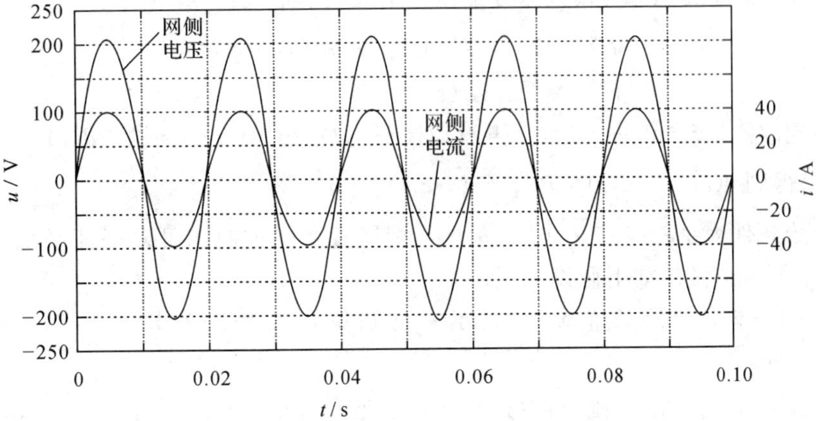

图 5-19　稳定运行时的网侧电压和电流仿真波形

图 5-20 为逆变系统在稳定运行中发生故障时的并网电流和电压的仿真波形。由图可以看出，当逆变器系统稳定运行至 0.02 s 时，系统发生了第一次故障(R_s突然增加至 1.00 Ω，且在一个周期后(0.02 s)故障消失)；随后在 0.1 s 时，系统又发生了第二次故障(U_o突然出现了扰动，增加至 380 V，且在一个周期后(0.02 s)故障消失)。图 5-20(a)显示系统出现第一次故障时并网电流在一个周期内出现了小幅振荡，变化的最大幅度为 4 A，第二次故障时并网电流同样也在一个周期内出现了小幅振荡，变化的幅度为 0～5 A。不过两次故障后系统并网电流均在故障后的一个周期后(0.02 s)恢复到原始稳定运行状态。图 5-20(b)中的并网电压波形显示系统出现两次故障时并网电压在一个周期内也出现了小幅波动，波动范围为

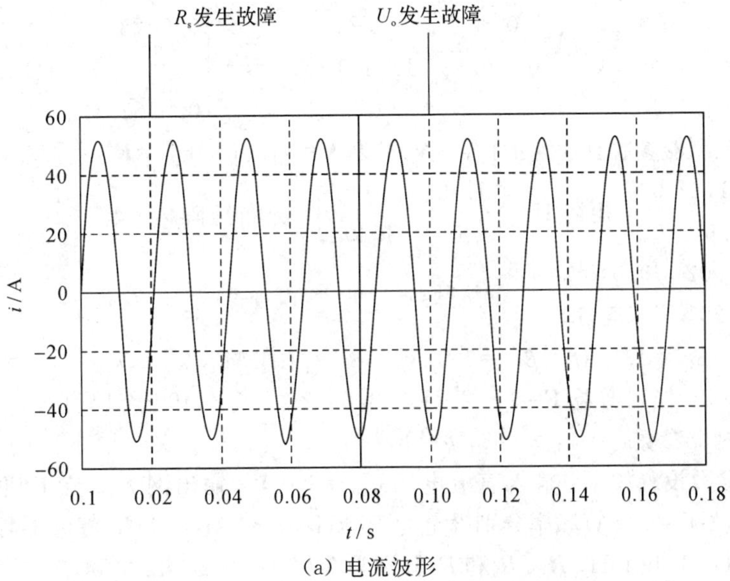

(a) 电流波形

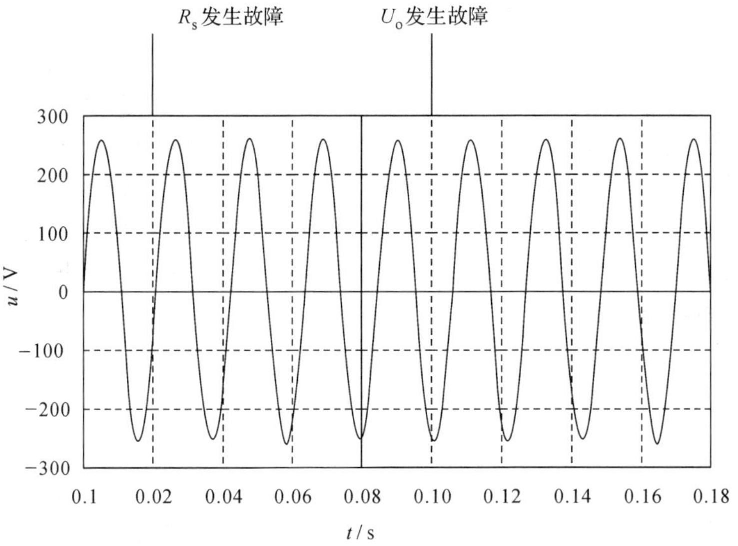

(b) 电压波形

图 5-20　两次故障时逆变系统的网侧电流和电压仿真波形

0～10 V，最大波动幅度出现在第二次故障后（为 10 V），且和图 5-20(a)中的系统并网电流一样，两次故障后系统并网电压均在故障后的一个周期后（0.02 s）也恢复到原始稳定运行状态。由图 5-20 可以得到结论：系统发生两次故障后，系统的并网电压、电流基本没有发生变化，在极短时间内就过渡到相应的稳定状态，过渡过程中基本无畸变，说明基于故障观测器的连续积分滑模容错控制策略能够较好地实现系统故障下的稳定控制，显现出良好的跟踪性能和容错能力。

2. 实验验证

在上述仿真参数下，进一步对本节提出的控制策略进行了实验研究。图 5-21 为额定参数下逆变器系统网侧电压和电流的稳定运行波形。由图可知，系统在启动 0.1 s 时即到达了平稳状态，到达平稳状态后电压、电流频率为 50 Hz，波形无畸变，电压幅值基本稳定在 220 V 左右。

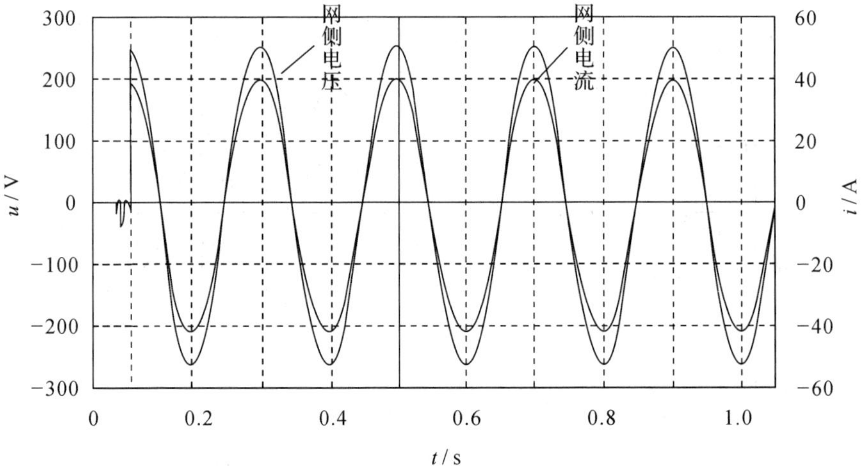

图 5-21　额定参数下系统网侧电压和电流实验波形

图 5-22 为系统参数 R_s 发生故障时的逆变器系统网侧电压和电流的运行波形。从图中可见，当系统稳定运行至 0.2 s 时，R_s 突然增加至 1.00 Ω，系统并网电压、电流发生了极小的变化，在极短时间内就过渡到相应的稳定状态，过渡过程中基本无畸变；系统又稳定运行 0.2 s，R_s 突然减小至原始设定数值 0.20 Ω，系统并网电压、电流同样基本没有多大变化，在很短的时间内即回到稳定状态。这表明逆变器在受参数不确定性故障的影响下，系统并网电压、电流稳定，曲线变化平滑、畸变小，基本没有受到故障的影响。实验说明采用本节所提出的控制策略能够以非常接近理想值的精度对给定值实行跟踪，而且能很好地保证系统稳定运行的安全性。

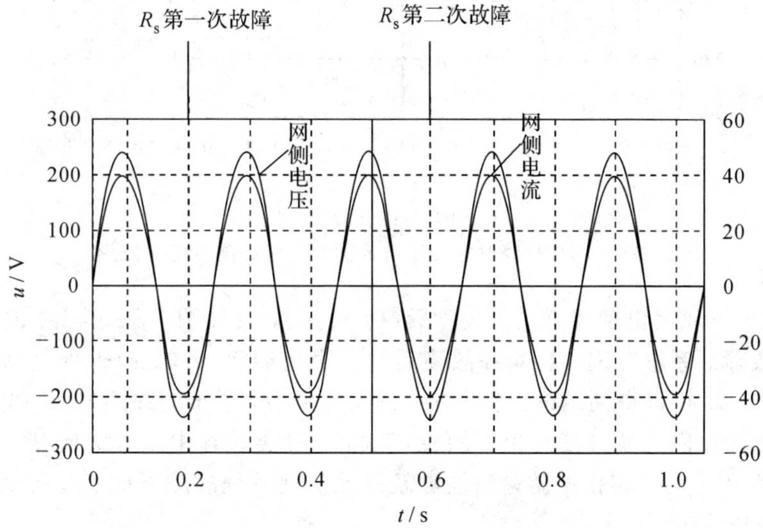

图 5-22　R_s 变化时系统网侧电压和电流实验波形

逆变器输入电压 U_o 由 350 V 跳变为 380 V，然后由 380 V 跳变为 350 V，逆变系统网侧电压、电流波形如图 5-23 所示。由图 5-23 可知，逆变器网侧电压、电流基本不受输入

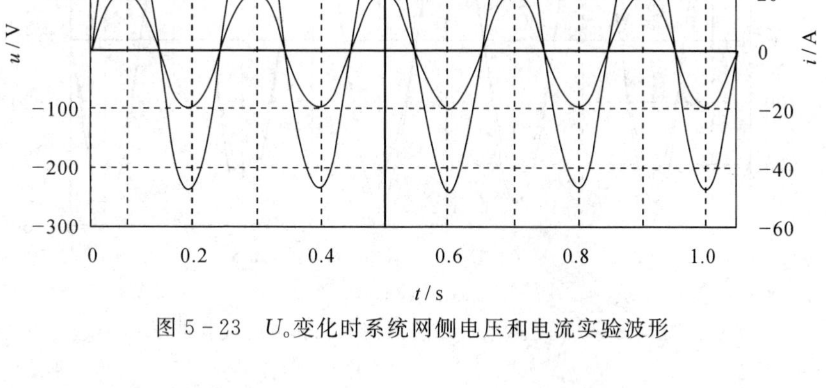

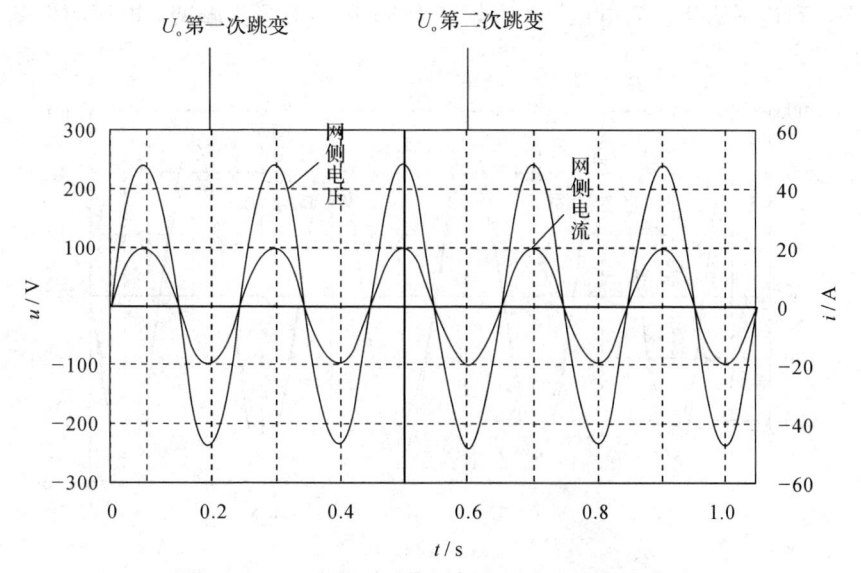

图 5-23　U_o 变化时系统网侧电压和电流实验波形

电压故障的影响，网侧电压畸变率 T_{HD}约为 1.21%，稳态误差小。同时，逆变系统网侧电压、电流均实现了极短时间内对稳定状态的跟踪，过渡过程中基本无畸变，说明本节提出的控制方法对逆变器输入电压具有很强的抗扰动能力。

5.6　孤岛多逆变器并联传感器容错控制

分布式微电网一般采取多逆变器并联方式，对逆变系统电流控制进行最大功率点追踪，实现微电网与大电网的连接。同时，对逆变系统进行电压控制，实行孤岛运行。因此，采取有效的控制策略，确保逆变系统电压的稳定是实现分布式微电网稳定运行的关键之一。

分布式微电网运行工况较为复杂，运行过程中会遭受诸多方面的干扰，有来自自身的器件参数干扰，也有来自外部传感器等的摄动，从而加剧了微电网模型的非线性化程度。通过线性化技术及其他方法设计专门用于处理非线性动力学的鲁棒控制器，已经广泛应用在分布式发电控制系统的研究中。非线性和参数不确定性是在设计能够保证系统稳定性以及控制器具有理想的闭环性能时要解决的最重要的问题。模糊控制作为一种典型的非线性动力学控制技术，已经获得科研工作者的广泛关注，因为它能够提供一个有效的控制方案，以处理控制系统复杂的、不确定的因素。

对于孤岛模式下的分布式微电网，采取传统的 PID 电压控制策略，无法确保控制性能的鲁棒性。Teodorescu R 等人采用比例谐振(Proportional Resonant，PR)控制器，虽然实现了系统正弦信号的无静差跟踪，但控制模型的抗扰动能力受到了影响。陈智勇等人研究了一种自适应滑模电压控制策略，该控制算法实现了孤岛运行下逆变系统电压的全局鲁棒性能，其扰动考虑了逆变系统负载电流扰动和滤波参数摄动。

在实践中常见许多控制系统受传感器、执行器以及系统本身故障的影响，因此，在控制系统设计中，研究发生故障时系统如何保持稳定和优越的控制性能，是一个很重要的问题。容错控制系统与执行机构故障问题已被许多研究人员关注。就一般非线性系统未知输入观测器的设计，Ebrahim Mohammadi 等人和 Pozo F 等人在文献中提出了几种基于故障诊断的非线性未知输入观测器的设计方法，并且在传感器故障引起的非线性系统中进行了探讨。而多变量非线性系统因受参数不确定性的影响，问题会更加复杂。Wei Teng 等人在文献中采用 T-S 模糊控制，提出了一种基于多变量的故障检测方案，该方案假定一个传感器在给定时间内发生故障，通过修复健康传感器输出的状态变量，得到了强鲁棒稳定条件，并以线性矩阵不等式的形式明确表达，且是在未考虑执行器故障的情况下。

在许多实际的非线性控制系统中，观测器设计是一个非常重要的问题。王志坚、刘欢和 Sakthivela R 等人在文献中研究了 T-S 模糊控制系统的模糊观测器，并用李雅普诺夫方法证明了控制性能的渐近收敛，其中一个不足是未考虑 T-S 模糊控制系统中的参数不确定性，影响到闭环系统的鲁棒性。

基于以上分析，本节通过孤岛模式下微电网多逆变器并联系统的拓扑，建立故障影响下的非线性微电网多逆变器并联系统的数学模型，构建一种新的鲁棒 T-S 模糊容错控制方法。首先，通过参数不确定性的非线性控制策略，对传感器故障影响下的微电网孤岛多逆变器并联系统进行了研究与分析，并利用模糊理论结构简单、逼近能力强的优点，以及便于建立系统的全局 T-S 模糊模型和处理非线性系统能力的特点，建立了非线性多逆变器并联系统 T-S

模糊模型；进一步设计了一个非线性模糊比例积分观测器，并通过残差重构，对故障实行检测和隔离；最后，利用一般分布补偿结构，通过对模糊系统故障分析的模糊泰勒级数展开和李雅普诺夫证明验证了系统稳定的充分条件。最后，仿真实验结果表明了该方法的有效性。

5.6.1 孤岛 T-S 模糊模型

1. 多逆变器并联拓扑及状态方程

大规模分布式微电网大都采用多逆变器并联运行方式，其原理框图如图 5-24 所示。每台逆变器经滤波及阻抗后与电网连接，其中滤波采用电感、电容组成的 LC 滤波器，阻抗由电感和电阻 LR 组成。图中，电压参数u_{wpi}、u_{ini}、u_{cfi}($i=1, 2, \cdots, n$)分别为微电源输出的直流电压、逆变器输出电压和滤波器输出电压，电流参数i_{ini}、i_{lfi}、i_{lgi}($i=1, 2, \cdots, n$)分别为逆变器输出电流、逆变侧电感电流和连接阻抗电流，LC 滤波参数分别为R_{fi}、L_{fi}和C_{fi}($i=1, 2, \cdots, n$)，连接阻抗参数分别为L_{gi}、R_{gi}($i=1, 2, \cdots, n$)，Z_L 为分布式微电网非线性总负载，i 为分布式微电网多逆变器并联的第 n 台逆变器。

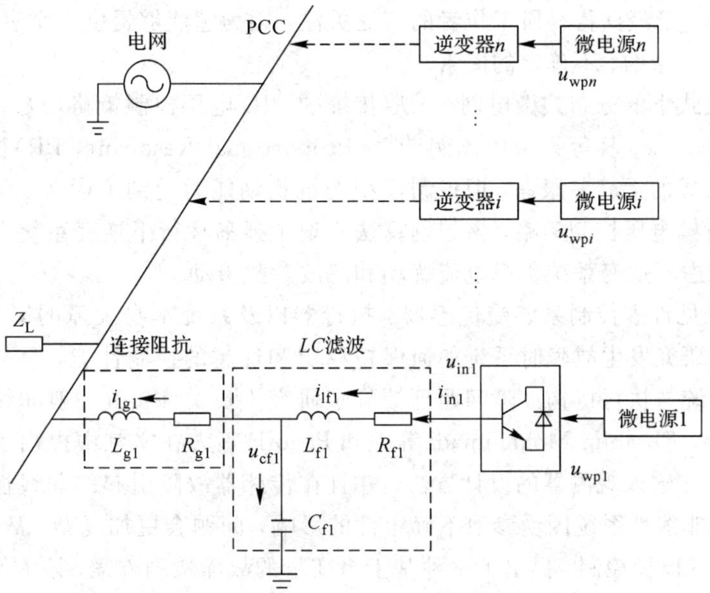

图 5-24 分布式微电网多逆变器并联运行方式原理框图

图 5-24 的分布式微电网多逆变器并联系统在孤岛模式运行时，每台 DC/AC 逆变器控制模型具有相同的结构，且控制器设计的变量、LC 滤波参数均来自对应逆变器的测量值。根据基尔霍夫定律，LC 型单台逆变器的数学模型可以表示为

$$\begin{cases} L_{f1}\dfrac{\mathrm{d}\,i_{lf1}(t)}{\mathrm{d}t}+R_{f1}i_{lf1}(t)+u_{cf1}(t)-u_{in1}=0 \\ L_{g1}\dfrac{\mathrm{d}i_{lg1}(t)}{\mathrm{d}t}+R_{g1}i_{lg1}(t)+Z_L i_{lg1}(t)-u_{cf1}(t)=0 \\ C_{f1}\dfrac{\mathrm{d}u_{cf1}(t)}{\mathrm{d}t}-i_{lf1}(t)+i_{lg1}(t)=0 \end{cases} \tag{5-73}$$

每台 DC/AC 逆变器控制模型具有相同的结构，下标“1”略去，并定义状态变量为

$\boldsymbol{x}(t)=[x_1 \quad x_2 \quad x_3]=[i_{\mathrm{lf}} \quad i_{\mathrm{lg}} \quad u_{\mathrm{cf}}]$，输入向量 $\boldsymbol{u}(t)=u_{\mathrm{in}}$，即逆变器的输出电压参考值，$\boldsymbol{y}(t)$为输出向量，进而得到分布式微电网多逆变器并联系统的状态方程为

$$\begin{cases}\dot{\boldsymbol{x}}(t)=\boldsymbol{A}\boldsymbol{x}(t)+\boldsymbol{B}\boldsymbol{u}(t)\\ \boldsymbol{y}(t)=\boldsymbol{C}\boldsymbol{x}(t)\end{cases} \tag{5-74}$$

式中，$\boldsymbol{A}$ 为系统矩阵，$\boldsymbol{B}$ 为控制矩阵，$\boldsymbol{C}$ 为观测矩阵，且

$$\boldsymbol{A}=\begin{bmatrix}-\dfrac{R_{\mathrm{f}}}{L_{\mathrm{f}}} & 0 & -\dfrac{1}{L_{\mathrm{f}}}\\ 0 & -\dfrac{R_{\mathrm{g}}+Z_{\mathrm{L}}}{L_{\mathrm{g}}} & \dfrac{1}{L_{\mathrm{g}}}\\ \dfrac{1}{C_{\mathrm{f}}} & -\dfrac{1}{C_{\mathrm{f}}} & 0\end{bmatrix},\quad \boldsymbol{B}=\begin{bmatrix}0 & 0 & \dfrac{1}{L_{\mathrm{f}}}\end{bmatrix}^{\mathrm{T}},\quad \boldsymbol{C}=[1 \quad 0 \quad 0]$$

2. T－S 模糊模型

T－S模糊控制作为一种进行非线性系统稳定性分析及控制器综合的有力工具，在解决控制系统复杂的、不确定、不明确的因素方面具有独特的优越性。结合 T－S 模糊模型理论，对分布式微网多逆变器并联非线性系统进行处理，可以得到公式(5－74)的线性模型为

规则 $\boldsymbol{R}^i$：如果x_1 是M_{i1}，…，x_n 是M_{in}，则

$$\begin{cases}\dot{\boldsymbol{x}}(t)=\boldsymbol{A}_i\boldsymbol{x}(t)+\boldsymbol{B}_i\boldsymbol{u}(t)\\ \boldsymbol{y}(t)=\boldsymbol{C}_i\boldsymbol{x}(t)\end{cases} \tag{5-75}$$

其中，$\boldsymbol{R}^i$ 为第 i 条模糊规则；$\boldsymbol{M}_{ig}$ 为模糊集合，$g=1, 2, \cdots, \psi_t(\psi_t=3)$，$i=1, 2, \cdots, p$（$p$ 为模糊规则数）；$\boldsymbol{A}_i\boldsymbol{x}(t)+\boldsymbol{B}_i\boldsymbol{u}(t)$表示线性系统的子系统。

设置模糊权值为$\varsigma_i(\varepsilon(x(t)))$，且

$$\varsigma_i(\varepsilon(x(t)))=\frac{\zeta_i(\varepsilon(x(t)))}{\sum\limits_{i=1}^{p}\zeta_i(\varepsilon(x(t)))} \tag{5-76}$$

其中，$\varepsilon(x(t))=[\varepsilon_1(x_1(t)), \varepsilon_2(x_2(t)), \varepsilon_3(x_p(t))]$，$\varepsilon_1(x_1(t))$、$\varepsilon_2(x_2(t))$、$\varepsilon_3(x_p(t))$为可测变量，且不受故障影响；$\zeta_i(\varepsilon(x(t)))=\prod\limits_{g=1}^{3}M_{ig}(\varepsilon_g(x(t)))$，$M_{ig}(\varepsilon_g(x(t)))$代表$M_{ig}$中$\varepsilon_g(x(t))$的隶属度。同时，满足$\sum\limits_{i=1}^{p}\zeta_i(\varepsilon(x(t)))>0$，$\zeta_i(\varepsilon(x(t)))\geqslant 0(i=1, 2, \cdots, p)$和$\varsigma_i(\varepsilon(x(t)))\geqslant 0$，$\sum\limits_{i=1}^{p}\varsigma_i(\varepsilon(x(t)))=0(i=1, 2 \cdots, p)$。

将模糊权值(5－76)加入公式(5－75)的每一个子模型中，获得分布式微网多逆变器并联系统在孤岛模式下的 T－S 模糊全局模型：

$$\begin{cases}\dot{\boldsymbol{x}}(t)=\dfrac{\sum\limits_{i=1}^{p}\zeta_i(\varepsilon(x(t)))[\boldsymbol{A}_i\boldsymbol{x}(t)+\boldsymbol{B}_i\boldsymbol{u}(t)]}{\sum\limits_{i=1}^{p}\zeta_i(\varepsilon(x(t)))}=\sum\limits_{i=1}^{p}\varsigma_i(\varepsilon(x(t)))[\boldsymbol{A}_i\boldsymbol{x}(t)+\boldsymbol{B}_i\boldsymbol{u}(t)]\\ \boldsymbol{y}(t)=\dfrac{\sum\limits_{i=1}^{p}\zeta_i(\varepsilon(x(t)))[\boldsymbol{C}_i\boldsymbol{x}(t)]}{\sum\limits_{i=1}^{p}\zeta_i(\varepsilon(x(t)))}=\sum\limits_{i=1}^{p}\varsigma_i(\varepsilon(x(t)))[\boldsymbol{C}_i\boldsymbol{x}(t)]\end{cases} \tag{5-77}$$

考虑不确定性时变参数及传感器故障动态特性，得到孤岛模式下的动态模型为

$$\begin{cases}\dot{\boldsymbol{x}}(t)=\sum\limits_{i=1}^{p}\varsigma_i(\varepsilon(x(t)))[(\boldsymbol{A}_i+\Delta\boldsymbol{A}_i)\boldsymbol{x}(t)+\boldsymbol{B}_i\boldsymbol{u}(t)]\\ \boldsymbol{y}(t)=\sum\limits_{i=1}^{p}\varsigma_i(\varepsilon(x(t)))[\boldsymbol{C}_i\boldsymbol{x}(t)+\boldsymbol{D}_i\boldsymbol{d}(t)]\end{cases} \tag{5-78}$$

式中，$\Delta\boldsymbol{A}_i$ 为不确定性时变参数故障矩阵，$\boldsymbol{D}_i$ 为已知传感器故障矩阵，$\boldsymbol{d}(t)=[d_{i_{\mathrm{lf}}}(t)\quad d_{i_{\mathrm{lg}}}(t)\quad d_{u_{\mathrm{cf}}}(t)]^{\mathrm{T}}$ 为传感器故障信号，且范数有界，$\|d(t)\|<\alpha$，$\alpha>0$，$d_{i_{\mathrm{lf}}}(t)$、$d_{i_{\mathrm{lg}}}(t)$和$d_{u_{\mathrm{cf}}}(t)$分别为电流传感器和电压传感器故障。

假设 5-6-1 $\boldsymbol{D}_i$ 为满秩矩阵，且满足$[\boldsymbol{C}_i\boldsymbol{x}(t)+\boldsymbol{D}_i\boldsymbol{d}(t)]=\boldsymbol{C}_i(\boldsymbol{I}+\boldsymbol{D})\boldsymbol{x}(t)$，对角加权矩阵$\boldsymbol{D}(t)=\mathrm{diag}\{k_1(t), k_2(t), k_3(t)\}$为传感器故障残余效能矩阵，且 $0<k_i(t)<1$ $(i=1, 2, 3)$，当$k_i(t)$分别等于 1、0 时，第 i 个传感器处于故障和无故障状态。

进一步对式(5-78)进行简化处理：

$$\begin{cases}\dot{\boldsymbol{x}}(t)=\sum\limits_{i=1}^{p}\varsigma_i(\varepsilon(x(t)))[(\boldsymbol{A}_i+\Delta\boldsymbol{A}_i)\boldsymbol{x}(t)+\boldsymbol{B}_i\boldsymbol{u}(t)]\\ \boldsymbol{y}(t)=\sum\limits_{i=1}^{p}\varsigma_i(\varepsilon(x(t)))[\boldsymbol{C}_i(\boldsymbol{I}+\boldsymbol{D})\boldsymbol{x}(t)]\end{cases} \tag{5-79}$$

假设 5-6-2 $\Delta\boldsymbol{\Phi}=\sum\limits_{i=1}^{p}\varsigma_i(\varepsilon(t))\,\Delta\boldsymbol{A}_i=\begin{bmatrix}\Delta\phi_{11} & \cdots & \Delta\phi_{1n}\\ \vdots & & \vdots\\ \Delta\phi_{n1} & \cdots & \Delta\phi_{nn}\end{bmatrix}$，且范数有界。

对于 $\Delta\boldsymbol{\Phi}$，考虑 T-S 模糊规则：

规则 q：如果$\Delta\phi_{11}$是$N_{\Delta\phi_{11}}^{q}$，…，$\Delta\phi_{nn}$是$N_{\Delta\phi_{nn}}^{q}$，则 $\Delta\boldsymbol{\Phi}=\Delta\widetilde{\boldsymbol{\Phi}}_q$。

由上，对 $\Delta\boldsymbol{\Phi}$ 进行修正，有

$$\Delta\boldsymbol{\Phi}=\sum_{q=1}^{s}\sigma_q(\Delta\boldsymbol{\Phi})\,\widetilde{\boldsymbol{\Phi}}_q \tag{5-80}$$

式中，$\sum\limits_{q=1}^{s}\sigma_q(\Delta\boldsymbol{\Phi})=|\,\sigma_q(\Delta\boldsymbol{\Phi})\in[0, 1]\forall\,|$，$\sigma_q(\Delta\boldsymbol{\Phi})=\dfrac{\vartheta_q(\Delta\phi)}{\sum\limits_{q=1}^{c}\vartheta_q(\Delta\phi)}$，$\vartheta_q(\Delta\phi)=N_{\Delta\phi_{11}}^{q}(\Delta\phi_{11})\times\cdots\times N_{\Delta\phi_{nn}}^{q}(\Delta\phi_{nn})$，$\Delta\widetilde{\boldsymbol{\Phi}}_q=\begin{bmatrix}\Delta\phi_{11}^{\max/\min} & \cdots & \Delta\phi_{1n}^{\max/\min}\\ \vdots & & \vdots\\ \Delta\phi_{n1}^{\max/\min} & \cdots & \Delta\phi_{nn}^{\max/\min}\end{bmatrix}$，$(q=1, 2, \cdots, s)$，$s$ 为模糊规则数，$s=2^b$，b 为 $\Delta\boldsymbol{\Phi}$ 中不确定元素数。

综上所述，分布式微网多逆变器并联系统在孤岛模式下的 T-S 模糊全局模型最终确定为

$$\begin{cases}\dot{\boldsymbol{x}}(t)=\sum\limits_{i=1}^{p}\sum\limits_{l=1}^{s}\varsigma_i\,\sigma_q[(\boldsymbol{A}_i+\Delta\widetilde{\boldsymbol{\Phi}}_q)\boldsymbol{x}(t)+\boldsymbol{B}_i\boldsymbol{u}(t)]\\ \boldsymbol{y}(t)=\sum\limits_{i=1}^{p}\varsigma_i(\varepsilon(t))[\boldsymbol{C}_i(\boldsymbol{I}+\boldsymbol{D})\boldsymbol{x}(t)]\end{cases} \tag{5-81}$$

式中，$\sum_{i=1}^{p}\varsigma_i=\sum_{l=1}^{s}\sigma_q=\sum_{i=1}^{p}\sum_{q=1}^{s}\varsigma_i\sigma_q=1$，$\varsigma_i$、$\sigma_q$ 分别为$\varsigma_i(\varepsilon(t))$ 和$\sigma_q(\Delta\boldsymbol{\Phi})$ 的简写。

5.6.2 状态观测器

假设 5-6-3 ($\boldsymbol{A}_i$ $\boldsymbol{C}_i$)是完全可观可控的，($\boldsymbol{A}_i$ $\boldsymbol{B}_i$ $\boldsymbol{C}_i$)为最小相位；存在增益矩阵 $\boldsymbol{L}_i$ 及$\boldsymbol{N}_i$，且满足等式$\boldsymbol{A}_{0i}=\boldsymbol{A}_i-\boldsymbol{L}_i\boldsymbol{C}_i$，$\boldsymbol{A}_{1i}=\boldsymbol{A}_i-\boldsymbol{N}_i\boldsymbol{C}_i$。

假设 5-6-4 存在正交矩阵$\boldsymbol{T}_0$，经可逆变换满足等式$\boldsymbol{T}_0\boldsymbol{C}_i=[\boldsymbol{C}_{1i}\quad \boldsymbol{C}_{2i}]^{\mathrm{T}}$，$\boldsymbol{T}_0\boldsymbol{D}=[\boldsymbol{D}_1\quad 0]^{\mathrm{T}}$，且$\boldsymbol{D}_1$ 为非奇异矩阵。

进一步对公式(5-81)进行处理，可得到关于传感器故障的两个方程：

$$\begin{cases}y_1(t)=\sum_{i=1}^{p}\varsigma_i(\varepsilon(x(t)))\boldsymbol{C}_{1i}\boldsymbol{x}(t)+D_1d(t)\\ y_2(t)=\sum_{i=1}^{p}\varsigma_i(\varepsilon(x(t)))[\boldsymbol{C}_{2i}\boldsymbol{x}(t)]\end{cases}\tag{5-82}$$

式中，第一个方程含有传感器故障，第二个方程不含传感器故障。

鉴于上述分析，为了对分布式微电网多逆变器并联系统在孤岛模式下参数不确定性以及传感器故障引起的故障进行有效估计，设计模糊比例积分观测器，同时采用模糊专用观测器，以补偿受故障影响的稳定闭环系统，并通过残差的重构机制，检测和隔离故障。

模糊比例积分观测器设计为

规则$\boldsymbol{R}^i$：如果 $\varsigma_1(t)$是M_{i1}，…，$\varsigma_k(t)$是M_{ik}，则

$$\begin{cases}\dot{\hat{\boldsymbol{x}}}_u(t)=\boldsymbol{A}_i\hat{\boldsymbol{x}}_u(t)+\boldsymbol{B}_iu(t)+\boldsymbol{K}_i[y(t)-\hat{y}_u(t)]\\ \hat{\boldsymbol{y}}_u(t)=\boldsymbol{C}_i\hat{\boldsymbol{x}}_u(t)\end{cases}\tag{5-83}$$

式中，$\hat{\boldsymbol{x}}_u$ 是通过未知模糊观测器估计的状态向量，$\boldsymbol{K}_i$ 是观测误差矩阵，$\boldsymbol{y}(t)$为输出向量，$\hat{\boldsymbol{y}}_u(t)$是未知模糊观测器的最终输出，$\tilde{\boldsymbol{y}}(t)=\boldsymbol{y}(t)-\hat{\boldsymbol{y}}_u(t)$是最终的估计误差，$i=1, 2, \cdots, p$，$p$ 为模糊规则数。

解模糊输出为

$$\begin{cases}\dot{\hat{\boldsymbol{x}}}_u(t)=\sum_{i=1}^{p}\varsigma_i\{\boldsymbol{A}_i\hat{\boldsymbol{x}}_u(t)+\boldsymbol{B}_iu(t)+\boldsymbol{K}_i[\boldsymbol{y}(t)-\hat{\boldsymbol{y}}_u(t)]\}\\ \hat{\boldsymbol{y}}_u(t)=\sum_{i=1}^{p}\varsigma_i\boldsymbol{C}_i\hat{\boldsymbol{x}}_u(t)\end{cases}\tag{5-84}$$

模糊专用观测器设计为

规则 $\boldsymbol{R}^i$：如果 $\varsigma_1(x(t))$是M_{i1}，…，$\varsigma_\psi(x(t))$是$M_{i\psi}$，则

$$\begin{cases}\dot{\hat{\boldsymbol{x}}}(t)=\boldsymbol{A}_i\hat{\boldsymbol{x}}(t)+\boldsymbol{B}_iu(t)+\boldsymbol{N}_i[\boldsymbol{y}(t)-\hat{\boldsymbol{y}}(t)]\\ \hat{\boldsymbol{y}}(t)=\boldsymbol{C}_i\hat{\boldsymbol{x}}(t)\end{cases}\tag{5-85}$$

其中 $\hat{\boldsymbol{x}}(t)$是估计状态向量，$\hat{\boldsymbol{y}}(t)$是最终的输出，$\boldsymbol{N}_i$ 是增益，$i=1, 2, \cdots, p$，p 为模糊规则数。

解模糊输出为

$$\begin{cases}\dot{\hat{\boldsymbol{x}}}(t)=\sum_{i=1}^{p}\varsigma_i\{\boldsymbol{A}_i\hat{\boldsymbol{x}}(t)+\boldsymbol{B}_iu(t)+\boldsymbol{N}_i[\boldsymbol{y}(t)-\hat{\boldsymbol{y}}(t)]\}\\ \hat{\boldsymbol{y}}(t)=\sum_{i=1}^{p}\varsigma_i\boldsymbol{C}_i\hat{\boldsymbol{x}}(t)\end{cases}\tag{5-86}$$

残差的重构机制采用确定性方法[24]。传感器故障功能块使用模糊专用观测器，每一个观测器由一个单一的传感器输出，并采用模糊比例积分观测器估计其故障。首先检测故障，然后确定发生故障的传感器。之后，状态变量为从正常的传感器输出的重建，闭环控制系统进入退化模式，以保证稳定性和满意的状态。设定γ_{obs1}，γ_{obs2}，…，γ_{obsg}为第 1 到第 g 个观测器的残差信号，对其残值和阈值进行比较。其中残差为$\gamma_{\mathrm{res}}(t)=\boldsymbol{y}(t)-\hat{\boldsymbol{y}}(t)$，则

$$\|\gamma_{\mathrm{res}}(t)\|=\|\boldsymbol{y}(t)-\hat{\boldsymbol{y}}(t)\|\begin{cases}\leqslant\text{阈值}\quad\text{(不含传感器故障)}\\>\text{阈值}\quad\text{(含传感器故障)}\end{cases}\tag{5-87}$$

这里，$\gamma_{\mathrm{res}}(t)$为实际输出 $\boldsymbol{y}(t)$和估计输出 $\hat{\boldsymbol{y}}(t)$之间的残差。

5.6.3 T-S 模糊容错控制器

1. 控制器

结合公式(5-86)，可以得到 T-S 模糊控制分配律为

规则 j：如果$g_1(t)$是N_{1j}，…，$g_k(t)$是N_{sj}，那么

$$\boldsymbol{u}(t)=\frac{-\boldsymbol{\Gamma}_{jl}\hat{\boldsymbol{x}}(t)+\omega(t)}{\beta_j},\quad j=1,2,\cdots,c\tag{5-88}$$

式中，$\boldsymbol{\Gamma}_j$ 是第 j 个规则的反馈增益向量，c 是规则的数量，$\omega(t)$为参考输入的数目。

进而控制分配律可以表达为

$$\boldsymbol{u}(t)=\frac{\sum_{j=1}^{c}\varsigma_j(\boldsymbol{g}(t))[-\boldsymbol{\Gamma}_{jl}\hat{\boldsymbol{x}}(t)+\omega(t)]}{\sum_{j=1}^{c}\varsigma_j\beta_j(\boldsymbol{g}(t))},\quad j=1,2,\cdots,c\tag{5-89}$$

控制分配律的第 l 个规则的定义如下：

规则 l：如果$\Delta\phi_{11}$是$N^q_{\Delta\phi_{11}}$，…，$\Delta\phi_{nn}$是$N^q_{\Delta\phi_{nn}}$，那么

$$\boldsymbol{u}(t)=\frac{\sum_{j=1}^{c}\varsigma_j(g(t))[-\boldsymbol{\Gamma}_{jq}\hat{\boldsymbol{x}}(t)+\omega(t)]}{\sum_{j=1}^{c}\varsigma_j\beta_j(\boldsymbol{g}(t))},\quad j=1,2,\cdots,c\tag{5-90}$$

进一步，T-S 模糊容错控制器的控制分配律可以推导为

$$\boldsymbol{u}(t)=\frac{\sum_{j=1}^{c}\sum_{q=1}^{s}\varsigma_j\sigma_q[-\boldsymbol{\Gamma}_{jq}\hat{\boldsymbol{x}}(t)+\omega(t)]}{\sum_{j=1}^{c}\sum_{q=1}^{s}\varsigma_j\sigma_q\beta_j},\quad j=1,2,\cdots,c\tag{5-91}$$

式中，$\varsigma_j(\boldsymbol{g}(t))=\varsigma_j$。

进一步推导，得到模糊控制系统的估计动态误差和闭环系统：

$$\begin{cases} \boldsymbol{e}_1(t) = \boldsymbol{x}(t) - \hat{\boldsymbol{x}}(t) \\ \dot{\boldsymbol{x}}(t) = \sum_{i=1}^{p}\sum_{q=1}^{s} \varsigma_i \sigma_q (\boldsymbol{A}_i + \Delta\widetilde{\boldsymbol{\Phi}}_q)\boldsymbol{x}(t) \end{cases} \tag{5-92}$$

综上有

$$\dot{\boldsymbol{x}}(t) = \sum_{i=1}^{p}\sum_{q=1}^{s} \varsigma_i \sigma_q (\boldsymbol{A}_i + \Delta\widetilde{\boldsymbol{A}}_l)\boldsymbol{x}(t) + \left\{\sum_{i=1}^{p}\sum_{q=1}^{s} \varsigma_i \sigma_q \beta_i\right\}\boldsymbol{B}_i \left\{\frac{\sum_{j=1}^{p}\sum_{q=1}^{s} \varsigma_j \sigma_q[-\boldsymbol{\Gamma}_{jq}\hat{\boldsymbol{x}}(t) + \omega(t)]}{\sum_{j=1}^{p}\sum_{q=1}^{s} \varsigma_j \sigma_q \beta_j}\right\} \tag{5-93}$$

则输出估计动态误差$\gamma_{\text{res}}(t) = \boldsymbol{y}(t) - \hat{\boldsymbol{y}}(t)$为

$$\gamma_{\text{res}}(t) = \begin{cases} \sum_{i=1}^{p} \varsigma_i \boldsymbol{C}_i \boldsymbol{e}_1(t) + \boldsymbol{D}\boldsymbol{C}_i \boldsymbol{x}(t) \\ \sum_{i=1}^{p} \varsigma_i [\boldsymbol{C}_i \boldsymbol{e}_1(t)] \end{cases} \tag{5-94}$$

可进一步获得闭环系统的动态性能为

$$\begin{cases} \dot{\boldsymbol{x}}(t) = \sum_{i=1}^{p}\sum_{j=1}^{p}\sum_{q=1}^{s} \varsigma_i \varsigma_j \sigma_q \{[(\boldsymbol{A}_i + \Delta\widetilde{\boldsymbol{\Phi}}_q) - \boldsymbol{B}_i\boldsymbol{\Gamma}_{jq}]\boldsymbol{x}(t) + \boldsymbol{B}_i\boldsymbol{\Gamma}_{jq}\boldsymbol{e}_1(t) + \boldsymbol{B}_i\omega(t)\} \\ \dot{\boldsymbol{e}}_1(t) = \sum_{i=1}^{p}\sum_{j=1}^{p}\sum_{q=1}^{s} \varsigma_i \varsigma_j \sigma_q \{(\Delta\widetilde{\boldsymbol{\Phi}}_q - \boldsymbol{N}_i\boldsymbol{D}\boldsymbol{C}_j)\boldsymbol{x}(t) + (\boldsymbol{A}_i - \boldsymbol{N}_i\boldsymbol{C}_j)\boldsymbol{e}_1(t)\} \end{cases} \tag{5-95}$$

同理，可以得到

$$\begin{cases} \boldsymbol{e}_2(t) = \boldsymbol{x}(t) - \hat{\boldsymbol{x}}(t) \\ \dot{\boldsymbol{e}}_2(t) = \sum_{i=1}^{p}\sum_{j=1}^{p}\sum_{q=1}^{s} \varsigma_i \varsigma_j \sigma_q \{(\Delta\widetilde{\boldsymbol{\Phi}}_q - \boldsymbol{K}_i\boldsymbol{D}\boldsymbol{C}_j)\boldsymbol{x}(t) + (\boldsymbol{A}_i - \boldsymbol{K}_i\boldsymbol{C}_j)\boldsymbol{e}_2(t)\} \end{cases} \tag{5-96}$$

综合公式(5-95)、式(5-96)，得到增强闭环系统的动态性能：

$$\dot{\boldsymbol{X}}(t) = \sum_{i=1}^{p}\sum_{j=1}^{p}\sum_{q=1}^{s} \varsigma_i \varsigma_j \sigma_q \{[(\boldsymbol{\psi}_{ijq} + \Delta\widetilde{\boldsymbol{\psi}}_{ijq})\boldsymbol{X}(t) + \boldsymbol{S}\omega(t)\} \tag{5-97}$$

式中，

$$\dot{\boldsymbol{X}}(t) = \begin{bmatrix} \boldsymbol{x}(t) \\ \boldsymbol{e}_1(t) \\ \boldsymbol{e}_2(t) \end{bmatrix},\ \Delta\widetilde{\boldsymbol{\psi}}_{ijq} = \begin{bmatrix} \Delta\widetilde{\boldsymbol{\Phi}}_q & 0 & 0 \\ \Delta\widetilde{\boldsymbol{\Phi}}_q - \boldsymbol{N}_i\boldsymbol{D}\boldsymbol{C}_j & 0 & 0 \\ \Delta\widetilde{\boldsymbol{\Phi}}_q - \boldsymbol{K}_i\boldsymbol{D}\boldsymbol{C}_j & 0 & 0 \end{bmatrix}$$

$$\boldsymbol{S} = \begin{bmatrix} \boldsymbol{B}_i \\ 0 \\ 0 \end{bmatrix},\ \boldsymbol{\psi}_{ijq} = \begin{bmatrix} (\boldsymbol{A}_i - \boldsymbol{B}_i\boldsymbol{\Gamma}_{jq}) & \boldsymbol{B}_i\boldsymbol{\Gamma}_{jq} & 0 \\ 0 & (\boldsymbol{A}_i - \boldsymbol{N}_i\boldsymbol{\Gamma}_{jq}) & 0 \\ 0 & 0 & (\boldsymbol{A}_i - \boldsymbol{K}_i\boldsymbol{C}_j) \end{bmatrix}$$

2. 闭环稳定性分析

定理 5-6-1　若

$$\alpha[\boldsymbol{T}\boldsymbol{\psi}_{ijq}\boldsymbol{T}^{-1}] \leqslant -\|\boldsymbol{T}\Delta\boldsymbol{\psi}_{ijq}\boldsymbol{T}^{-1}\|_{\max} - \lambda$$

成立，则系统（式(5-97)）给出受参数不确定性及传感器故障影响的模糊闭环控制系统是稳定的。其中 λ 为范数有界的正数。

证明 对公式(5-97)两侧进行规范化，有

$$\frac{\mathrm{d}\|\boldsymbol{TX}(t)\|}{\mathrm{d}t} \leqslant \sum_{i=1}^{p}\sum_{j=1}^{c}\sum_{q=1}^{s} \varsigma_i \varsigma_j \sigma_q [\eta(\boldsymbol{T\psi}_{ijq}\boldsymbol{T}^{-1}) + \|\boldsymbol{T}\Delta\widetilde{\boldsymbol{\psi}}_{ijq}\boldsymbol{T}^{-1}\|]\|\boldsymbol{TX}(t)\| + \left\|\sum_{i=1}^{p}\sum_{q=1}^{s}\varsigma_i\sigma_q \boldsymbol{TS}\omega(t)\right\| \tag{5-98}$$

式中，$\eta[\boldsymbol{T\psi}_{ijq}\boldsymbol{T}^{-1}] = \dfrac{\lim\limits_{\Delta t\to 0^+}(\|\boldsymbol{I}+\boldsymbol{T\psi}_{ijq}\boldsymbol{T}^{-1}\Delta t\|-1)}{\Delta t} = \dfrac{\gamma_{\max}[\boldsymbol{T\psi}_{ijq}\boldsymbol{T}^{-1}+(\boldsymbol{T\psi}_{ijq}\boldsymbol{T}^{-1})]^*}{2}$，

$\gamma_{\max}(.)$是最大的特征值，* 表示共轭转置。

假设 $\eta[\boldsymbol{T\psi}_{ijq}\boldsymbol{T}^{-1}]$满足 $\alpha[\boldsymbol{T\psi}_{ijq}\boldsymbol{T}^{-1}] \leqslant -\|\boldsymbol{T\psi}_{ijq}\boldsymbol{T}^{-1}\|_{\max}-\lambda$，进一步可得

$$\frac{\mathrm{d}}{\mathrm{d}t}\|\boldsymbol{TX}(t)\|\exp(\lambda(t-t_0)) \leqslant \sum_{i=1}^{p}\sum_{q=1}^{s}\varsigma_i\sigma_q\|\boldsymbol{TS}\omega(t)\|\exp(\lambda(t-t_0)) \tag{5-99}$$

式中，$t>t_0$。

假设 $t\to\infty$，则当 $\omega(t)=0$ 时，$\|x(t)\|\to 0$。否则当 $\omega(t)\neq 0$ 时，有

$$\|\boldsymbol{TX}(t)\| \leqslant \|\boldsymbol{TX}(t_0)\|\mathrm{e}^{-(\lambda(t-t_0))} + \frac{\|\boldsymbol{T}\hat{\boldsymbol{S}}\omega(t)\|}{\lambda}(1-\mathrm{e}^{-(\lambda(t-t_0))}) \tag{5-100}$$

式中，$\|\boldsymbol{T}\hat{\boldsymbol{S}}\omega(t)\| \geqslant \max_i \|\boldsymbol{TS}\omega(t)\|_{\max} \geqslant \|\boldsymbol{TS}\omega(t)\|$。

如果 $\omega(t)$有界，公式(5-100)的右边也是有界的，则该系统有界，系统是稳定的。

定理 5-6-2 控制器和观测器的增益分别设置为$\boldsymbol{\Gamma}_j=\boldsymbol{M}_{\phi 11}^{-1}\boldsymbol{Y}_j$，$\boldsymbol{N}_i=\boldsymbol{P}_{\phi 22}^{-1}\boldsymbol{O}_i$ 和$\bar{\boldsymbol{E}}_i=\boldsymbol{P}_2^{-1}\boldsymbol{X}_i$，且 4 个参数$\boldsymbol{X}_i$、$\boldsymbol{M}_{\phi 11}$、$\boldsymbol{Y}_j$ 和$\boldsymbol{O}_i$ 满足

$$\begin{cases}\boldsymbol{M}_{\phi 11}\boldsymbol{A}_i^{\mathrm{T}}+\boldsymbol{A}_i\boldsymbol{M}_{\phi 11}-(\boldsymbol{B}_i\boldsymbol{Y}_j)_i^{\mathrm{T}}-\boldsymbol{B}_i\boldsymbol{Y}_j=-\chi\boldsymbol{I}\\ \boldsymbol{A}_i^{\mathrm{T}}\boldsymbol{P}_{\phi 22}+\boldsymbol{P}_{\phi 22}\boldsymbol{A}_i-(\boldsymbol{O}_i\boldsymbol{C}_j)^{\mathrm{T}}-\boldsymbol{O}_i\boldsymbol{C}_j=-\chi\boldsymbol{I}\\ \boldsymbol{H}_{bij}^{\mathrm{T}}\boldsymbol{P}_2+\boldsymbol{P}_2\boldsymbol{H}_{bij}-(\boldsymbol{X}_i\bar{\boldsymbol{C}}_j)^{\mathrm{T}}-\boldsymbol{X}_i\bar{\boldsymbol{C}}_j=-\chi\boldsymbol{I}\end{cases} \tag{5-101}$$

则系统(5-97)的模糊闭环控制系统是稳定的。

证明 考虑二次 Lyapunov 辅助函数：

$$\boldsymbol{V}(t)=\boldsymbol{X}(t)_P^{\mathrm{T}}\boldsymbol{X}(t) \tag{5-102}$$

设定 $\boldsymbol{P}$ 为正定矩阵，则有

$$\boldsymbol{\psi}_{ijq}\boldsymbol{P}+\boldsymbol{P}\boldsymbol{\psi}_{ijq}^{\mathrm{T}}<0 \quad \forall i, j, q \tag{5-103}$$

矩阵 $\boldsymbol{P}$、$\boldsymbol{\psi}_{ijq}$、$\Delta\widetilde{\boldsymbol{\psi}}_{ijq}$、$\boldsymbol{S}$ 和 $\boldsymbol{E}$ 可设定为

$$\boldsymbol{\psi}_{ijq}=\begin{bmatrix}\boldsymbol{\psi}_{\phi ijq} & \boldsymbol{\psi}_{cij}\\ 0_{2\times 2} & \boldsymbol{\psi}_{bi}-\bar{\boldsymbol{E}}_i\bar{\boldsymbol{C}}_j\end{bmatrix}, \Delta\widetilde{\boldsymbol{\psi}}_{ijq}=\begin{bmatrix}\Delta\bar{\boldsymbol{A}}_{iqa} & 0_{2\times 2}\\ \Delta\bar{\boldsymbol{A}}_{iqb} & 0_{2\times 2}\end{bmatrix}$$

$$\boldsymbol{S}=\begin{bmatrix}\bar{\boldsymbol{B}}\\ 0\end{bmatrix}, \bar{\boldsymbol{B}}=\begin{bmatrix}\boldsymbol{B}\\ 0\end{bmatrix}, \boldsymbol{P}=\begin{bmatrix}\boldsymbol{P}_1 & 0_{2\times 2}\\ 0_{2\times 2} & \boldsymbol{P}_2\end{bmatrix}, \boldsymbol{E}=\begin{bmatrix}0\\ \bar{\boldsymbol{E}}\end{bmatrix}, \bar{\boldsymbol{E}}=\begin{bmatrix}0\\ \boldsymbol{I}\end{bmatrix}, \Delta\bar{\boldsymbol{A}}_{ijq\phi}=\begin{bmatrix}\widetilde{\boldsymbol{\Phi}}_q & 0\\ \widetilde{\boldsymbol{\Phi}}_q-\boldsymbol{N}_i\boldsymbol{DC}_j & 0\end{bmatrix},$$

$$\Delta\bar{\boldsymbol{A}}_{ijqb}=\begin{bmatrix}\widetilde{\boldsymbol{\Phi}}_q-\boldsymbol{K}_i\boldsymbol{DC}_j & 0\\ \boldsymbol{L}_i\boldsymbol{DC}_j & 0\end{bmatrix}, \boldsymbol{\psi}_{\phi ijq}=\begin{bmatrix}\boldsymbol{A}_i-\boldsymbol{B}_i\boldsymbol{\Gamma}_{jq} & \boldsymbol{B}_i\boldsymbol{\Gamma}_{jq}\\ 0 & \boldsymbol{A}_i-\boldsymbol{N}_i\boldsymbol{C}_j\end{bmatrix}, \bar{\boldsymbol{E}}_i=\begin{bmatrix}\boldsymbol{K}_i\\ \boldsymbol{L}_i\end{bmatrix}, \bar{\boldsymbol{C}}_j=\begin{bmatrix}\boldsymbol{C}_j\\ 0\end{bmatrix}^{\mathrm{T}}$$

进一步，不等式(5－103)可写为

$$\begin{cases}\boldsymbol{\psi}_{\phi ijq}\boldsymbol{P}_1+\boldsymbol{P}_1\ \boldsymbol{\psi}_{\phi ijq}^{\mathrm{T}}<0\\(\boldsymbol{\psi}_{bi}-\bar{\boldsymbol{E}}_i\bar{\boldsymbol{C}}_j)\boldsymbol{P}_2+\boldsymbol{P}_2(\boldsymbol{\psi}_{bi}-\bar{\boldsymbol{E}}_i\bar{\boldsymbol{C}}_j)<0\end{cases}\quad\forall\, i,\ j \tag{5-104}$$

假设$\boldsymbol{P}_1=\mathrm{diag}(\boldsymbol{P}_{\phi 11},\ \boldsymbol{P}_{\phi 22})$，并左乘公式(5－104)，右乘$\boldsymbol{M}_{\phi 11}=\boldsymbol{P}_{\phi 22}^{-1}$，且应用$\boldsymbol{Y}_i=\boldsymbol{M}_{\phi 11}\boldsymbol{\Gamma}_i$、$\boldsymbol{O}_i=\boldsymbol{P}_{\phi 22}\boldsymbol{N}_i$ 和$\boldsymbol{X}_i=\boldsymbol{P}_2\ \bar{\boldsymbol{E}}_i$，有

$$\begin{cases}\boldsymbol{M}_{\phi 11}\boldsymbol{A}_i^{\mathrm{T}}+\boldsymbol{A}_i\boldsymbol{M}_{\phi 11}-(\boldsymbol{B}_i\boldsymbol{Y}_{jq})^{\mathrm{T}}-\boldsymbol{B}_i\boldsymbol{Y}_{jq}<0\\\boldsymbol{A}_i^{\mathrm{T}}\boldsymbol{P}_{\phi 22}+\boldsymbol{P}_{\phi 22}\boldsymbol{A}_i-(\boldsymbol{O}_i\boldsymbol{C}_j)^{\mathrm{T}}-\boldsymbol{O}_i\boldsymbol{C}_j<0\\\boldsymbol{\psi}_{bi}^{\mathrm{T}}\boldsymbol{P}_2+\boldsymbol{P}_2\boldsymbol{\psi}_{bi}-(\boldsymbol{X}_i\bar{\boldsymbol{C}}_j)^{\mathrm{T}}-\boldsymbol{X}_i\bar{\boldsymbol{C}}_j<0\end{cases}\tag{5-105}$$

进而将上述不等式转换成等式，则定理 5－6－2 成立，系统稳定。

5.6.4　实例分析

为了对孤岛多逆变器并联运行系统传感器故障控制策略的合理性进行验证，本节根据图 5－23，利用 PSIM 搭建仿真实验平台进行了仿真实验。对系统进行线性化处理，仿真参数设置为：输入直流电压$U_{\mathrm{in}}=350$ V，输出网侧交流工频电压u_{g}峰值为 220 V，系统载波频率、计算频率分别设定为 15 kHz 和 30 kHz，滤波器参数L_{f}、L_{g}分别设定为 0.57 mH、1.49 mH，R_{f}、R_{g}和Z_{L}分别设定为 0.06 Ω、0.20 Ω、0.14 Ω，C_{f}设定为 4.7 μF。

1. 仿真验证

两台逆变器在额定参数下并联运行时，分别实施 PID 型、常规 SMC 以及 T－S 模糊容错控制，其并网电流、电压的状态估计值与实际值的对比如图 5－25 所示。由图可知，无故障情况下，三种控制方式的并网电流、电压跟踪效果基本相似，跟踪过程中均未发生大的畸变，波形也较为光滑。不过相比于前两种方法，第三种方法的跟踪速度较快，较前两种方法具有更为优越的控制特性，能够实现预期的控制效果。

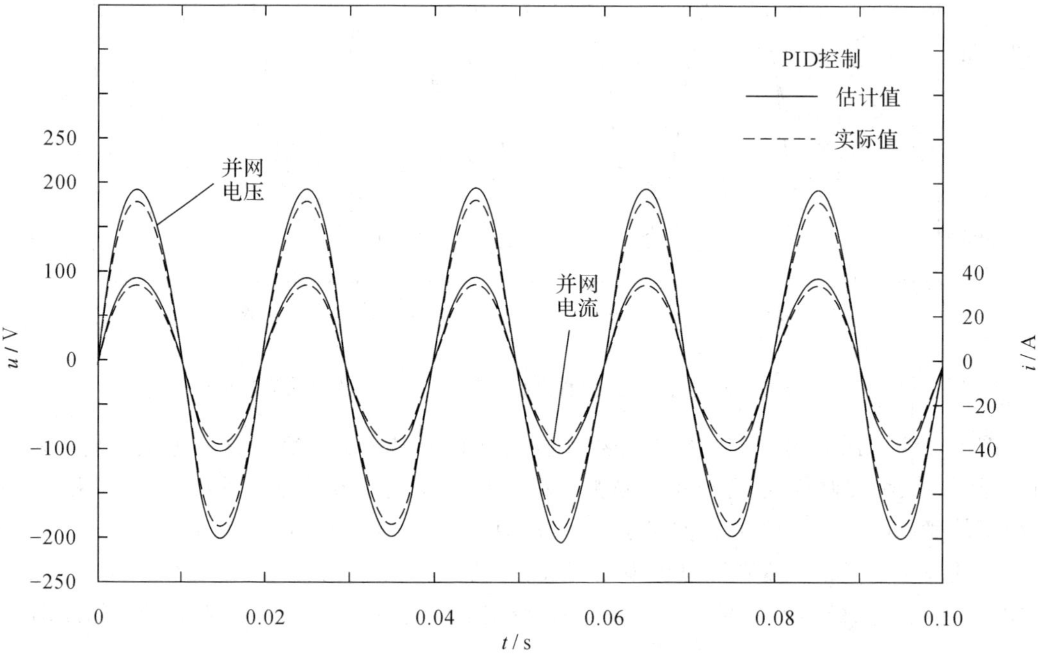

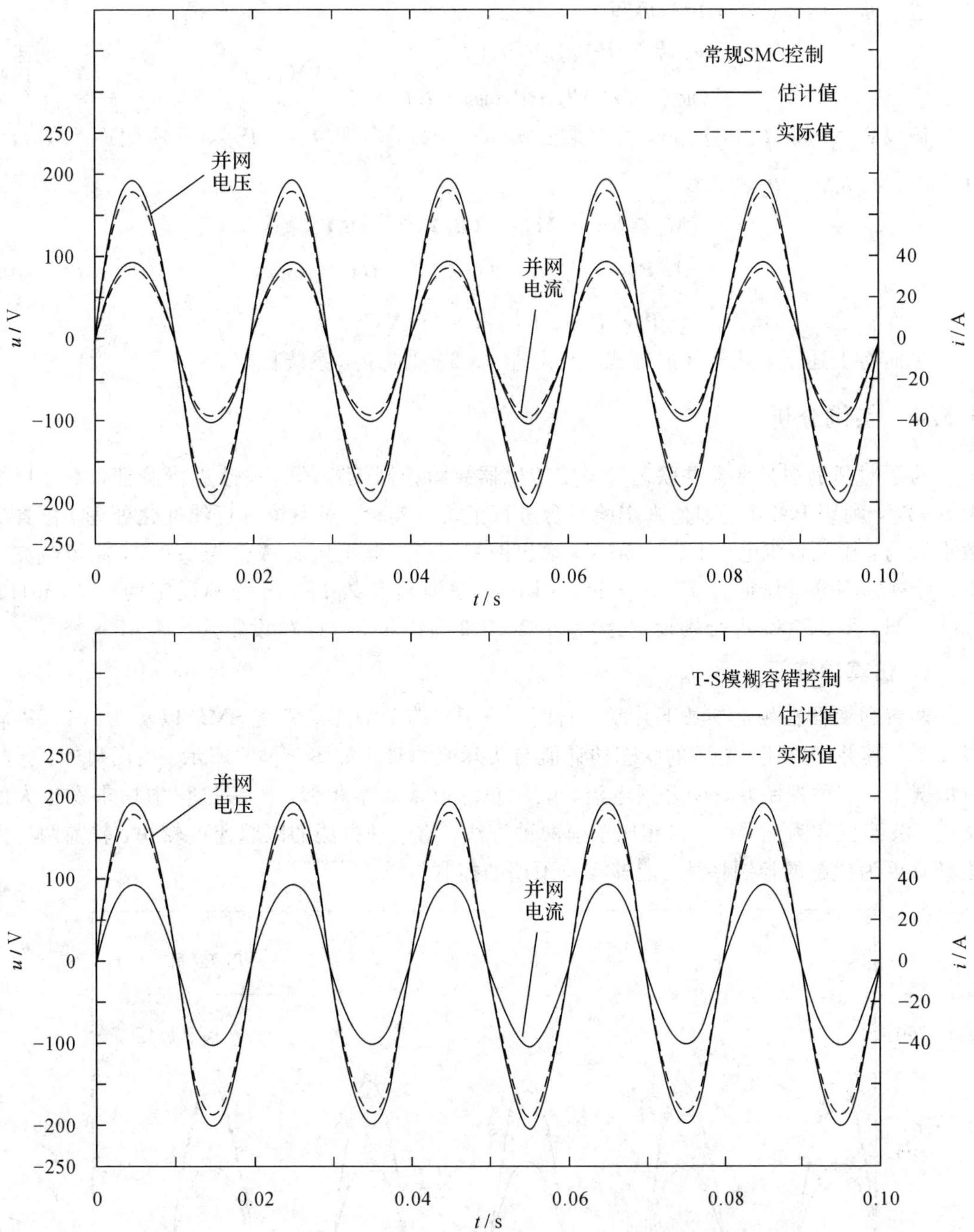

图 5-25　三种控制方法无故障时并网电压、电流的实际值和估计值

图 5-26 为孤岛模式下两台逆变器并联运行时出现两次故障的并网电流和电压波形。由图显示，三种控制模式(PID 型、常规 SMC 和 T-S 模糊容错控制)均在 0.02 s 和 0.10 s 发生了故障(即 0.02 s 时 R_g突然增加至 1.00 Ω，0.10 s 时出现了扰动，U_{in}增加至 380 V)。在两次故障中，PID 型控制下电流发生了 4.50 A 左右的小幅变化，随后分别在 0.054 s、0.134 s 时恢复到稳定运行状态。常规 SMC 控制下电流发生了 4.30 A 左右的小幅波动，随

后分别在 0.052 s、0.132 s 时恢复到稳定运行状态。T－S 模糊容错控制下电流也发生了小幅变化(为 3.50 A)，均在一个周期时即达到稳定运行状态。两次故障中并网电压也出现了变化，PID 型控制下电压发生了 11 V 左右的振荡，分别在 0.054 s、0.134 s 后才恢复到稳定运行状态。常规 SMC 控制下电压发生了 10.5 V 左右的波动，分别在 0.052 s、0.132 s 后恢复到稳定运行状态。T－S 模糊容错控制下电压也发生了变化(为 7 V)，均在一个周期时重新恢复稳定运行状态。从电流和电压变化波形可以看出，系统发生故障时，前两种控制方式响应慢，稳定状态恢复过程缓慢、电流电压发生的畸变值较大。而采用本节提出的 T－S 模糊容错控制策略，电流和电压变化幅值都很小，在很短的时间内即达到了稳定运行状态，在过渡过程中没有出现畸变。进而可知，T－S 模糊容错控制具有良好的跟踪响应性能和容错能力，能够很好地实现孤岛多逆变器并联系统传感器故障诊断和稳定控制。

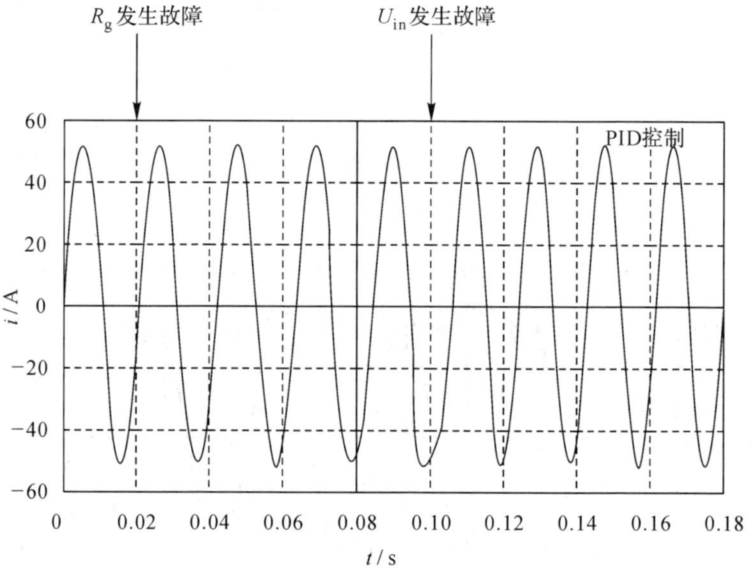

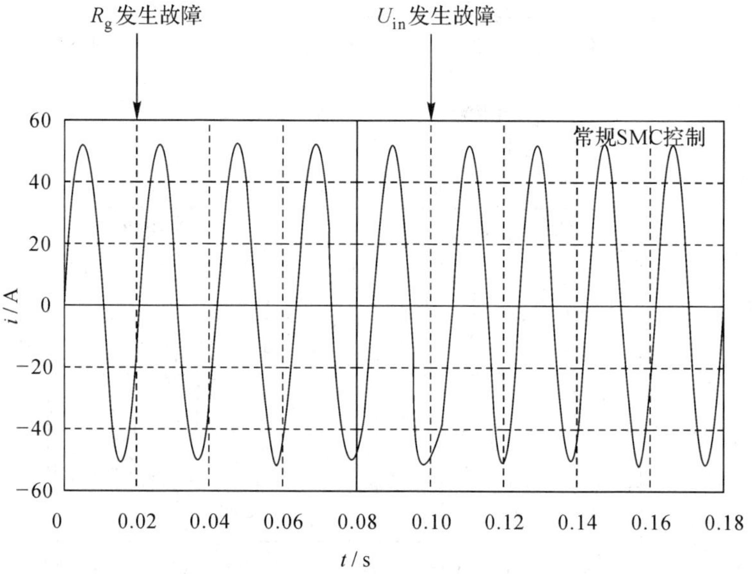

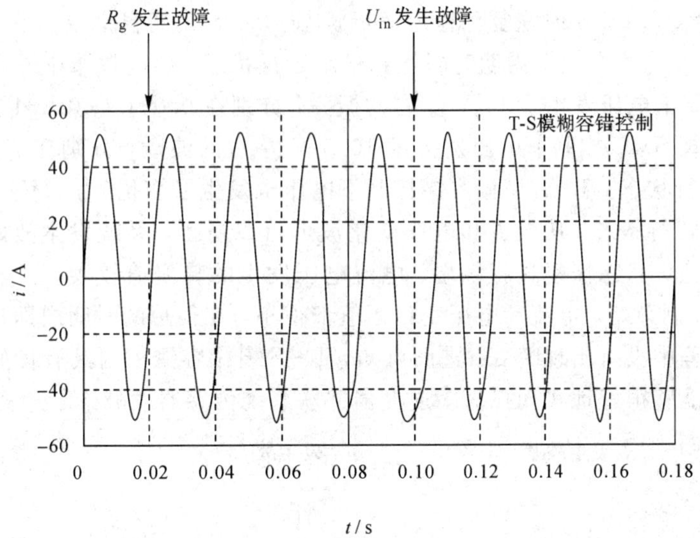

R_g 发生故障
U_{in} 发生故障
T-S模糊容错控制
i / A
t / s

（a）电流波形

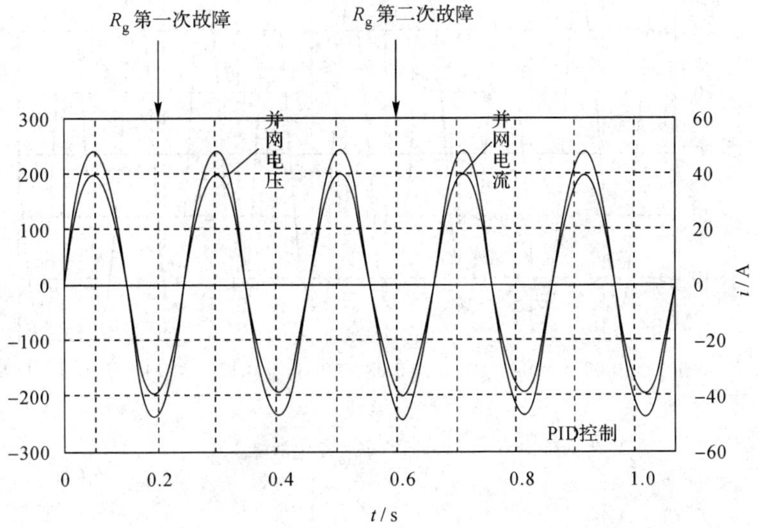

R_g 第一次故障
R_g 第二次故障
并网电压
并网电流
PID控制
u / V
i / A
t / s

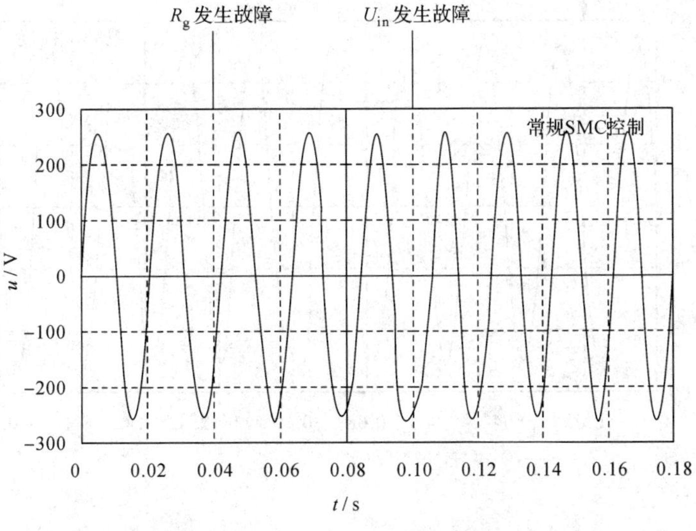

R_g 发生故障
U_{in} 发生故障
常规SMC控制
u / V
t / s

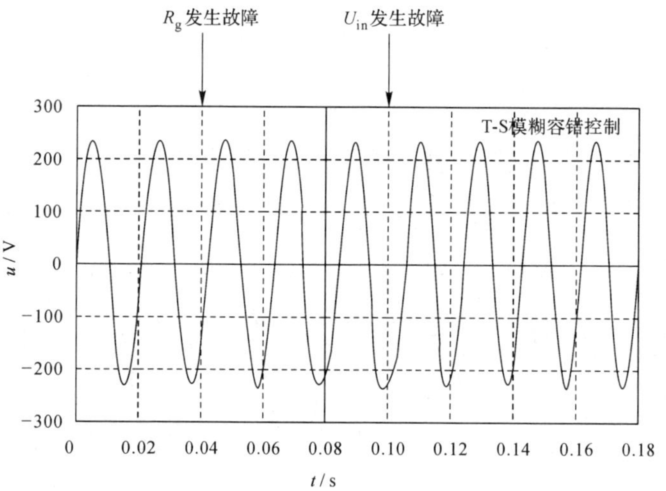

(b) 电压波形

图 5－26　两次故障三种控制方式逆变系统的并网电流、电压仿真波形

2. 实验验证

在仿真参数下，进一步对本节提出的控制策略进行了对比性实验研究。图 5－27 为两台逆变器并联系统参数 R_g发生故障时的并网电压和电流波形。由图可知，系统分别在 0.2 s 和 0.6 s时发生了故障，第一次故障是将参数 R_g突然调整到 0.80 Ω，第二次故障是将其突然恢复到额定值。图中显示，两次故障时，PID 型控制和常规 SMC 控制并网电压均发生了较大的振幅(分别为 27 V 和 23 V)，电流也出现了较大的波动(分别为 17 A 和 15 A)，并在一个周期后电流和电压均恢复到稳定运行状态，在过渡过程中出现了波形失真。图 5－27 中的第三幅图显示，电压和电流也出现了小幅变化，不过变化值均较小(分别为 10 V 和 7 A)，也是在一个周期后恢复到稳定运行状态，过渡过程没有出现波形畸变，到达平稳状态后电压、电流频率为 50 Hz，波形无畸变，电压幅值基本稳定在 220 V 左右。实验说明两台逆变器并联运行系统在采用 T－S 模糊容错控制时，发生参数不确定故障情况下，并网电压、电流曲线变化平滑，畸变小，基本不受故障的影响。实验证明采用本节所提出的控制策略能够以非常接近理想值的精度对给定值实行跟踪，而且能很好地保证系统稳定运行时的安全。

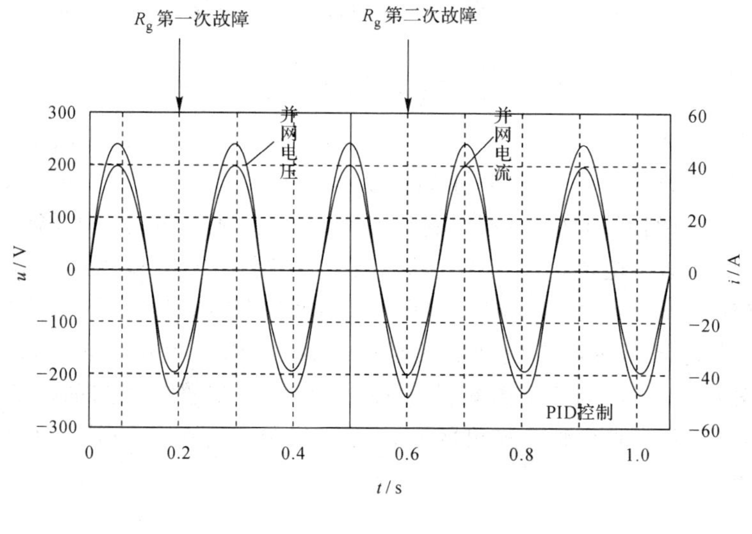

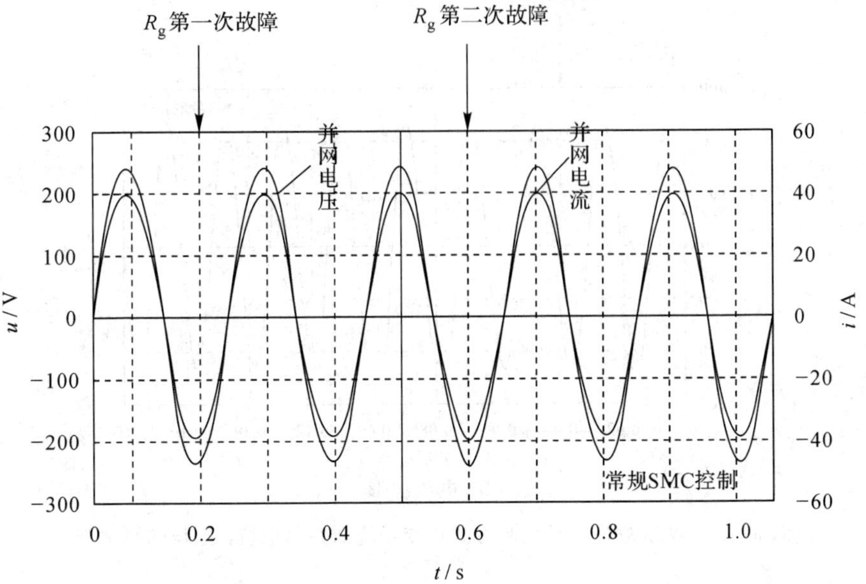

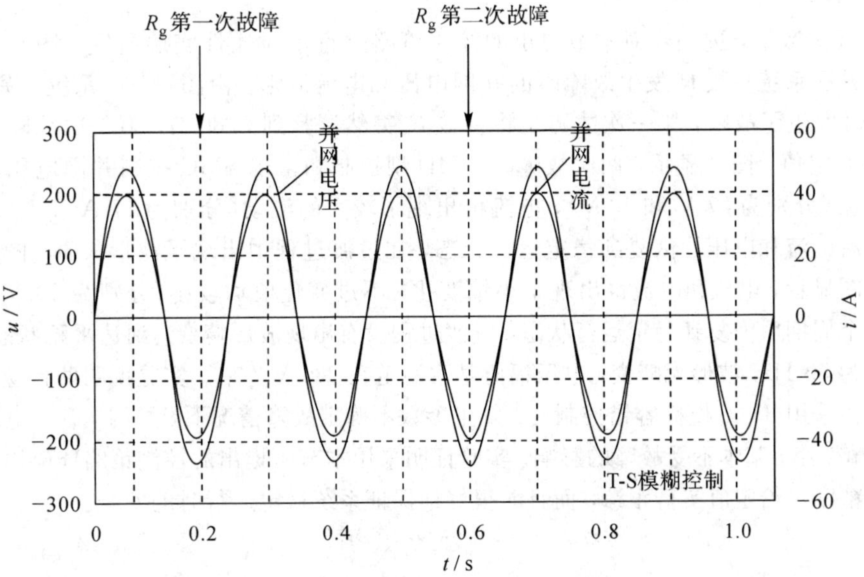

图 5－27　R_g变化时三种控制方式并网电压和电流实验波形

两台逆变器并联稳定运行中，分别在 0.2 s 和 0.6 s 加入两个虚拟故障(第一次输入电压 U_{in}由 350 V 跃变为 380 V，第二次重新恢复到 350 V)，并网电压、电流波形如图 5－28 所示。由图可知，前两种控制(PID 型控制和常规 SMC 控制)方式下，并网电压的波动较大(分别为 50 V 和 47 V)，电流也出现了大的振动(分别为 47 V 和 45 A)，而且波形出现了失真，说明两种控制模式下稳态误差较大。图 5－28 中第三幅图显示，T－S 模糊容错控制下，逆变器并网电压、电流基本没有受到输入电压故障的影响，其并网电压畸变率 T_{HD} 约为 1.32%，稳态误差也很小，且在非常短的时间内即实现了对稳定状态的跟踪，在跟踪过程中未发生畸变，进而验证了本节提出的控制方法对逆变器输入电压具有很强的抗扰动性能。

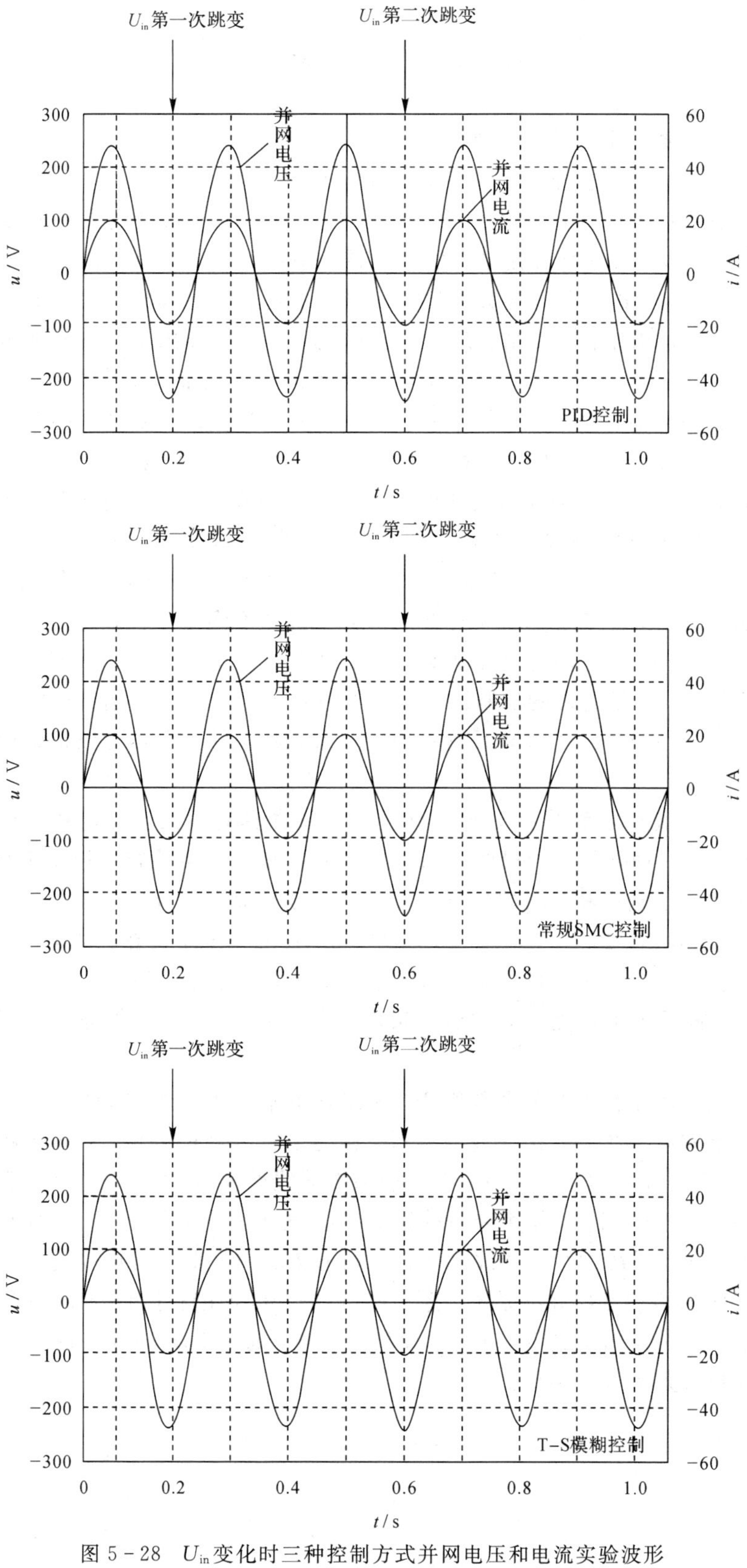

图 5-28　U_{in}变化时三种控制方式并网电压和电流实验波形

本章小结

本章第一节简要概述了滑模控制技术。

第二节对常见的光伏逆变器的电路拓扑进行了介绍。

第三节考虑单相光伏并网逆变系统受外界干扰和系统不确定性参数等多种因素的干扰，设计了一种反步法和滑模控制结合的逆变器控制技术，逆变器的反步滑模控制法以逆变器的输出滤波电容、电压及其导数为状态变量，建立了具有参数严格反馈形式的二阶单输入单输出的逆变器数学模型。结合反步法和滑模控制，推导出了具有不确定性参数和外界干扰情况下的逆变器的反馈控制律，并通过算例进行了验证。验证结果表明：该控制策略具有良好的稳态和动态性能，不仅能用于线性和非线性负载，而且更接近于工程应用实际，可为逆变器控制系统设计提供一种新思路，具有良好的工程应用前景。

第四节考虑三相电压型逆变器受外界干扰和系统不确定性参数等多种因素的干扰，构建了一种基于比例积分状态观测器的滑模控制逆变器控制策略；将逆变器的输出滤波电容、电压及其导数作为状态变量，建立了系统状态空间表达式和输出方程数学模型。通过比例积分状态观测器对逆变器系统中存在的外界干扰和不确定性参数等多种干扰因素进行有效估计，并结合非奇异终端滑模控制推导出了具有不确定性参数和外界干扰情况下的逆变器反馈控制律，设计了合理的控制器；通过实例分析验证了该控制策略能够确保单相电压型全桥逆变系统在受外界干扰和系统不确定性参数影响下，仍然可以精确地跟踪到参考电压信号。

第五节考虑光伏发电系统 LCL 型并网逆变系统在具有输入不确定和执行器故障的影响情况下，构建了一种基于高阶滑模故障观测器的连续积分滑模容错控制策略；通过故障重构建立了在输入不确定和执行器故障情况下含固定控制分配律的系统控制模型；通过构建统一的高阶滑模状态观测器，对光伏 LCL 型并网逆变系统中存在的故障信息进行有效估计；将连续滑模控制理论和控制分配律相结合，设计了一个基于固定控制分配方案的连续滑模控制器，并推导出了系统故障的稳定条件，采用 Lyapunov 函数证明了闭环系统的稳定性。

第六节利用不确定性参数的非线性 WES 控制策略，对传感器故障影响下的孤岛运行微电网多逆变器并联系统进行了研究与分析，构建了一种新的鲁棒 T－S 模糊容错控制策略；通过 T－S 模糊理论构建了多逆变器并联系统非线性模型；根据传感器故障发生在特定不确定非线性系统中的问题，使用分布补偿的概念设计了一个基于 T－S 模型的状态观测器，对多逆变器并联系统中存在的故障信息进行有效估计；对于可能受传感器故障和其他不确定参数影响的多逆变器并联系统，将 T－S 模糊控制理论和控制分配律相结合，设计了一个基于固定控制分配方案的 T－S 容错模糊控制器，通过 Lyapunov 和泰勒级数的结合推导出了系统保持稳定的充分条件。

参考文献

[1] 毛海杰，李炜，冯小林. 非线性系统主动容错控制综述[J]. 传感器与微系统，2014，33(4)：6-9，13.

[2] XU YONGYUNA, YANG HAO, JIANG BIN. Fault-tolerant control for a class of linear interconnected hyperbolic systems by boundary feedback[J]. Journal of the Franklin Institute, 2019, 356(11): 5630-5651.

[3] 陈力恒. 动态系统故障估计观测器设计与容错控制[D]. 哈尔滨：哈尔滨工业大学，2018.

[4] JIANG HAILONG, LIU GONGHUI, LI JUN, et al. Model based fault diagnosis for drillstring washout using iterated unscented Kalman filter [J]. Journal of Petroleum Science and Engineering, 2019, 180: 246-256.

[5] LIU HAI, ZHONG MAIYING, LIU YANG. Fault diagnosis for a kind of nonlinear systems by using model-based contribution analysis[J]. Journal of the Franklin Institute, 2018, 355(16): 8158-8176.

[6] ZOLTAN GERMAN-SALLO, GABRIELA STRNAD. Machinery Fault Diagnosis Using Signal Analysis[J]. Procedia Manufacturing, 2019, 32: 585-590.

[7] ADAM GLOWACZ. Fault diagnosis of single-phase induction motor based on acoustic signals [J]. Mechanical Systems and Signal Processing, 2019, 117: 65-80.

[8] XUE TAO, WU XIAOLONG, XU YUANWU, et al. Fault Diagnosis of SOFC Stack Based on Neural Network Algorithm[J]. Energy Procedia, 2019, 158: 1798-1803.

[9] HAN HONGGUI, LIU HONGXU, LIU ZHENG, et al. Fault detection of sludge bulking using a self-organizing type-2 fuzzy-neural-network[J]. Control Engineering Practice, 2019, 90: 27-37.

[10] 谢梦雷，魏先利，王欢. 基于自抗扰的无人飞行器舵面损伤被动容错控制[J]. 战术导弹技术，2017，(6)：83-88，93.

[11] 傅强. 航空发动机被动容错控制系统鲁棒性设计[J]. 测控技术，2013，32(5)：32-34.

[12] NGUYE DUCTIEN, DAVID SAUSSIÉ, LAHCEN SAYDY. Robust Self-Scheduled Fault-Tolerant Control of a Quadrotor UAV[J]. IFAC-PapersOnLine, 2017, 50(1): 5761-5767.

[13] CAI CHAO, HAN SHAOBO, LIU WEI, et al. Tuning catalytic performance by controlling reconstruction process in operando condition[J]. Applied Catalysis B:

Environmental，2019，118103.
[14] 刘旭，张天宏，陈飞. 某型涡扇发动机分布式容错控制系统设计与试验验证[J]. 航空发动机，2019，45(1)：63 - 69.
[15] HU QINGLEI，XIAO LI，WANG CHENLIANG. Adaptive fault-tolerant attitude tracking control for spacecraft with time-varying inertia uncertainties[J]. Chinese Journal of Aeronautics，2019，32(3)：674 - 687.
[16] 董朝阳，马奥家，王青，等. 网络化飞行器执行机构故障自适应容错控制[J]. 宇航学报，2015，36(6)：691 - 698.
[17] 吕文春，马剑龙，陈金霞，等. 风电产业发展现状及制约瓶颈[J]. 可再生能源，2018，36(8)：1214 - 1218.
[18] ENEVOLDSEN PETER，VALENTINE SCOTT VICTOR，Sovacool Benjamin K. Insights into wind sites：Critically assessing the innovation，cost，and performance dynamics of global wind energy development[J]. Energy Policy，2018，120：1 - 7.
[19] 王富贵，廖晓东. 我国风电产业与核心技术未来发展趋势分析[J]. 现代经济信息，2016(10)：376 - 377，379.
[20] 2018 年中国绿色能源行业现状与发展前景分析[J]. 电器工业，2018(9) ：44 - 47.
[21] 于爽. 中国绿色能源行业现状与发展前景分析[J]. 中外企业家，2018(31)：196 - 197.
[22] CASTRO M，SALVADOR S，GÓMEZ-GESTEIRA M，et al. Europe，China and the United States：Three different approaches to the development of offshore wind energy[J]. Renewable and Sustainable Energy Reviews，2019，109：55 - 70.
[23] 高禹川. 我国新能源行业发展的瓶颈及其对策研究[J]. 建材与装饰，2017(35)：126 - 127.
[24] YING L M，HANG C C，SHU N Q，et al. Permanent magnet synchronous motor fault-diagnosis and fault-tolerant[J]. Electr. Mach. Control，2019，63：1 - 8.
[25] NASROLAHI S S，ABDOLLAHI F. Sensor fault detection and recovery in satellite attitude control[J]. Acta Astronaut，2018，145：275 - 283.
[26] 高振刚，陈无畏，谈东奎，等. 考虑传感器与执行器故障的 EPS 主动容错控制[J]. 机械工程学报，2018，54(22)：103 - 113.
[27] SHI Y，HOU Y，SUN D，et al. Stochastic modelling and H_∞ fault tolerance control of WECS[J]. Electric Machines & Control，2015，19：100 - 110.
[28] CHO S，GAO Z，MOAN T. Model-based fault detection，fault isolation and fault-tolerant control of a blade pitch system in floating wind turbines[J]. Renewable Energy，2018，120：306 - 321.
[29] WU Z，YANG Y，XU C. Fault Diagnosis and Initiative Tolerant Control for Wind Energy[J]. Journal of Mechanical Engineering，2015，9：112 - 118.
[30] XIAHOU K S，WU Q H. Fault-tolerant control of doubly-fed induction generators

under voltage and current sensor faults[J]. International Journal of Electrical Power & Energy Systems, 2018, 98: 48 - 61.

[31] POZO F, VIDAL Y. Wind Turbine Fault Detection through Principal Component Analysis and Statistical Hypothesis Testing[J]. Energies, 2016, 9: 3.

[32] PÉREZ J M P, MáRQUEZ F P G, TOBIAS A, et al. Wind turbine reliability analysis [J]. Renewable and Sustainable Energy Reviews, 2013, 23: 463 - 472.

[33] 吴定会，刘稳，宋锦. 基于 SDW - LSI 算法的风力机故障估计与容错控制[J]. 电力系统保护与控制，2017，45(4)：64 - 71.

[34] 张秀丽，宋锦，吴定会. 风力机桨距执行器 LPV 容错控制器设计[J]. 控制工程，2018，25(11)：2027 - 2034.

[35] GAO S, LIU J. Adaptive fault-tolerant vibration control of a wind turbine blade with actuator stuck[J]. International Journal of Control, 2018: 1 - 50.

[36] 沈艳霞，季凌燕，纪志成. 基于径向基函数神经网络故障观测器的风能转换系统容错控制器设计[J]. 信息与控制，2015，44(3)：359 - 366.

[37] SHEN Y X, YANG X F, ZHAO Z P. Sensor fault diagnosis for wind turbine generation system[J]. Control Theory and Applications, 2017, 34(3): 321 - 328.

[38] 诸静. 模糊控制原理与应用[M]. 北京：机械工业出版社，2003.

[39] 夏熙梅. 基于模糊逻辑的模糊控制系统设计方法与研究[J]. 工业技术经济，2002(2)：56 - 58.

[40] 应浩. 关于模糊控制中的若干问题[J]. 自动化学报，2001，27(4)：591 - 592.

[41] 张金梅. 基于模糊推理的智能控制系统的现状和展望[J]. 科技情报开发与经济，2004，14(4)：126 - 128.

[42] 曹建云. 模糊控制及其研究动向[J]. 南通工学院学报，2000(12)：14 - 16.

[43] 李丽娟，赵英凯，胡盛祥. 基于分离变量的模糊控制规则的简化设计[J]. 南京工业大学学报，2004，26(5)：72 - 75.

[44] 李常贤，诸静. 双模模糊预测控制在水泥回转窑生料系统中的应用研究[J]. 石油化工自动化，2003(3)：29 - 33.

[45] BEATICE LAZZERINI, FRANCESCO MARCELLONI. Reducing computation overhead in MISO fuzzy systems[J]. Fuzzy Sets and Systems, 2000(113): 485 - 496.

[46] 齐建玲，王江. 多输入多输出模糊逻辑控制器的设计[J]. 系统工程与电子技术. 2003，25(12)：1524 - 1527.

[47] 李宁，何汉青，胡荣强. 多变量温度模糊控制器的研究[J]. 仪器仪表与装置，2000(5)：4 - 6.

[48] 王季方，卢正鼎. 模糊控制中隶属函数的确定方法[J]. 河南科学，2000，18(4)：348 - 351.

[49] KARAKAS. The control of highway tunnel ventilation using fuzzy logic. Ercument Engineering Applications of Artificial Intelligence[J]. 2003, 16(7 - 8): 717 - 721.

[50] 潘永平，黄道平，孙宗海．Ⅱ型模糊控制综述[J]．控制理论与应用，2011，28(1)：13－23.

[51] 肖建，赵涛．T－S模糊控制综述与展望[J]．西南交通大学学报，2016，51(3)：462－474.

[52] ZHANG X，WANG Y．Robust Fuzzy Control for Doubly Fed Wind Power Systems with Variable Speed Based on Variable Structure Control Technique [J]．Mathematical Problems in Engineering，2014(8)：1－13.

[53] KAMAL E，OUEIDAT M，AITOUCHE A，et al．Robust Scheduler Fuzzy Controller of DFIG Wind Energy Systemsc[J]．IEEE Transactions on Sustainable Energy，2013，4(3)：706－715.

[54] CHEN G，HUANG S，LIU J，et al．Research on Fuzzy Variable Pitch Control System for Wind Turbines Based on Simulink[J]．Research and Exploration in Laboratory，2016，35(4)：90－94.

[55] BAKEI A E，BOUMHIDI I．Fuzzy model-based faults diagnosis of the wind turbine benchmark[J]．Procedia Computer Science，2018(127)：464－470.

[56] LI S，WANG H，ACTOUCHE A，et al．Actuator Fault and Disturbance Estimation using thc T-S fuzzy model[J]．FAC-PapersOnLine，2017，50(1)：15722－15727.

[57] YOU G D，XU T，SU H L，et al．Fault-Tolerant Control for Actuator Faults of Wind Energy Conversion System[J]．Energies，2019，12(12)：2350.

[58] YOU G D，XU T，SU H L，et al．Fault-Tolerant Control of Doubly-Fed Wind Turbine Generation Systems under Sensor Fault Conditions[J]．Energies，2019/8：2019，12(17)：3239.

[59] 宁铎，高继春．发展太阳能光伏发电的意义及前景[J]．西北轻工学院学报，2002(1)：82－84.

[60] 卿羊．对我国光伏发电发展前景的思考[J]．四川水力发电．2014，2，33(1)：99－103.

[61] LÓPEZ-LAPEÑA O，PALLAS-ARENY R．Solar energy radiation measurement with a low－power solar energy harvester[J]．Computers & Electronics in Agriculture，2018(151)：150－155.

[62] 符启琳．化石燃料燃烧对大气的污染及应对措施[J]．新教育，2011(10)：45－45.

[63] 刘志逊，刘珍奇，黄文辉．中国化石燃料环境污染治理重点及措施[J]．资源与产业，2005，7(5)：49－52.

[64] PERRIS C，SALAMEH Z．Photovoltaic-powered piston-type water pump controlled bya linear motor[J]．Progress in Photovoltaics Research & Applications，2010，3(4)：265－271.

[65] 葛宇轩．风光互补供电系统优化配置研究[D]．长沙：长沙理工大学，2013.

[66] JIANG D，MO Y，JIANG W，et al．Design of photovoltaic water-pump control

system based on TMS320F2812[C]// International Conference on Materials for Renewable Energy & Environment. IEEE, 2011: 147 - 150.

[67] WEN Y H, LI D H, LI J F, et al. Research on Application of Solar Photovolt-aic Grid Power System Research[J]. Applied Mechanics & Materials, 2014, 687 - 691, 3227 - 3230.

[68] WANG K B, LIANG R J, XU Z H, et al. Study on Different Capacity of Photovoltaic Power Generation Project Compares [J]. Advanced Materials Research, 2013, 609: 160 - 163.

[69] GUNDERSON I, GOYETTE S, GAGOSILVA A, et al. Climate and land-use change impacts on potential solar photovoltaic power generation in the Black Sea region. [J]. Environmental Science & Policy, 2015, 46: 70 - 81.

[70] VERMA A K, KAUSHIKA S C. A Standalone Solar Photovoltaic Power Generation using Cuk Converter and Single Phase Inverter[J]. Journal of the Institution of Engineers, 2013, 94(1): 1 - 12.

[71] AKINYELE D O. Environmental performance evaluation of a grid-independent solar photovoltaic power generation (SPPG) plant[J]. Energy, 2017, 130.

[72] 秦昌伟. 三电平光伏逆变器系统高性能调控技术研究[D]. 济南：山东大学，2019.

[73] 尤鋆，郑建勇. 基于模糊 PI 调节 Boost 电路的光伏系统最大功率点跟踪控制[J]. 电力自动化设备，2012，32(6)：94 - 98.

[74] VILLALVA M G, GAZOLI J R. Comprehensive approach to modeling and simulation of photovoltaic arrays[J]. IEEE Trans on Industrial Electronics, 2009, 24(5 - 6): 1198 - 1208.

[75] YUNCONG J, QAHOUQ J A A, ORABI M. Matlab/Pspice hybrid simulation modeling of solar PV cell module[M]. Fort Worth: IEEE Press, 2011: 1244 - 1250.

[76] KAJIHARA A, HARAKAWA A T. Model of photovoltaic cell circuits under partial shading[M]. HongKong: IEEE Press, 2005: 866 - 870.

[77] PETRONE G, RAMOS-PAJA C A. Modeling of photovoltaic fields in mismatched conditions for energy yield evaluations[J]. Electric Power Systems Research, 2011, 81(4): 1003 - 1013.

[78] FEMIA N, PETRONE G, SPAGNUOLO G, et al. Optimization of perturb and observe maximum power point tracking method[J]. IEEE Trans on Industrial Electronics, 2005, 20(4): 963 - 973.

[79] ALAJMI B N, AHMED K H, FINNEY S J, et al. Fuzzy logic-control approach of a modified hill-climbing method for maximum power point in microgrid standalone photovoltaic system[J]. IEEE Trans on Industrial Electronics, 2011, 26(4): 1022 - 1030.

[80] 朱艳伟，石新春，但扬清，等. 粒子群优化算法在光伏阵列多峰最大功率点跟踪中的应用[J]. 中国电机工程学报，2012，32(4)：42-49.

[81] 吴海涛，孙以泽，孟婥. 粒子群优化模糊控制器在光伏发电系统最大功率跟踪中的应用[J]. 中国电机工程学报，2011，31(6)：52-57.

[82] ISHAQUE K，SALAM Z，AMJAD M，et al. An improved particle swarm optimization (PSO)-based MPPT for PV with reduced steady-state oscillation[J]. IEEE Trans on Industrial Electronics，2012，27(8)：3627-3638.

[83] KENNEDY J，EBERHART R. Particle swarm optimization[M]. Perth：IEEE Press，1995：1942-1948.

[84] ISHAQUE K，SALAM Z，SHAMSUDIN A，et al. A direct control based maximum power point tracking method for photovoltaic system under partial shading conditions using particle swarm optimization algorithm[J]. Applied Energy，2012(99)：414-422.

[85] 游国栋，李继生，侯勇，等. 部分遮蔽光伏发电系统的建模及 MPPT 控制[J]. 电网技术，2013，37(11)：3017-3026.

[86] 帅定新，谢运祥，杨金明，等. 基于状态反馈精确线性化单相全桥逆变器的最优控制[J]. 电工技术学报，2009，24(11)：120-126.

[87] 王久和，慕小斌. 基于无源性的光伏并网逆变器电流控制[J]. 电工技术学报，2012，27(11)：176-182.

[88] 董锋斌，钟彦儒. 反步法在三相电压型脉冲调宽逆变器控制中的应用[J]. 控制理论与应用，2012，29(7)：928-932.

[89] 董锋斌，钟彦儒. 反向递推法在三相四桥臂逆变器控制中的应用[J]. 电机与控制学报，2012，16(4)：30-35.

[90] 陈宝远，邹丽爽，吴茜，等. 基于 H_∞ 控制算法的单相逆变电源控制器研究[J]. 哈尔滨理工大学学报，2010，15(4)：14-18.

[91] 贾要勤，朱明琳，凤勇. 基于状态反馈的单相电压型逆变器重复控制[J]. 电工技术学报，2014，29(6)：57-63.

[92] ALAM Y A，EDGAR N S，ALEXANDER G L. Real-time output trajectory tracking neural sliding mode controller for induction motors[J]. Journal of the Franklin Institute，2014，351：2315-2334.

[93] FRIDMAN L，LENANT A，DAVILA J. Observation of linear systems with unknown inputs via high-order slidingmodes[J]. International Journal of System Science，2007，38(10)：773-791.

[94] 王发威，董新民，窦和锋，等. 含控制分配的积分滑模主动容错控制方法[J]. 北京理工大学学报，2014，34(8)：801-805.

[95] 王发威，董新民，王小平，等. 基于 WPI 的多操纵面飞机积分滑模容错控制[J]. 北京航空航天大学学报，2014，40(14)：1378-1385.

[96] 李宾，姚文熙，杭丽君，等. 基于状态观测器的 LCL 滤波器型并网逆变器状态反馈

最优化设计[J]. 电工技术学报，2014，29(6)：80－91.

[97] 郑伟，熊小伏. 基于 Wiener 模型的光伏并网逆变器模型辨识方法[J]. 中国电机工程学报，2013，33(36)：18－28.

[98] 段文杰，王大轶，刘成瑞. 卫星控制系统离散积分滑模容错控制[J]. 控制理论与应用，2015，32(2)：133－141.

[99] 付明玉，宁继鹏，魏玉石，等. 鲁棒自适应滑模虚拟执行器设计[J]. 控制理论与应用，2013，30(4)：520－525.

[100] KHALIL H. Nonlinear systems[M]. New Jersey：2002，Prentice Hall.

[101] AHGUOL M T，MORENO J A，Fridman L. Robust exact uniformly convergent arbitrary order differentiator[J]. Automatica，2013，49(8)：2489－2495.

[102] CASTAFIOS F，FRIDMAN L. Analysis and design of integral sliding manifolds for systems with unmatched perturbations[J]. IEEE Transactions on Automatic Control，2006，51(5)：853－858.

[103] ALOW H，EDWARDS C. Fault tolerant control using sliding modes with online control allocation[J]. Automatica，2008，44(7)：1859－1866.

[104] 吴忠强，谢建平. 带扰动观测器的网侧逆变器高阶终端滑模控制[J]. 电机与控制学报，2014，18(2)：96－101.

[105] 胡庆雷，姜博严，石忠. 基于新型终端滑模的航天器执行器故障容错姿态控制[J]. 航空学报，2014，35(1)：249－258.

[106] ZHANG WEI，XIONG XIAOFU. A model identification method for photovoltaic grid-connected inverters based on the wiener model[J]. Proceedings of the CSEE，2013，33(36)：18－28.

[107] 李威辰，陈桂鹏，崔文峰，等. 模块化光伏并网逆变器的线性功率控制[J]. 电工技术学报，2014，29(10)：157－165.

[108] 刘春生，姜斌. 一类非线性系统的 H2 容错控制器的设计及其在空间飞行器的应用[J]. 自动化学报，2013，39(2)：188－196.

[109] FRIDMAN L，LEVANT A，DAVILA J. Observation of linear systems with unknown inputs via high- order slidingmodes[J]. International Journal of System Science，2007，38(10)：773－791.

[110] RÌOS H，KAMAL S，FRIDMAN L M，et al. Fault tolerant control allocation via continuous integral sliding-modes：A HOSM- observer approach[J]. Automatica，2015，51(1)：318－325.

[111] LEVANT A. High-order sliding modes：differentiation and output-feedback control[J]. International Journal of Control，2003，76(9－10)：924－941.

[112] LI RUI，XU DIANGUO. Parallel operation of full power converters in permanent magnet direct drive wind power generation system[J]. IEEE Transactions on Industrial Electronics，2013，60(4)：1619－1629.

[113] KONSTANTINOU G, POU J, CEBALLOS S, et al. Active redundant submodule configuration in modular multilevel converters[J]. IEEE Transactions on Power Delivery, 2013, 28(4): 2333 - 2340.

[114] HU PENGFEI, JIANG DAOZHOU, ZHOU YYEBIN, et al. Energy-balancing control strategy for modular multilevel converters under submodule fault conditions [J]. IEEE Transactions on Power Electronics, 2014, 29(9): 5021 - 5029.

[115] DIDIER G, GILDAS B, JEAN- FRANCOIS D. A decentralized optimal LQ state observer based on an augmented Lagrangian approach[J]. Automatica, 2014, 50: 1451 - 1458.

[116] 王震，鲁宗相，段晓波，等. 分布式光伏发电系统的可靠性模型及指标体系[J]. 电力系统自动化，2011，35(15)：18 - 24.

[117] WANG ZHEN, LU ZONGXIANG, DUAN XIAOBO, et al. Reliability model and indices of distributed photovoltaic power system[J]. Automation od Electric Power System, 2011, 35(15): 18 - 24.

[118] WU E, LEHN P W. Digital current control of a voltage source converter with active damping of LCL resonance[J]. IEEE Transactions on Power Electronics, 2006, 21(5): 1364 - 1373.

[119] CRUZ- ZAVALA E, MORENO J A, Fridman L M. Uniform robust exact differentiator [J]. IEEE Transactions on Automatic Control, 2011, 56(11): 2727 - 2733.

[120] 张兴，曹仁贤. 太阳能光伏并网发电及其逆变控制[M]. 2 版. 北京：机械工业出版社，2018.

[121] 张兴，邵章平，王付胜，等. 非隔离型三相三电平光伏逆变器的共模电流抑制[J]. 中国电机工程学报，2013，33(3)：29 - 36，18.

[122] 胡存刚，芮涛，马大俊，等. 三电平 ANPC 逆变器中点电压平衡和开关损耗减小的 SVM 控制策略[J]. 中国电机工程学报，2016，36(13)：3598 - 3608，3379.

[123] ALEMI P, JEUNG Y, LEE D. DC-link capacitance minimization in T-pe three-level AC/DC/AC PWM converters [J]. IEEE Transactions on Industrial Electronice, 2015, 62(3): 1382 - 1391.

[124] 任碧莹，孙向东，余马晶，等. T 型三电平逆变器的并网电流 D - S 数字控制算法[J]. 电工技术学报，2019，34(8)：1708 - 1717.

[125] 王建华，骆芳芳，季振东，等. T 型三电平变换器的通用 PWM 平均模型[J]. 中国电机工程学报，2018，38(2)：573 - 581，688.

[126] TIMBUS A, LISERRE M, TEODORESCU R, et al. Evaluation of current controllers for distributed power generation systems[J]. IEEE Transactions on Power Electronics, 2009, 24(3): 654 - 664.

[127] 姚骏，谭义，杜红彪，等. 孤岛模式下逆变器并联系统的谐振特性分析及其抑制策

略研究[J]. 电工技术学报，2016，31(23)：199 - 210.

[128] ROCABERT J, LUNA A, BLAABJERG F, et al. Control of power converter in AC microgrids[J]. IEEE Transactions on Power Electronic, 2012, 27(11): 4734 - 4749.

[129] 张战彬，翟红霞，徐华博，等. 光伏电站多逆变器并网系统输出谐波研究[J]. 电力系统保护与控制，2016，44(14)：142 - 146.

[130] 程启明，高杰，程尹曼，等. 一种适用于孤岛运行的逆变器控制方法[J]. 电网技术，2018，42(1)：203 - 209.

[131] 刘芳，张兴，徐海珍，等. 微网储能多逆变器并联负载不平衡下的均衡控制[J]. 太阳能学报，2016，37(12)：3037 - 3043.

[132] D'ARCO S, SUUL J A. Equivalence of virtual synchronous machines and frequency-droops for converter-based microgrids[J]. IEEE Transactions on Smart Grid, 2014, 5(1): 394 - 395.

[133] 游国栋，李继生，侯勇，等. 单相光伏并网逆变器的反步滑模控制策略[J]. 电网技术，2015，39(4)：916 - 923.

[134] 游国栋，李继生，侯勇，等. 光伏 LCL 型并网逆变器的积分滑模容错控制策略[J]. 太阳能学报，2018，39(4)：1008 - 1017.

[135] TEODORESCU R, BLAABJERG F, LISERRE M, et al. Proportional-resonant controllers and filters for grid-connected voltage-source converters[J]. IET Electric Power Applications, 2006, 153(5): 750 - 762.

[136] BLAABJERG F, TEODORESCU R, LISERRE M, et al. Overview of control and grid synchronization for distributed power generation systems[J]. IEEE Transactions on Industrial Electronics, 2006, 53(5): 1398 - 1409.

[137] ANGULO M T, MORENO J A, FRIDMAN L. Robust exact uniformly convergent arbitrary order differentiator[J]. Automatica, 2013, 49(8): 2489 - 2495.

[138] 陈智勇，罗安，陈燕东，等. 逆变器并联的自适应滑模全局鲁棒电压控制方法[J]. 中国电机工程学报，2015，35(13)：3272 - 3282.

[139] EBRAHIM MOHAMMADI, ROOHOLLAH FADAEINEDJAD, GERRY MOSCHOPOULAO. Implementation of internal model based control and individual pitch control to reduce fatigue loads and tower vibrations in wind turbines[J]. Journal of Sound and Vibration, 2018, 421: 132 - 152.

[140] POZO F, VIDAL Y. Wind turbine fault detection through principal component analysis and statistical hypothesis testing[J]. Energies, 2016, 9: 1 - 20.

[141] TENG WEI, XIAN DING, ZHANG XIAOLONG, et al. Multi-fault detection and failure analysis of wind turbine gearbox using complex wavelet transform[J]. Renewable Energy, 2016, 93: 591 - 598.

[142] 王志坚，韩振南，宁少慧，等. 基于 CMF-EEMD 的风电齿轮箱多故障特征提取

[J]. 电机与控制学报，2016，20(2)：104 - 111.
[143] 刘欢，王健，郭烁，等. 基于改进二阶统计量BSS算法的风力机主轴承故障诊断研究[J]. 可再生能源，2016，34(3)：421 - 426.
[144] SAKTHIVEL A R，SARAVANAKUMER B T，KAVIARASAN B，et al. Finite-time dissipative based fault-tolerant control of Takagi-Sugeno fuzzy systems in a network environment[J]. Journal of the Franklin Institute，2017，354：3430 - 3455.